Évolution et Histoire

Les modèles du devenir

Questions contemporaines
*Collection dirigée par B. Péquignot, D. Rolland
et Jean-Paul Chagnollaud*

Chômage, exclusion, globalisation... Jamais les « questions contemporaines » n'ont été aussi nombreuses et aussi complexes à appréhender. Le pari de la collection « Questions contemporaines » est d'offrir un espace de réflexion et de débat à tous ceux, chercheurs, militants ou praticiens, qui osent penser autrement, exprimer des idées neuves et ouvrir de nouvelles pistes à la réflexion collective.

Dernières parutions

Gilbert ANDRIEU, *Etre, paraître, disparaître,* 2014.
Gilbert ANDRIEU, *A la rencontre de Dionysos,* 2014.
LUONG Cân-Liêm, *Le réfugié climatique. Un défi politique et sanitaire*, 2014.
Gilbert CLAVEL, *La gouvernance de l'insécurité*, 2014.
Djilali BENAMRANE, *L'ONU : source ou frein au droit public international ?*, 2014.
Mario ZUNINO, *Quand le JT de TF1 fait son cinéma*, 2013.
Delphine DELLA GASPERA, *L'économie moderne au risque de la psychanalyse, pour un développement plus sain,* 2013.
Jean–Christophe TORRES, *Quelle autonomie pour les établissements scolaires ?, Réflexions sur la liberté pédagogique dans les collèges et les lycées,* 2013.
Frédéric JONNET, *Officiers : oser la diversité. Pour une recomposition sociale des armées françaises*, 2013.
Stéphane CHEVRIER, Gérard DARRIS, *Les résidents secondaires à l'âge de la retraite*, 2013.
Mohamed Amine BRAHIMI, *Réflexion autour d'Alain Badiou et Toni Negri. Pour une sociologie des intellectuels révolutionnaires*, 2013.
Alain CHEVARIN, *Former sans déformer ni conformer*, 2013.
Bruno COQUET, *L'Assurance chômage, une politique malmenée*, 2013.
Nesmet LAZAR, *Peut-on encore sauver la France ?*, 2013.
Michel PERALDI, *Ils ont volé la décentralisation ! Pamphlet argumenté pour que la décentralisation soit rendue aux citoyens*, 2013.
Jacques Adrien PERRET et Samuel Mayol, *Pour un système éducatif réaliste et sans élitisme*, 2013.
Louise FINES, *Négociations et crimes en col blanc, Immunités réciproques*, 2013.
Rana BARAKAT ISSA, Antoine MATTA, *Femme-Pub*, 2013.
Djilali BENAMRANE, *Le marché bancaire hors contrôle. Urgence d'un pôle financier public et associatif sous contrôle citoyen*, 2013.

Sous la direction de
Alain JENNY et Hervé MAUROY

ÉVOLUTION ET HISTOIRE

Les modèles du devenir

Illustration de couverture : *Le Règne végétal*, L. Guérin et Cie Editeurs, Paris, 1871

© L'Harmattan, 2014
5-7, rue de l'Ecole-Polytechnique, 75005 Paris

http://www.harmattan.fr
diffusion.harmattan@wanadoo.fr
harmattan1@wanadoo.fr

ISBN : 978-2-343-03096-8
EAN : 9782343030968

Présentation

Thémos organise depuis 2011 une réflexion interdisciplinaire réunissant des enseignants-chercheurs d'horizons différents (sciences politiques, droit, économie…) et établis pour l'essentiel à l'Université de Valenciennes et du Hainaut-Cambrésis. Les membres de Thémos se sont réunis avant tout pour procéder à l'analyse approfondie des « méthodes » utilisées dans leur domaine de recherche respectif sur la base d'un questionnement commun relevant de l'épistémologie critique. Ils s'appuient pour ce faire sur le caractère interdisciplinaire de leur association, l'interdisciplinarité étant vécue ici comme une nécessité. Face aux risques d'une théorisation excessive sans esprit, le questionnement commun porte sur l' « équation de vérité » propre à chaque discipline. Pour ce faire, les membres de Thémos poursuivent ensemble une réflexion sur les rapports entre théories et pratiques, ainsi que sur les modes d'élaboration des modèles dans leur dimension aussi bien cognitive que normative, voire idéologique. Afin d'apprécier comment agir avec méthode, un questionnement commun est engagé sur les modalités de la formalisation, ainsi que sur ses enjeux politico-cognitifs sous-jacents.

Dans le cadre général de cette réflexion, Thémos a organisé à l'Université de Valenciennes un colloque les 19, 20 et 21 septembre 2012 sous la présidence d'honneur de Bernard Bourgeois, membre de l'Institut : « Evolution et histoire ». Ce colloque avait pour objet une mise à l'épreuve de la modélisation affrontée à la temporalité dans sa double dimension évolutive et historique, ou encore naturelle et culturelle. Il introduisait ainsi une manière de « chrono-logique » par incarnation dans le temps de la forme logique. Les journées d' « Evolution et histoire » ont été organisées autour de trois axes : 1) le concept d'évolution et ses modèles, 2) le concept d'histoire et ses modèles, 3) l'examen des enchevêtrements de ces deux modèles. L'ouvrage ici proposé rassemble les réflexions avancées par certains intervenants, ainsi que quelques travaux supplémentaires réalisés par des spécialistes intéressés par cette thématique commune.

Plus précisément, de façon peut-être polémique, l'ambition de départ a été ici de tester l'hypothèse d'un cours évolutif que tendrait à prendre l'histoire depuis, sensiblement, le moment où le terme d'évolution a cessé de recevoir son sens ancien de *développement*. L'enjeu ne semblait pas lié seulement à un fait évolutif propre à notre histoire récente, mais aussi à l'ambivalence théorique qui a pu favoriser cette occurrence : est-il possible de faire de l'histoire un récit intelligible – il n'y a pas d'histoire sans récit – autrement qu'en la considérant comme un développement, ou une évolution, c'est-à-dire en niant sa qualité historique ? A ces ambiguïtés, qui favorisent mille interversions entre histoire et évolution, s'en ajoute naturellement une autre, peut-être plus décisive encore : que l'histoire puisse être considérée comme une évolution, et l'évolution comme une histoire, fait que l'une et l'autre peuvent indifféremment servir de modèle l'une pour l'autre. La première offre sa caution en tant qu'elle est porteuse de sens. La seconde met à la disposition des esprits ingénieux toute la puissance des modélisations efficaces dont elle peut inspirer le montage avec l'aide notamment de l'outil mathématique.

Ce livre s'inscrit dans la continuité d'une série de conférences et d'ouvrages déjà réalisés par les membres de Thémos sur les rapports de la connaissance avec les questions politiques, juridiques et socio-économiques. Ces rapports, comme ceux de la théorie à la pratique, se nouent de façon particulièrement serrée dans les différentes formes que la modélisation peut prendre à l'époque contemporaine.

Alain Jenny et Hervé Mauroy

Thémos (THÉories, MOdèles, Systèmes)

Institut pour le Développement et la Prospective (IDP)

Université de Valenciennes (Les tertiales)

PS : Nous profitons de l'espace qui nous est ici offert pour remercier encore les philosophes, les économistes, les politologues et les scientifiques qui nous ont fait l'honneur et l'amitié de bien vouloir aborder ces questions à travers le prisme de leur discipline d'origine, sans jamais cesser de réserver une part importante de leur attention aux domaines voisins des leurs.

Introduction
La difficile pensée du devenir

Alain Jenny
Maître de conférences
à l'Université de Valenciennes
et du Hainaut-Cambrésis, Thémos et IDP

Histoire et évolution sont deux modalités du devenir vital. Mais seul le dynamisme propre à l'évolution obéit, à strictement parler, à des lois, qui sont la variabilité, la tendance à la surpopulation et la sélectivité, tandis qu'on chercherait en vain des lois générales qui détermineraient le cours de l'histoire. Pour autant, l'avenir biologique n'est pas davantage prévisible que l'avenir historique. Voilà, de façon très résumée, le peu qu'il est possible d'affirmer aujourd'hui au sujet de l'histoire et de l'évolution si on veut échapper à la fois au blâme des historiens et à celui des théoriciens de l'évolution. A quoi s'ajoute que ces deux modalités du devenir appartiennent à des genres radicalement différents. Si, hypothèse scandaleuse, l'histoire venait à obéir malgré tout à certaines lois, celles-ci seraient d'une toute autre sorte que les lois qui font de l'évolution un processus intelligible pour nous.

Ces prudences, dont l'exemple remonte à Darwin lui-même, font un saisissant contraste avec la hardiesse théorique qui a marqué l'histoire de la pensée depuis que l'évidence des thèses transformistes s'est imposée en dehors du cercle étroit des naturalistes. Non sans audace, de nombreux et importants penseurs ont chaussé ce qu'ils croyaient être les lunettes de Darwin dans l'espoir de distinguer certaines lois qui orienteraient *naturellement* la succession des événements historiques. Mais, si l'évolution et l'histoire continuent aujourd'hui encore à faire les frais d'un jeu qui n'est pas qu'intellectuel, c'est dans un esprit très différent de celui qui dominait au XIXème siècle dans les zones d'influence de Comte ou Spencer. On voit se développer ici et là un nomadisme conceptuel d'un style neuf et épuré, qui marque des points avec méthode, dans un grand souci du détail, loin de toute métaphysique mais non pas de tout plan d'ensemble. Ce vagabondage très policé a pour origine et pour prétexte le consensus auquel le monde scientifique est parvenu pendant les Années Folles autour de ce qu'on a pris coutume d'appeler la *Théorie synthétique de l'Evolution*, bien qu'il lui arrive d'emprunter aussi à des visions globales qui sont l'héritage de temps plus anciens.

Le secours que la génétique des populations est venu apporter au darwinisme a en effet ouvert la brèche à une mathématisation du vivant qui s'est révélée à son tour puissamment inspiratrice d'universalités nouvelles propres à faciliter l'appréhension des choses humaines et à en rendre plus efficace la gestion. La science économique, volontiers séduite par les prestiges que peut offrir la modélisation mathématique, n'a pas été la dernière à profiter de cette opportunité. Devenue à son tour exemplaire dans cette inspiration, elle a contribué au brassage conceptuel qui a donné son unité à l'univers mental qui est encore largement le nôtre.

La recomposition des savoirs, qui tout à la fois structure ce nouveau paysage symbolique et s'organise sous l'influence de son évidence révélée, n'est pas sans offrir certains avantages stratégiques. Son résultat combine en effet les atouts redoutables de la réversibilité idéale propre au calcul algébrique – qui opère hors du temps, tout en obéissant à une loi de développement interne irrésistible – avec les évidences massives, factuelles, de l'irréversibilité liée au devenir du vivant – qui s'inscrit dans le temps, et, ce faisant, inscrit notre devenir historique dans le mouvement général de l'évolution[1].

Tout l'enjeu, dans cette affaire – un enjeu de nature à la fois cognitive et politique – se concentre là où s'engage notre destin historico-évolutif. Les irréversibilités naturelles, dont la prise de conscience marque notre culture scientifique récente, présentent la particularité d'être souvent calculables dans le cadre idéal d'un monde mathématique réversible à l'infini – irréversibilité en partie remise en question à l'heure actuelle –, bien que ce monde des idéalités mathématiques obéisse dans son ensemble à une loi d'expansion, ou de progrès, en un certain sens irréversible. Toute notre puissance se révèle ici, en même temps que notre impuissance. Alors même que nous croyons tenir le monde parce que nous pensons en tenir l'algorithme, nous nous découvrons doublement tenus, par le monde et par l'algorithme lui-même, auquel il faudrait, comme aux poètes, demander ses papiers. Car on ne peut jamais être certain de l'adéquation de l'algorithme pensé à l'algorithme du monde, c'est-à-dire à l'impensé du monde.

Le monde est ainsi fait qu'il est mathématique et qu'il n'est pas mathématique : nous sommes, certes, de puissants législateurs (Kant), mais rien ne nous assure que nous ne nous trompons pas (Popper), tout en ne cessant jamais, en un sens, d'avoir raison, confortés que nous sommes par les grands succès que nous avons si souvent remportés (l'Ingénieur ou, plus généralement, le penseur pragmatiste).

---

[1] La flèche du temps physique suit d'ailleurs, selon la seconde loi de la thermodynamique, une trajectoire aussi irréversible que celle de la flèche du temps biologique.

Tout encourage donc l'humanité impatiente à parcourir en tous sens les chemins qui serpentent entre nature et culture, sans pour autant renoncer jamais d'aller de l'avant en fonçant sur les autoroutes du progrès. Ne sachant plus exactement quand on naturalise la culture et quand on humanise la nature, il devient loisible de prendre une part de plus en plus active aux jeux de l'évolution et de l'histoire. Notre époque ressemble à une femme assise à sa fenêtre pour y coudre et rêver à un avenir meilleur. Sans jamais abandonner son ouvrage, elle fait passer et repasser un ruban de Moebius entre ses doigts, dans l'attente qu'apparaisse un monde métisse où il y aurait place pour ses deux parents, l'Evolution et l'Histoire, qui seraient aussi ses deux enfants.

A cet égard, la théorie des jeux est exemplaire. La théorie des jeux, qui joue un rôle si important dans la doctrine économique, a été mobilisée pour rendre compte de certains aspects essentiels de l'évolution biologique, emportant de la sorte le monde animal dans une logique gestionnaire très entraînante, qui servira à son tour de modèle pour rendre compte du fonctionnement optimal de notre économie... Mais cette histoire ne reprend-elle pas au fond, dans les boucles récursives de son lasso, la leçon inaugurale de Darwin, qui emprunte à Malthus son modèle économique pour en appliquer les principes au monde biologique, dont Spencer fera ensuite un exemple à suivre (ou à ne pas suivre) pour l'économie politique ? Et nous ne dirons rien de La Fontaine, quand il faisait un portrait à ce point *humain* des animaux qu'il peignait, que leur société pouvait, sans qu'on y trouve à redire, présenter devant la nôtre le plus fidèle des miroirs...

D'ingénieuses tentatives de modélisation opératoire à visée technique rivalisent aujourd'hui avec d'imposants systèmes philosophiques hérités du passé pour démontrer qu'une nature évolutive fait un modèle au moins aussi légitime que celui que proposait naguère son immobilité perdue. Certes, il est devenu difficile de proposer, depuis le milieu du XIXe siècle, une vue un peu générale du monde qui resterait dans l'ignorance de la référence évolutionniste – fût-ce pour en nier avec violence la légitimité. Mais l'hypothèse darwinienne, plus ou moins aménagée, ne correspond pas seulement à une orientation scientifique dominante, acceptée avec résignation ou indifférence. Elle produit un effet de séduction et d'excitation demeuré intact depuis la publication de *l'Origine des espèces*. La pensée continue, avec la théorie de l'Evolution, à être exposée à l'opportunité la plus attrayante qui se soit présentée depuis longtemps sur son désespérant chemin.

Comment, en effet, résister à la tentation d'inscrire dans le mouvement neutre, mais irrésistible, d'une déterminité sans but la recherche très antique, très *grecque* en somme, du meilleur régime possible ?

L'enthousiasme suscité par les théories évolutionnistes tient à des raisons qui relèvent à la fois de l'ordre des fins et de celui des moyens, à l'empire du réel et au royaume des idées, et qui finissent par se mêler inextricablement. D'ailleurs, s'il n'est de philosophie crédible que celle qui tient compte de l'état d'avancement des sciences, il n'est non plus de philosophie, ni de politique, digne de ce nom qui ne recherche un certain bien et défende certaines valeurs, qui se situent au-delà de l'horizon des sciences empiriques. L'évolutionnisme, de ce point de vue, présente de grands avantages théoriques et pratiques. Sous un vêtement scientifique aussi souple et ample que le darwinisme, beaucoup d'idées ambitieuses peuvent circuler à leur aise, prêtes à essaimer vers des lieux parfois très imprévus pour y accomplir une œuvre colonisatrice. On se surprend ainsi à discerner, dans les occurrences biologiques imprévisibles d'une nature qui avance à l'aveugle, une excellence qu'on espère voir triompher dans l'histoire. Quoi de plus fascinant en effet que l'idée magique selon laquelle ce qui arrive sans avoir jamais été voulu présente un caractère de nécessité, d'inévitabilité quasi divine, tout prêt à lui conférer une manière de désirabilité ? Le geste alchimique suit aussitôt, qui convertit le plomb du fait en l'or de la valeur.

Le fixisme proposait le modèle qui convenait à une société qui ne changeait pas. L'évolutionnisme en propose un autre, mieux adapté à une société qui croit au progrès. On verra ainsi sans surprise l'évolutionnisme apporter un renfort vital à l'historicisme. A quoi s'ajoute que ce qui arrive sans qu'on le veuille arrive encore plus sûrement en le voulant... Lénine, déjà, s'impatiente. Mais aussi le pragmatisme. Et diverses formes d'individualismes, qui deviennent méthodologiques en faisant effort sur eux-mêmes.

Il est toujours avantageux à un idéal philosophique – ou politique – d'emprunter son principal argument d'irréfutabilité à un discours scientifique, qui tire précisément sa dignité d'une réfutabilité réclamée. Et il va sans dire que moins le test de vérité paraît concrètement réalisable à grande échelle, comme c'est le cas pour la théorie de l'évolution, plus on a tendance à miser gros en élargissant encore son domaine d'application. Nous sommes donc dans la situation idéale où la recherche du bien a croisé la route d'une science qui est tout à la fois fourmi et cigale. Fourmi par son sens de l'économie en matière d'hypothèses et cigale par l'étendue des phénomènes qu'elle entend expliquer. On se sera procuré, à moindre frais, un matériel de campagne léger, facilement transportable en tous lieux et susceptible de toutes les adaptations. Cela d'autant que son objet *est* l'adaptation. Toutes les adaptations.

On a pu ainsi considérer comme également naturelles et supérieures la société néolibérale et conservatrice défendue par Hayek, la démocratie pédagogique et impérialiste chantée par Dewey, le totalitarisme stalinien autorisé par son fondement matérialiste, en l'occurrence évolutionniste, voire diverses dictatures raciales, mais aussi de nombreuses autres occurrences juridico-économiques supposées issues d'une sélection tout à la fois aveugle et extra-lucide, tenant un discours plus apaisé sur la monde.

Cet endurcissement dans l'imprudence, plurimodal, pluridisciplinaire et idéologiquement polymorphe, mérite attention pour la puissance ainsi que pour la variété des modèles qu'il a su imposer. Comme chaque fois qu'elle vit au-dessus de ses moyens, la pensée, mais aussi l'action, ont contribué à libérer, en les montrant, les forces qui font l'histoire, des forces qui se confondent en un sens avec l'histoire même – mais qui puisent à une source troublée, où se mêlent les eaux de l'histoire avec celles de l'évolution. Aussi faudrait-il suivre pas à pas l'histoire de l'idée de nature pour comprendre l'origine des ambiguïtés qui règnent aujourd'hui dans l'histoire des idées sur la nature de l'histoire ; dater précisément les emprunts contractés auprès des théories évolutionnistes ; mettre au jour certaines superpositions, certaines interversions ou encore certains chassés croisés entre des notions appartenant à des univers conceptuels différents. Mais une telle enquête n'a de sens que si on la situe dans le cadre d'un problème plus vaste, dont les rapports de l'évolution avec l'histoire ne constituent certes qu'un aspect, mais assurément l'un des plus complexes.

Au plus profond du choix qu'il faudrait idéalement faire - ou ne pas faire - entre l'évolution et l'histoire, on éprouve bien sûr fortement la tension qui existe entre la nature et la culture. Il est difficile de n'y pas rencontrer, dans un repli essentiel, l'ensemble des enjeux liés à la confrontation de la nature avec la seconde nature. Mais il y a encore autre chose, qui intervient, cette fois-ci, sur un plan davantage théorique. Philosophiquement parlant, il y va dans cette affaire du rapport entre le Tout donné et la Totalité construite. Car ce qui est en jeu ici est l'identité – ou l'absence d'identité – de l'Être et de la Raison, la distance qui s'étend entre le réel et le connaître. Plus précisément, la question porte, techniquement, sur le type de relations qui peut exister, dans la durée, entre les modes de la réalité et les catégories de l'entendement. Faut-il, ainsi que le recommande Einstein, construire des architectures entre les uns et les autres, qui sont comme deux rangées de maisons alignées de chaque côté d'une avenue malaisément traversable ? Ou choisira-t-on d'invoquer incantatoirement des identités ultimes, rassemblées dans autant de cabinets de curiosités tout encombrés de *vieilles chouettes* et de *vieilles taupes* ? A moins qu'on ne préfère boire des apéritifs avant de se diriger d'un pas penché vers l'atelier où sont disposées les chaînes de montage de nos divers avenirs ?

Les contours de cette problématique, qui n'est autre que celle de la vérité-adéquation, dans le discours comme dans l'action, a certes beaucoup perdu de sa netteté depuis que la nature a cessé de fournir le référent immuable qu'il faut imiter, ou l'état de primitivité dont il faut s'éloigner. Mais la question a aussi gagné en intérêt, dans la mesure où elle apparaît de plus en plus nettement comme celle de l'affrontement de la vérité-adéquation avec ses formes concurrentes, la vérité logique et la vérité communicationnelle[1]. Entre elles trois se joue un jeu qui évolue parallèlement aux progrès réalisés dans les esprits par la théorie de l'évolution. La vérité-cohérence et la vérité communicationnelle se sont imposées peu à peu au détriment de la vérité-adéquation à proportion qu'a triomphé l'idée transformiste. L'antique idéal de *l'adequatio rei et intellectu* ne se peut réaliser pleinement que dans un univers fixe. Sauf à en développer dialectiquement le principe – tout ce qui est réel est rationnel... – dans la cadre d'une philosophie de l'histoire *récapitulative*. Toute la question, en effet, est là : peut-on penser aussi bien le réel en se tournant vers l'avenir plutôt que vers le passé, c'est-à-dire en se plaçant comme à l'intérieur du monde qui se fait plutôt qu'en adoptant une position de survol au-dessus du monde déjà fait ? Ou : peut-on penser la question de l'adéquation sans l'avoir déjà toujours résolue à l'avance ?

En fait, le transformisme, puis les théories évolutionnistes, sont venus complexifier plutôt que bouleverser absolument les données d'un problème très ancien, qui engage de façon indissociable, depuis Aristote au moins, les questions cognitives et les questions politiques. L'intimité de fait qui se dessine et perdure entre adaptation et adéquation se développe dans un espace intermédiaire de moins en moins défini à mesure qu'il est davantage fréquenté. On voit bien s'y essayer diverses associations entre théorie et pratique dans le cadre unifié que proposent les sciences cognitives. Mais il reste à interroger philosophiquement la pertinence de ce qui marche en quelque sorte trop bien dans le détail tout en produisant certains effets désastreux à un niveau global. Car l'idée ici défendue est qu'il faut se méfier.

Il faut se méfier de ce qui, dans le feu de l'action réussie, risque de ne plus constituer que dangereux bricolage, comme cela se passe chaque fois que le problème initial qui donne un sens à ce qui semble se réaliser de soi a perdu de sa lisibilité. Trop souvent, nous ne retenons que le plus petit commun dénominateur des problèmes qui surgissent devant nous, alors que nous échappe l'intuition du système complexe auquel ils appartiennent solidairement. Nous préférons œuvrer en dehors de toute référence à l'idée d'une certaine unité du monde que nous dépeçons et pouvons ainsi manipuler et transformer à notre aise, par fragments. La grande habitude que

---

[1] La vérité-adéquation, appelée aussi vérité-correspondance, désigne un certain accord entre ce qui est dit d'une chose et cette chose même. La vérité logique, ou encore vérité-cohérence, correspond à la vérité d'un discours qui ne se contredit pas en restant sur un plan strictement formel. La vérité communicationnelle, chère à Habermas, renvoie à l'accord qui intervient entre des locuteurs sur un objet donné.

nous avons de nous mouvoir à l'intérieur d'un univers conceptuel envahi par des concepts empruntés, à tort ou à raison, à la théorie de l'évolution, comme la sélection, la lutte pour la vie ou l'adaptation, risque bien de nous rendre aveugles à l'essentiel. Nos automatismes ne nous empêchent-ils pas, au premier chef, d'être saisis par la grande ressemblance qui existe entre l'erreur consistant, dans le court terme, à prendre systématiquement pour un bien authentique tel succès financier, économique ou industriel et celle qui consiste à confondre, par principe, n'importe quel avantage adaptatif avec ce qu'on appelle l'«adaptation » ?

Il faut se méfier donc, pour des raisons épistémologiques, philosophiques, mais aussi bien politiques. Il faut se méfier des tentatives de justification d'une désolidarisation trop radicale entre les fins globales et les fins particulières poursuivies par chacun. Aristote voyait une certaine continuité entre nature et politique (l'homme est un animal politique), mais, chose remarquable, il se donnait par là-même le moyen de définir avec toute la netteté philosophique souhaitable ce qui fait la spécificité de l'une et de l'autre, distinguant ainsi le domaine propre à la nécessité et celui où la liberté peut se déployer. Reconnaître l'enracinement de la culture dans la nature constitue le meilleur préalable à une définition rigoureuse des types de savoirs originaux dont chacune est justiciable : il y a tout à la fois continuité et rupture. Et rien n'empêche, dans cette perspective, de rêver un peu, en considérant, par exemple que Durkheim et Weber sont deux touches d'un clavier unique sur lequel nous sommes invités à faire nos premières gammes philosophiques en ces domaines[1]. Pourquoi, finalement, ne pas conserver vivante la mémoire d'Aristote distinguant entre les choses qui ne peuvent être autrement qu'elles sont et celles qui le peuvent, quand nous considérons l'histoire dans ses rapports avec l'évolution ? Ce que fait, en un sens, un auteur comme Patrick Tort avec ses boucles réversives. Et ce que nous ferons en un autre sens, tout en sachant par ailleurs que le ratio entre les choses qui peuvent être autres que ce qu'elles sont et celles qui ne le peuvent pas a de grandes chances de n'être plus le même qu'au temps d'Aristote.

Histoire et Evolution constituent donc *effectivement* deux modalités du devenir vital, qui s'entrelacent assez joliment, comme deux serpents. Et cette division se retrouve également à l'intérieur même de chacune de ces modalités, historique et évolutive, faisant que cet enlacement peut s'observer aussi bien au cœur de ce que nous croyons n'être qu'Histoire, qu'au sein de ce que nous croyons n'être qu'Evolution. Ces divisions se retrouvent à des niveaux de plus en plus infimes, selon une logique fractale reproductible *ad libitum*, conformément au modèle de la barre de Cantor, obtenu par

---

[1] Durkheim, père de la sociologique explicative, inscrit celle-ci dans la continuité des sciences de la nature. Weber, théoricien de la sociologie compréhensive, définit la science sociale comme en rupture avec la nature.

pulvérisation de l'unité initiale. Cette représentation, tout en restant plus prudente qu'elle, n'est pas incompatible avec la thèse de l'émergence selon laquelle l'évolution, à force de couper les cheveux en quatre, a fini par inventer la liberté, c'est-à-dire l'histoire.

Soit donc à considérer le devenir de l'humanité sous le double aspect d'une histoire et d'une évolution, tout à la fois rivalisant et s'équilibrant à diverses échelles, de la même manière que la nature humaine peut être considérée sous son double aspect, animal et humain. Une telle orientation revient à privilégier, dans une visée qui inclut la flèche du temps, les configurations dans lesquelles les choses inhumaines parviennent à s'inscrire à l'intérieur même du monde des hommes, ce qui est dire le monde de la théorie, de la pratique et de la poétique. Et on s'autorise aussi bien à distinguer, dans les choses qui peuvent paraître inhumaines, l'empreinte humaine, comme cela est le cas pour la machine, ou encore pour le paysage qui nous entoure. Une telle attitude devrait nous garder de ramener, de façon exclusive, l'histoire à un processus évolutif comme de la considérer pure de tout élément évolutif.

Non seulement nous proposons ainsi une première approche, certes encore grossière, du problème redoutable que pose notre inscription mondaine envisagée dans sa durée, mais nous nous donnons aussi le matériau propre à construire un dispositif qui rendrait possible la conservation du plus grand nombre de ses dimensions. Car la liberté est une affaire de conservation – de conservation des moyens de conserver la liberté. Ce dont il s'agit est le maintien des problèmes dans leur état le plus irréductiblement ouvert. Il faut en effet tout entreprendre pour laisser intact autant que possible le choix de faire histoire dans un contexte défavorable à la liberté – c'est-à-dire à l'histoire – puisque favorable à la multiplication des processus évolutifs au sein de l'histoire.

Car l'essentiel nous paraît tenir dans la latitude laissée aux jeux complexes du hasard, de la nécessité et de la liberté de se poursuivre à tous les étages, dans les recoins les plus discrets de la demeure historique, sans oublier que tout se joue aussi bien à certain niveau architectonique, de façon certes moins visible, mais aussi décisive. La théorie des jeux non seulement ne suffit pas à rendre un compte suffisant de ce jeu-là, mais méconnaît sa nature véritable en répondant de façon précipitée à une question qui demande du temps, puisqu'elle porte sur la durée.

Un *jeu de rôle*, aussi savamment réglé soit-il, ne se rapporte jamais qu'à des problèmes dérivés, de second ordre, dont la résolution n'a de sens qu'à l'intérieur d'une question plus englobante, plus fondamentale, mais elle-même trop souvent laissée *inquestionnée*. Ce manque d'intérêt, qui suffirait presque à caractériser notre époque pressée, pour ce qu'on peut appeler l'*écologie des problèmes* emprunte son argument décisif à des *requisits* d'efficacité technique, voire scientifique, autant qu'à l'idéologie. Mais le ressort principal, dans l'un et l'autre cas, reste la volonté de puissance. Cette question volontairement délaissée est celle de la *Condition humaine*, au sens que donne à cette expression Hannah Arendt.

Une telle posture d'oubli assure un certain confort dans l'entreprise de démontrer, par exemple, que la vérité communicationnelle est toute la vérité, alors qu'il ne se rencontre de rapport à l'autre qui ne soit en même temps rapport au monde : ce que nous savons du monde, nous l'apprenons le plus souvent des autres, en tant qu'ils sont eux-mêmes en rapport avec le monde, même si cela n'est vrai qu'*idéalement*, c'est-à-dire une fois atteint un certain point idéal de régression. Chaque fois que nous interagissons avec autrui, nous interagissons avec le monde. De même que, chaque fois que nous interagissons avec le monde, nous interagissons avec autrui, et cela d'autant plus que le monde s'humanise davantage, ce qui fait une loi historique. Une loi selon laquelle, plus le monde est humanisé, plus la nature se trouve enrôlée de force dans l'histoire, et plus l'histoire devient évolutive. Davantage l'histoire s'affirme comme une force négatrice de la nature, et donc de l'évolution, davantage l'histoire évolue vers des formes inédites, de moins en moins historiques.

Il reste à considérer le reflet de cette histoire dans l'histoire des mots et dans l'histoire des idées, en laquelle on peut voir une histoire de la vérité. Certaines confusions commises au sujet des rapports de l'histoire avec l'évolution ne sont pas étrangères en effet à la tendance très répandue qui consiste, en la faveur de certaines imprécisions lexicales, à privilégier dans le raisonnement tel ou tel type de vérité de façon exclusive. Faire un absolu de la vérité-cohérence, de la vérité-communication ou encore de la vérité-adéquation permet trop souvent de régler *a priori* la question de notre rapport à la nature envisagée dans la durée, soit en tirant l'histoire vers une forme d'évolution, soit en tirant l'évolution vers l'histoire. Et cela contribue à ancrer encore plus fortement la question de la connaissance au cœur du problème des rapports de l'évolution avec l'histoire. Comme les solutions à ce problème ne sont pas si nombreuses, nous risquons d'en retrouver les termes dans un nombre très réduit de grandes approches fédératrices.

Nous avons montré que deux grandes familles d'approches s'essaient à rendre un compte assez général du devenir historique. D'un côté, nous avons une approche modélisatrice faisant du devenir la résultante d'une multitude d'événements discrets, et qui privilégie la volonté intéressée des acteurs individuels. Le plus gros des phénomènes dont elle prétend mettre au jour le ressort est, selon elle, justiciable des catégories de la théorie adaptative. De l'autre côté, on a affaire à une approche globale, philosophique, cherchant à considérer le devenir dans son mouvement le plus général et le plus nécessaire, donnant à l'occasion leur sens aux événements discrets qu'il emporte dans sa dynamique.

La première approche revient à faire de l'histoire une évolution. Mais est-il pour autant légitime de soutenir que la seconde fait de l'évolution une histoire ? Peut-être, dans une certaine mesure, sauf à rappeler que l'idée d'évolution, dans le sens spécial que nous pouvons lui donner à la suite de Darwin, n'existait pas au moment où les grandes philosophies de l'histoire se sont formées. Le terme d'évolution était pris dans un sens qui indique un « développement », ce qui est à la fois la même chose et quelque chose de totalement différent. Et cela d'autant plus que Darwin ne défendait en rien une doctrine dont l'évolution eût été le thème central, puisque son souci allait à des questions de sélection et d'adaptation. Le lourd passé sémantique et philosophique du terme *évolution* avait tout pour le lui rendre suspecte. D'ailleurs, la plupart de ses contemporains appelaient ainsi ce qui constituait très exactement le contraire du phénomène qu'il voulait mettre au jour.

On peut, à titre d'illustration, obtenir un effet de contraste facile en rapprochant deux auteurs exemplaires, représentatifs de ces approches. L'un est postérieur à Darwin, l'autre antérieur. Les positions qu'ils défendent, rapportées à l'esprit de l'époque où ils se sont montrés actifs, font d'eux des cas « normaux ». Ainsi en va-t-il de Hayek, quand il présente une conception qui fait de l'histoire un processus évolutif, intéressant au premier chef nos facultés cognitives ; et de Hegel, quand il pose que l'histoire a pour objet l'évolution de la substance logique. Ces deux auteurs présentent bien évidemment des visions du monde très différentes, voire opposées, même s'ils semblent parler tous les deux de l'histoire comme d'une évolution. Pour le premier, l'évolution est à comprendre comme une série d'adaptations. Pour le second, l'évolution s'entend d'un développement – certes dialectique. Ces deux auteurs, bien que les choses soient bien moins simples chez Hegel, sont emblématiques des deux acceptions principales du terme d'évolution, qu'on peut appeler respectivement *évolution-adaptation* et *évolution-développement*. Entre elles s'étend un marigot où prospèrent mille théories hybrides. L'essentiel de l'histoire des rapports de l'évolution avec l'histoire s'écrit en ces lieux aux contours mal définis, où se mêlent éléments et espèces de genre différents.

Un certain flou lexical n'est pas étranger à cette situation. Il y a, tout d'abord, une ambivalence fondamentale du terme d'évolution, qui renvoie à des univers conceptuels absolument étrangers l'un à l'autre, mais susceptibles de communiquer entre eux, grâce en particulier à la complicité active de la langue courante. C'est en la faveur de cette ambivalence, et grâce à cette complicité, qu'il arrive fréquemment, depuis Darwin, que l'on combine les avantages et les facilités propres à chaque grande lecture possible du devenir en empruntant à l'une son efficacité technicienne discrète mais redoutable, et à l'autre son prestige ainsi que des arguments d'autorité.

L'antinomie qui existe entre ces deux lectures du devenir, notons-le bien, constitue un cas particulier du désaccord classique qui se rencontre entre les diverses formes d'individualisme, plus ou moins méthodologiques, qu'on peut rencontrer aujourd'hui, et les diverses formes qu'a pu prendre le holisme dans le passé. Cette opposition est assez universelle. On la retrouve dressant l'un devant l'autre l'atomisme logique et monisme logique, dans la présentation qu'en fait Russell, quand il démarque son système de pensée de ceux de Hegel et de Leibniz.

Ces conceptions du devenir visent bien sûr l'une et l'autre la vérité. La seconde pense l'atteindre en montrant sans difficulté que rien ne peut survenir hors de la totalité dont elle a fait son objet, ni évoluer autrement que sous l'empire des nécessités dont elle a percé le ressort. La première triomphe en introduisant le calcul par la brèche d'une réduction du devenir à une combinaison d'événements élémentaires discrets.

Il reste que la présentation la plus profonde de l'évolution-développement se trouve chez Hegel, mais poussée jusqu'au point où elle pourrait rejoindre une conception très moderne d'un devenir quasi computationnel. Rappelons-nous ce qu'écrivait Alain au tout début du commentaire qu'il fait, dans ses « Idées », de la philosophie hégélienne de l'histoire : « La mathématique serait donc la représentation parfaite du devenir ; tout esprit devrait passer par là », car en effet « le propre du nombre est de se dépasser lui-même ». D'où vient l'idée aventureuse que le devenir peut se penser ou se calculer, voire même les deux à la fois, en tout cas se déduire comme mathématiquement à partir d'un postulat germinatif. D'ailleurs, la mathématique peut se *développer* indéfiniment, puisqu'elle n'a pas de vis-à-vis, comme elle ne va jamais qu'à sa propre rencontre. Il y a là l'idée d'un développement en forme de progrès, faussement moderne, très glacée, et cependant plutôt rassurante en ce qu'elle est présentée comme l'actualisation de quelque chose qui existait en puissance - naturellement.

Aussi bien ne faut-il pas oublier que les mots d'« évolution », de « développement », d'adaptation, sont des mots qui ont beaucoup servi, comme la terre du Limousin, chère à Giraudoux, tellement usée et partout ravaudée que la carte a cessé d'en devenir déchiffrable. Il faut donc prendre des précautions. Si, par exemple, on prenait soin de préciser, chaque fois qu'on aborde la question de l'évolution, que l'on parle d'*évolution-adaptation* ou d'*évolution-développement*, on éviterait bien des malentendus, mais on ferait retomber aussi bien des enthousiasmes spéculatifs et on porterait le soupçon sur bien des constructions mathématiques. Mais, avant toutes choses, Il faut retourner aux définitions.

Selon Littré, « Evolution », qui vient du latin *evolutio*, dénote l'action de sortir en se déroulant. Soue l'enveloppe collante du mot se concentre, prête à s'épanouir, l'image du bourgeon devenant feuille, et, plus complètement, l'idée du germe, dont procède visiblement ce qui était caché et minuscule, par lent déploiement biologique. On pense à la façon dont la crosse d'une fougère prend ses aises aériennes depuis le lieu d'enfouissement de son principe dans un humus complice. Il ya passage de l'intimité germinative à l'exposition *publique*, consécutive au *développement* d'un principe générateur des choses comme elles sont, pour parler ainsi que Carlyle, mais aussi bien des choses *comme elles doivent être*, formant ainsi mélange entre l'effectif et le normatif. Car ces changements se déroulent dans un monde qui ne change pas, un monde où existent des êtres séparés qui font effort chacun en direction de leur propre perfection. L'ambiance générale est celle du fixisme, du finalisme et de la morale naturelle. Si, sans quitter cette ambiance, on considère le même principe à l'œuvre parmi les insectes qui parcourent les étapes de leur existence en subissant plusieurs *transformations* spectaculaires sans changer de nature, on voit bien comment le fixisme peut contenir en lui quelque chose du transformisme, mais dans une configuration qui empêche un *développement* de l'idée transformiste, qui obligerait à sortir du fixisme.

On notera la grande proximité apparente dans laquelle se trouve le terme d'« évolution » par rapport à celui de « développement », qui est marqué au coin de son sens ancien : l'évolution consiste, dans l'ancien langage, à « étendre ce qui était roulé sur soi-même ». Par ailleurs, « évolution » se dit, dans la langue courante, sans référence spéciale à un phénomène naturel, d'une « transformation graduelle et conçue en général comme assez lente ou comme formée de changements élémentaires assez minimes pour n'être pas remarqués ». A quoi s'ajoute, dans l'imaginaire collectif, que « développement » renvoie intuitivement à l'idée de progrès. Nous avons là l'essentiel des ingrédients de base qui vont servir à la composition de plats bien différents.

Notons, pour commencer, que le terme de « développement », défini de façon générale, peut aussi bien désigner un certain type d'essor économique et social, conforme, par exemple, au modèle occidental, que le « développement d'une idée, d'un système, d'une science, d'un art ». Ainsi en va-t-il du développement d'un sujet de dissertation par un élève appliqué à répondre aux attentes de celui qui en a conçu les termes. Dans tous les cas, sur le terrain politico-économique comme sur le papier, tout doit s'accomplir conformément à un certain plan établi à l'avance, ou du moins s'inscrire dans le cadre d'un système normatif de solutions légitimes.

Il suffit, pour traiter un sujet de façon satisfaisante, ou pour répondre aux attentes d'un colonisateur qui vous veut du bien, de se montrer capable de tirer le meilleur parti des données contenues dans le sujet imposé, saisir la chance qui vous est offerte de refaire les gestes imaginés par le maître, à l'exception de celui qui en a fait un maître. Il s'agit chaque fois de résoudre un problème dont la solution est connue à l'avance, par un fonctionnaire de l'Education nationale, le Parti colonial, le Planificateur, la Nature, ou Dieu lui-même. Des développements qui développeraient autre chose que ce qui est donné à développer appellent une sanction. Le correcteur fera couler l'encre rouge de son stylographe, qui est comme le sang de l'élève sanctionné, surpris à extravaguer hors du cadre imposé. Et le sang du colonisé qui refuse de copier le modèle colonial coulera sur son corps, comme l'encre du maître saignera sur les mauvaises copies.

Ces devoirs scolaires, économiques, politiques ou religieux, sont bien éloignés de ce que cherche à dénoter l'« évolution » comprise dans un sens darwinien, où rien n'est précisément prévisible à l'avance, puisque l'élément premier en est la variabilité. Une variabilité dont Darwin n'a pas cherché à percer les secrets, ce qui en fait un mystère générateur, qui ressemble fort au hasard, mais dans quoi il peut être tentant de voir aussi quelque chose comme le degré zéro de la liberté, tandis que le développement est certainement la forme de devenir qui doit le moins au hasard.

Soit à réintroduire maintenant le thème de l'histoire en tant que « récit des événements relatifs aux peuples en particulier et à l'humanité en général », ainsi qu'a pu la définir le grand Littré, que nous continuons de suivre ici. Mais notre polygraphe positiviste ne peut s'empêcher de citer aussitôt Voltaire : « La véritable histoire est celle des mœurs, des arts et des progrès de l'esprit humain ». Cette considération autorise à supposer que, derrière l'histoire événementielle visible, plutôt imprévisible, se cache une histoire invisible, ou plusieurs séries historiques qui en peuvent révéler le sens véritable, en ce qu'elle(s) obéi(ssen)t à une logique ou à des logiques qui permettront justement d'écrire l'histoire, en procédant par développement des thèmes qui s'y prêtent. Ce qui signifie que l'histoire peut être considérée, sous certains de ses aspects comme une évolution, dans le sens où l'évolution elle-même peut être considérée comme un développement.

Au moment où on a commencé, pour des raisons historiques, à envisager le monde dans ce qui fait son unité selon nos critères propres, on a beaucoup utilisé l'expression : « Evolution de l'humanité », et cela avec une emphase qui n'était pas seulement métaphorique. La collection célèbre : l'*Evolution de l'Humanité*, dirigée par Henri Berr, est à cet égard emblématique de cette tendance. La règle était de ne pas séparer l'histoire de la géographie, l'évolution des civilisations de l'histoire de la terre, les modes de vie collectifs du milieu naturel où ils s'épanouissent.

Mais cette représentation est bien plus ancienne que cela. On peut en effet penser à Montesquieu, qui a donné de cette idée une version éclairante et forte, faisant la part de la fatalité et la part de la liberté, celle de l'évolution et celle de l'histoire, enlacées dans une lutte amoureuse qui durera autant qu'il y aura une culture et une nature : l'esprit des lois montre les deux formes évolutives principales que l'histoire peut prendre, et qui sont la décadence et le progrès. Donnant sa place à l'intentionnalité correctrice au sein d'un déterminisme général corrupteur, Montesquieu, en même temps qu'il réinvente le droit, ébauche un modèle gros de devenirs concurrents sur lesquels les penseurs des siècles suivants vont parier avec passion. La difficulté vient du statut ambigu de cette Loi de décadence, d'ambition scientifique, mais d'origine à la fois historiographique, biblique et philosophique. Au demeurant, cette ambiguïté exprime, par avance, certaines des apories qui marquent les tentatives plus récentes de modélisation du devenir historique.

Pour résumer, l'histoire, qui constitue en un sens la négation de l'évolution, ne deviendrait intelligible que dans la mesure où, mettant au jour les tendances profondes qui s'y manifestent, on commence à la penser comme une évolution.

Certes, si on prend pour vraie la théorie de l'évolution, dans son sens darwinien, il semble bien qu'on puisse dire, sans trop de risque de se tromper, qu'il n'y a aucun illogisme à faire apparaître l'histoire comme un prolongement de l'évolution, voire comme un produit de celle-ci, mais se différenciant de celle-ci et, en un sens alors la niant. Ainsi Patrick Tort a-t-il pensé légitime de mettre en évidence l'apparition d'un processus réversif qui, tout à la fois fait de la civilisation un produit de la sélection naturelle et l'instance qui se spécifie par le refus de la sélection naturelle. Mais les choses sont-elles aussi simples ? En fait, la civilisation – ce pur produit de la sélection naturelle – tantôt refuse la sélection, tantôt encourage celle-ci. Ce refus et cet encouragement tantôt concernent des objets naturels (veaux, vaches, cochons…), tantôt des objets culturels (lois, pratiques diverses, modes). La civilisation est le lieu d'une sélection artificielle, assumée ou non, qui perturbe, à des degrés variables, une sélection naturelle qui tend malgré tout à constituer pour elle un modèle à suivre, quitte à en corriger certains effets difficilement acceptables.

Un auteur comme Ronald de Suza, explorant cette même voie, a pensé pouvoir inscrire l'apparition de la rationalité parmi les séquences marquantes de l'évolution, devenue pour le coup, histoire… sachant que rien, selon lui, n'empêche de considérer la rationalité comme appartenant aussi bien à l'évolution qu'à l'histoire, pourvu qu'on en donne une définition suffisamment large. Une telle analyse laisse entrevoir une brèche au-travers de laquelle notre époque va se frayer un passage qui va l'entraîner assez loin.

La question est justement de savoir selon quelles modalités s'effectue le passage entre certaines visions très générales, acceptables sous certaines réserves, de ce qu'on a appelé l'évolution de l'humanité et la résorption possible de l'histoire dans mille processus évolutifs par l'effet de l'introduction, dans des domaines qui ne devraient pas en être justiciables, de protocoles fonctionnant de façon irrésistible, sous la forme, par exemple de « systèmes experts ».

Ce n'est pas un hasard si, entre « Histoire naturelle » et « Evolution de l'humanité », le vocabulaire a eu tant de mal à se fixer depuis l'« Enquête » doublement inaugurale menée par Hérodote – *enquête* et non *histoire*, notons-le bien… D'ailleurs, pour qu'il y ait histoire, il faut qu'il y ait récit, ce qui fait que, dans son déroulement constaté et raconté, l'évolution naturelle apparaît assez bien comme une *histoire naturelle*, ainsi qu'on appelait jadis les sciences de la nature. Chaque fois aussi que l'histoire ne peut plus faire l'objet d'un récit, porteur de sens, mais que l'on cherche à mettre au jour la multitude de petits éléments dont l'enchaînement involontaire, ou mécanique, a produit tel devenir, nous avons alors affaire à quelque chose que nous ne devrions plus appeler l'histoire, mais une évolution, entendue cette fois dans son sens populaire et non scientifique.

La question très naïve que l'on pose ici est donc de savoir si ce flottement linguistique, tout porteur d'archaïsmes qu'il paraît, ne finit pas par se retrouver en phase avec certains phénomènes liés au développement technoscientifique contemporain ou encore s'il ne convient pas à prendre adéquatement la mesure de ce qu'il est convenu d'appeler la mondialisation sous ses diverses formes, économiques, industrielles, financières, techniques, électroniques, mafieuses… Les transformations que notre siècle a imposées à la nature n'ont pu se faire sans que l'évolution ait été notablement marquée par l'histoire ; ni bien sûr sans que l'histoire ait emprunté en retour à l'évolution certains de ses traits, au point qu'elle soit devenue dépendante de certains déterminismes qui devraient lui rester étrangers.

Le jeu n'est plus seulement linguistique entre une évolution historique et une histoire évolutive, il s'inscrit au cœur de ce qui est devenu une réalité évolutive complexe, faite d'une pâte unique tout à la fois culturelle et naturelle, mais où, semble-t-il, ni la culture ni la nature ne retrouvent leur compte. En fait elles sont menacées l'une et l'autre, ainsi que nous le répètent inlassablement les défenseurs de la culture et les défenseurs de la nature, qui ne comprennent cependant pas toujours qu'il s'agit d'un problème complexe unique. Et elles sont ainsi menacées parce que cette évolution s'est produite sans y penser, *évolutivement* donc, parce qu'on n'a pas voulu considérer a priori le complexe évolution-histoire, de manière à préserver la spécificité de chacune dans le jeu dialectique qui se fait entre elles.

Le développement de l'informatique, le tissage du net, la mondialisation... contribuent bien évidemment à accélérer cette *évolution* dans laquelle on voit la part des exigences propres à la vérité-adéquation diminuer devant celles de la vérité-cohérence et celles de la vérité communicationnelle. Tout semble indiquer, selon certains auteurs, qu'on assiste à un anéantissement cybernétique de l'histoire dans une multitude de cycles informationnels adaptatifs. Le remplacement de l'antique *adequatio* par l'*adaptation* s'accomplit ainsi, en autres, avec la complicité des réseaux informatiques. Tout ceci signifie également, bien sûr, une disparition corrélative du politique, soluble dans la complexité. Au demeurant, l'existence de quelque chose qu'il serait finalement légitime d'appeler histoire, du coup définissable, résiduellement, comme néguentropie, serait étroitement lié à un devenir cosmique, dominé par l'entropie : l'histoire et la politique, en somme comme réponse, ainsi qu'il en va pour la vie. On pense ici au livre récent de Céline Lafontaine : *l'Empire cybernétique*. On pourrait aussi penser à la critique adressée en son temps par Henri Lefebvre au structuralisme, c'est-à-dire à la pensée opératoire quand, parvenue à une position hégémonique, elle tord le cou à la dialectique, c'est-à-dire à l'historicité.

Rien n'interdit, au demeurant, d'imaginer un renouveau et un enrichissement possible du politique, obligé d'affronter ensemble les imprévisibilités conjuguées de ce que l'on continue de présenter comme évolution ou de ce qu'on appelle encore histoire. La noyade postmoderne du sujet dans une réalité complexe en devenir, qu'on observe dans les esprits autant que dans les faits, a pour cadre un monde marqué par l'augmentation constante du nombre des secteurs d'activité dominés par des mécanismes aveugles. Ce double phénomène n'est-il pas constitutif d'un réel recomposé, isolable par l'analyse, réifiable en fait, par rapport auquel un nouveau sujet a la possibilité de se redéfinir lui-même philosophiquement et de s'affirmer politiquement, selon la recette cartésienne éprouvée d'un *cogito* dressé sur ses ergots *sum*, si l'on ose dire ?

Par ailleurs, la démocratie ne peut-elle pas se définir, en termes justement darwiniens, comme le régime qui réserve un rôle constitutionnel à des variants temporairement moins adaptés – ce qu'on appelle l'alternance... ? Sans doute est-il alors possible d'espérer qu'elle ne restera pas prisonnière de l'alternative postmoderne entre l'apolitisme technocratique et l'apolitisme contestataire : il y a une dimension adaptative propre à la démocratie – le plus plastique des régimes – qui autorise un possible retour à l'histoire, grâce à la tolérance dont elle est capable à l'endroit des insuccès adaptatifs momentanés de certaines valeurs, qui pourront fort bien s'imposer par la suite.

La Technique
entre Evolution et Histoire

Franck Tinland
Professeur émérite
de l'Université Paul Valéry à Montpellier

Evolution et Histoire présupposent l'une et l'autre la dimension temporelle d'une succession de moments ou d'étapes au cours de laquelle se produisent des changements significatifs dont la trace se conserve et donne lieu à une suite irréversible de conséquences. La distinction des deux termes, ou leur opposition-conjonction, suggère que ces changements concernent, dans le premier cas, les formes vivantes et dans le second cas des sociétés humaines. Mais, pour que changements significatifs il y ait, et surtout qu'ils soient pensables, il faut pouvoir envisager leur succession sur le fond d'une durée suffisante pour rendre possibles les modifications donnant lieu à une vision d'ensemble cohérente, seule à même de conférer un sens à chacun des moments de ces séries. Cette condition de durée n'a pas toujours été d'actualité parmi les présuppositions des cultures en fonction desquelles se forme la conscience que les hommes ont de leur rapport au passé. Elle s'est réalisée au cours d'une mutation du cadre dans lequel s'inscrivent les représentations d'une époque – de l'*épistémè*, si l'on veut – qui a elle-même succédé aux mutations fondatrices de la modernité, mutations aux cours desquelles cosmographie et physique ont participé à ce qui a pu être qualifié de « révolution galiléenne »[1].

C'est au siècle suivant que de façon moins brutale mais tout aussi déterminante dans les bouleversements épistémologiques dont nous héritons (et qui font, pour nous, obstacle à une véritable compréhension de ce qui précède), le cadre temporel dans lequel viennent prendre place les représentations a acquis une nouvelle pertinence par rapport à l'intelligence des phénomènes et à la compréhension du monde. Cette mutation a simultanément concerné l'extension de l'emprise du devenir sur tout ce qui peut être objet d'expérience et le recul des origines, c'est-à-dire une

---

[1] G. Gusdorf, *La Révolution galiléenne*, t. 1, Paris, Payot, 1969.

ouverture sur une profondeur temporelle jusque-là bloquée entre perspectives cycliques, faisant du temps la « mobile image de l'éternité immobile » (Platon), et repères ordonnés par une révélation théologique.

L'extension de l'emprise du devenir sur tout ce qui contribue à former une image du monde s'est amorcée au XVIIIe siècle. Depuis, le fleuve héraclitéen n'a cessé de ronger ses berges, progressivement perdues de vue, entrainant dans son cours la Terre, les Cieux, jusqu'aux atomes et aux galaxies. La nébuleuse primitive évoquée par l'hypothèse qui associe les noms de Kant et de Laplace et qui renoue avec l'antique image du chaos originel s'ajoute aux *Epoques de la Nature* de Buffon tandis que l'énigme des coquillages fossiles retrouvés sur les montagnes excite l'imagination d'un Benoit de Maillet[1].

Cette extension va de pair avec une remise en question d'abord prudente d'une chronologie inspirée par la Bible. Non seulement la référence au récit de la Genèse, mais encore la généalogie des descendants d'Adam, sont des repères structurant le cadre temporel dans lequel devaient trouver place les traces que la mémoire collective conservait d'un passé à dimension humaine. Il y avait certes quelques rares et iconoclastes exceptions, mais on retiendra ici de l'enseignement que Bossuet dispensait au Dauphin pour le préparer aux responsabilités liées au trône de France, qu'il s'est écoulé 1656 ans depuis la Création du Monde, c'est-à-dire depuis le « commencement de toutes les histoires » jusqu'au sacre de Charlemagne, auquel s'arrête ce parcours des épisodes porteurs de sens d'une histoire qui, bien entendu, ne concerne pas seulement la postérité d'Adam et Eve, mais également couvre toute l'antiquité gréco-romaine, avec en plus Ninive, Babylone, l'Egypte, et, au-delà, la conquête des Gaules et la christianisation de l'Europe. Certes, l'histoire de la Création ne se résume pas aux premiers six jours de l'œuvre divine, mais le rôle de Noé est évoqué surtout pour situer quatre-vingt-six ans plus tard la mission confiée à Abraham de guider le peuple élu vers la Terre Promise[2].

On comprend alors à la fois l'audace et la prudence de Buffon[3]. Mais dans les deux hypothèses qu'il formule, le temps assigné à l'histoire du

---

[1] B. de Maillet : *Telliamed ou Entretiens d'un philosophe indien avec un missionnaire français sur la diminution de la mer*, La Haye, Duchesne, 1755.

[2] Bossuet (1691): *Discours sur l'Histoire universelle à Mr le Dauphin pour expliquer la suite de la Religion et les changements des Empires depuis le commencement du monde jusqu'à l'Empire de Charlemagne.*

[3] Buffon, en 1778, dans *Les Epoques de la Nature*, considérant que le récit biblique mentionne non pas sept jours mais sept étapes dans l'histoire de la Création, fait correspondre à chacune des durées différentes. Cumulées, elles conduisent à admettre que l'histoire de la Terre porte sur cent soixante mille ans. Cette évaluation

monde – moins de deux cent mille ans – était bien court. Il a fallu faire craquer ce cadre temporel pour rendre compréhensible la formation des espèces vivantes, y compris *homo sapiens*. Il a fallu la dilatation progressive de la durée requise pour que se révèlent les potentialités de devenir spécifiques ouvertes par le mode d'existence propre aux êtres humains. Un bon siècle après la timide avancée des *Epoques de la Nature* sur la voie d'une approche se voulant scientifique de l'âge de la Terre, les cheminements qui conduisent de l'histoire de la vie à l'évolution des sociétés humaines se croisent avec la publication d'*Origin of Species* (1859) par Darwin (suivie par celle de *Descent of Man* (1871) où l'auteur ose intégrer explicitement l'espèce humaine dans sa théorie évolutionniste) et des *Antiquités celtiques et antédiluviennes* (1847-1884) de Boucher de Perthes. La préhistoire articule depuis sur l'évolution des formes vivantes un type de devenir « différent » qui va conduire, d'accélérations en accélérations, à cette *Histoire (qui) commence à Sumer*[1] – à l'histoire que prennent en charge les historiens sur la base des témoignages scripturaires qui s'ajoutent aux autres traces et vestiges matériels permettant de reconstituer la vie et les événements majeurs des sociétés antérieures aux nôtres.

C'est à partir de la mise en place de ce nouvel – et toujours renouvelé – horizon temporel que l'histoire des formes vivantes et l'histoire de l'humanité (ou plutôt l'histoire « universelle » réduite aux antécédents de l'actuel « monde occidental ») vont constituer des modes d'intelligibilité retrouvant dans l'enchaînement de séquences chronologiquement ordonnées une voie privilégiée de compréhension du présent. Le XIXe siècle sera par excellence celui qui verra s'imposer cette référence à la succession des étapes antérieures comme clef de l'accès au sens de ce qui adviendra.

Mais si c'est là le fond commun à partir duquel les sciences de la vie et des sociétés trouvent des voies nouvelles de développement, l'évolution des espèces et l'histoire des hommes n'ont guère souci l'une de l'autre. Certes les tentatives pour les raccorder ne manquent pas, notamment pour intégrer les deux types de devenir dans le même plan de développement. De H. Spencer à Teilhard de Chardin, il est tentant de faire de l'Histoire le prolongement de l'évolution, voire la réalisation progressive d'une même épopée, retraçant par exemple, selon un titre de M. Pradines, *l'Aventure de l'Esprit à travers les Espèces*[2]. Ce sont toutefois là des spéculations qui n'auront guère de véritable impact sur le travail scientifique visant à reconstruire et comprendre les transformations structurales et l'impact des

---

a quelque peu varié au cours de l'œuvre de Buffon en fonction de la diversité des bases du calcul… et des accusations d'impiété dont il était victime.
[1] S. N. Kramer, *L'Histoire commence à Sumer*, Paris, Arthaud, 1957.
[2] M. Pradines : *L'Aventure de l'esprit dans les espèces*, Paris, Flammarion, 1954.

événements dans deux domaines dont l'un relève des « sciences de la nature » et l'autre des « sciences humaines ». Les méthodes sont différentes, les matériaux et documents utilisés sont différents. Le rapport du chercheur à son objet n'est, généralement parlant, pas le même.

Pourtant, l'histoire concerne ce qui a été rendu possible par l'évolution. Celle-ci, bon gré mal gré, accorde à l'homme une place privilégiée à l'espèce H*omo sapiens,* c'est-à-dire à celle qui donne son essor à l'historicité des sociétés en lesquelles s'origine l'existence de ces êtres venus au monde, comme individus et comme espèce, sans déroger aux lois et aux voies de l'évolution biologique. Il faudrait au moins tenter de comprendre comment un type de devenir s'articule sur l'autre, comment l'histoire de la vie réalise les conditions d'apparition de l'histoire humaine, comment cette dernière fait surgir à partir de conditions mises en place au cours de l'évolution des modalités d'organisation et de transformation en rupture éventuelle avec celles qui sont à l'œuvre dans la succession des formes vivantes.

Pour être plus précis, il faudrait comprendre comment les unités de temps requises pour la scansion de l'évolution depuis deux milliards d'années perdent leur pertinence lorsqu'il s'agit de la durée qui nous sépare des débuts de l'histoire, et même du néolithique. En prime, il faudrait aussi comprendre comment ce que nous considérons comme l'Histoire, « notre Histoire », a pris son essor, celui de l'histoire « chaude » ou « cumulative » en se différenciant du style propre aux sociétés à histoire « froide » ou « stationnaire » (jadis considérées comme « sans histoire ») avant de les phagocyter[1].

Le rapport entre l'avènement du genre *Homo* depuis plus de 2 000 000 d'années (période qui ne cesse de s'allonger), puis de l'espèce *Homo sapiens*, avec ce qui s'est amorcé en Mésopotamie il y a moins de dix mille ans, ne peut être oublié sous prétexte de différences méthodologiques. L'intérêt privilégié – par ailleurs tout à fait légitime – que nous portons à notre histoire, et plus fondamentalement à notre historicité, ne peut trouver son fondement dans l'occultation de ce qui a conditionné son émergence et continue d'encadrer son existence.

On pourrait d'ailleurs parler d'une sorte de revanche prise aujourd'hui par cet encadrement sur ce qui le dévalorisait au profit des attentes liées au progrès. Que l'on songe à cette conception antithétique de la « fin de l'histoire » telle que le XIXe siècle l'évoquait, éventuellement prolongée jusqu'à Fukuyama, dont J.P. Dupuy nous donne une version modérée sous le nom de *catastrophisme éclairé*[2]. Mais indépendamment de ce qui conduit

---
[1] Cl. Levi-Strauss : *Race et Histoire*, Paris, Denoël 1961.
[2] F. Fukuyama : *La fin de l'Histoire et le dernier homme*, Paris, Flammarion, 1992.

à substituer au concept de *sens de l'histoire* le terme comme clef du moment que nous vivons, Il convient alors de replacer la durée de l'histoire humaine sur l'horizon des temps au cours desquels se sont construites les conditions qui nous ont permis de devenir ce que nous sommes.

L'histoire des sociétés humaines, et plus précisément de celles qui ont participé à l'essor et au développement de cette *histoire chaude* dont nous sommes les héritiers, couvre quelque 6000 ans. On peut y rajouter le néolithique et la frange qui porte parfois le nom de protohistoire : cela couvre alors quelques centaines de siècles. Ces durées, pour considérables qu'elles soient au regard des 2013 ans de notre calendrier, doivent être mises en perspective et situées sur le fond des deux millions d'années, ou à peu près, écoulés depuis la naissance de Lucy, la petite Australopithèque, voire des sept millions d'années qui nous séparent de Toumai, le vénérable Sahelantrhope. Il faut rajouter à cela quelques deux milliards d'années pour voir s'amorcer les processus de l'évolution.

Face à ces chiffres, plus vertigineux encore que les perspectives ouvertes par la *Révolution galiléenne* et l'infinité du monde brusquement révélée qui effrayait Pascal, l'histoire humaine peut apparaitre comme un événement plus marginal encore que la place occupée par la Terre lorsqu'elle a perdu son statut de centre du cosmos. Cette histoire n'en a pas moins sa spécificité, et nous avons quelques raisons d'y être particulièrement attentifs. Le fait que l'évolution et l'histoire appartiennent à deux registres différents, celui des sciences de la nature et celui des sciences humaines, avec, en arrière-plan, une tradition philosophique opposant par exemple explication et compréhension comme modes d'accès à leurs objets, suffit en première approximation pour souligner cette irréductibilité de l'une à l'autre. A quoi il est possible d'ajouter qu'il y a aussi une histoire de l'évolutionnisme, et que l'évolution est elle-même, comme eut dit L. Febvre, « gibier d'historien ». Son impact sur le XXe siècle n'a pas besoin d'être argumenté.

On pourra toutefois noter que l'évolutionnisme comme l'histoire dérivent de la même culture et considérer qu'elles prennent place dans un cadre de représentations comportant des « marqueurs d'époque » qui peuvent présenter des similitudes. Les deux se sont développés au XIXe siècle sur fond de perspectives privilégiant une continuité linéaire qui leur assurait, malgré des exceptions, un sens globalement « positif ». Cela allait de pair avec une tendance à gommer le rôle de l'aléatoire dans la succession de « moments » téléologiquement orientés. La réduction du poids des grands hommes et des événements – du hasard d'une bataille comme écrivait Montesquieu[1]– déborde de loin le travail de l'Ecole des Annales.

Si la référence à un progrès des civilisations – ou plutôt de « la » civilisation – est communément partagée par la descendance de Hegel comme par celle de Comte, l'évolutionnisme n'est, malgré les apparences, pas en reste. Le caractère aléatoire des petites variations de la version originale, puis des mutations, étant neutralisé par le jeu de la sélection des plus aptes. La preuve en est la victoire de la finalité une fois absorbé le recours à un mécanisme qui se voulait radical. L'apparition des espèces y est ordonnée, malgré son caractère « buissonnant », selon un axe linéaire qui va de l'inférieur au supérieur selon des critères de complexité et d'autonomie croissantes.

Malgré de vigoureuses oppositions idéologiques, la possibilité d'une réinterprétation de l'évolution – notamment sur la base d'une prise en compte d'un progrès dans la cérébralisation – sera exploitée dans le sens de visions spiritualistes dont Bergson et Teilhard de Chardin seront les promoteurs.

Si cette lecture des successions n'a pas disparu, même après la mise en question du privilège accordé aux perspectives diachroniques par la vogue des structuralismes et des lectures synchroniques, elle n'en est pas moins subvertie par une revanche de l'évènementialité et de l'émergence de conditions redonnant sens à la bifurcation entre des possibles dont la mémoire ne prend en compte que ceux qui se sont actualisés. Le hasard démocritéen a reparu dans le vocabulaire d'une biologie qui ne lui oppose qu'une nécessité expressive du caractère « intensément conservateur[2] » des mécanismes internes à la reproduction des vivants. La notion de « grandes extinctions » effaçant des formes entières de vie – la sixième extinction[3], éventuellement en cours après celle qui a vu la disparition des dinosaures, étant d'origine anthropique, marque ainsi un nouveau point de convergence (ou de croisement) entre évolution et histoire. Elle trouve son écho (en termes statistiques concernant l'usage du

---

[1] J-P. Dupuy : *Pour un catastrophisme éclairé. Quand l'impossible est certain*, Paris, Seuil, 2004.

[2] Montesquieu : « Si les hasards d'une bataille, c'est-à-dire une cause particulière a ruiné un Etat, il y avait une cause générale qui faisait que cet Etat devait périr par une seule bataille ». *Considérations sur les causes de la grandeur des Romains et de leur décadence* (1721).

[3] J. Monod : « Le mécanisme de la traduction (de décodage de l'information contenue dans les gènes vers l'organisme) est totalement, intensément conservateur strictement irréversible… Le système tout entier, par conséquent, fermé sur soi-même et absolument incapable de recevoir quelque enseignement que ce soit du monde extérieur ». *Le Hasard et la nécessité*, Paris, Le Seuil, 1970.

vocabulaire) dans la substitution des références à la « crise » à celles de « sens de l'histoire ». A la fin de l'Histoire, qui serait son apogée, on peut opposer la vision quelque peu apocalyptique de désastres écologiques mettant en péril la continuité de la transmission de la vie.

Aussi bien, l'insistance mise sur la spécificité des deux modalités de devenir – celui propre aux formes vivantes et celui propre aux sociétés humaines – que celle mise sur ce qui les rapproche devraient conduire à multiplier les points de vue sur leurs rapports. Que ces rapports existent, qu'il ne s'agisse pas de domaines séparés par des cloisons étanches ne fait pas de doute. C'est, dans l'un et l'autre cas, de nous qu'il s'agit, que nous soyons considérés comme êtres vivants dont l'espèce a sa place dans le tableau d'ensemble du règne animal ou comme membres des sociétés qui font (ou subissent) leur histoire. Les deux points de vue pris sur une même réalité humaine doivent nécessairement converger sur des aspects situés à la charnière de l'évolution et de l'histoire et donner lieu à l'articulation des processus inhérents au devenir de la vie et de l'historicité qui donne aux sociétés humaines leur ouverture sur un mode d'existence irréductible à la répétition des conditions d'espèce au cours des générations.

Il y aurait bien des manières d'aborder cette interrogation et bien des points de départ pour un cheminement au cours duquel c'est le statut de l'être humain – de ce qu'il est et de ses rapports avec tout ce avec quoi il coexiste – qui est en jeu. Nous ferons donc un choix, et le plus pertinent pour nous se portera sur les rapports que les hommes entretiennent, depuis l'apparition du genre *Homo,* avec le monde par l'intermédiaire des objets, procédés et systèmes techniques. Enracinés dans l'ordre biologique par leur rapport initial à la satisfaction des besoins fondamentaux de la vie et dans les capacités du corps à extraire de l'environnement de quoi répondre à cette exigence vitale, les objets et procédés techniques se développent dans l'histoire des sociétés selon une dynamique qui leur est propre en même temps qu'en interaction avec toutes les autres dimensions de l'existence sociale.

La technicité humaine trouve son origine dans les exigences fondamentales de la vie, qui imposent des modalités spécifiques d'échanges entre les organismes et leur environnement. En même temps, elle donne lieu à l'émergence et au développement d'un milieu fait d'objets qui s'interposent entre ces deux pôles que sont « le milieu intérieur » (Claude Bernard) du vivant et le monde dont il demeure solidaire. Cette relation de dépendance sera ininterrompue, mais elle donnera lieu à des processus et aura des effets qui, par bien des côtés, seront en rupture par rapport à l'ordre biologique. Elle est donc à la charnière entre l'évolution dont les systèmes vivants tirent leur forme et l'histoire au cours de laquelle se succèdent les sociétés humaines. Dans les deux cas, nous sommes en présence de phénomènes qui se déroulent dans le temps, et plus précisément rendent le présent tributaire d'un passé à la fois unique et irréversible. Mais les modalités de ce devenir vont très rapidement manifester une divergence croissante sans pour autant que leurs manifestations puissent être considérées isolément les unes des autres.

Cette divergence est manifeste d'abord dans les rythmes qui scandent les changements qui affectent les formes vivantes et ceux qui président aux transformations des sociétés humaines, dans leur pluralité irréductible comme dans la convergence dont témoigne l'unification présente (et récente) d'une histoire qui, pendant l'essentiel des périodes considérées, n'a rien eu d'une histoire authentiquement universelle – celle dans laquelle seraient successivement entrés ou entraînés les peuples habitant sur les cinq continents.

Espèces vivantes et sociétés humaines renvoient les unes et les autres à des processus de formation – c'est-à-dire de mise en forme, d'information au sens strict du terme – qui en font des unités structurées, identifiables à partir de leur différenciation par rapport à leur contexte et inscrivant leur durée propre dans un temps commun. Cette inscription dans la durée présuppose la conservation d'un héritage, fonction d'un enchainement de circonstances et de processus qui le rendent chaque fois singulier. Cet héritage est transmis et modifié selon des modalités qui relèvent d'une *mémoire*, au sens le plus large du terme. L'information à partir de laquelle prennent forme – se structurent – les organismes et les sociétés est donc tributaire de la manière dont le passé laisse des traces qui peuvent s'enchaîner et se combiner dans des séquences mêlant conservation et transformation, sur fond d'un monde lui-même sujet à des changements faisant la part plus ou moins grande à la survenue d'événements plus ou moins brusques. Comme nous l'avons déjà dit, la revanche de l'événementialité sur l'idée d'un développement linéaire du devenir affecte aujourd'hui aussi bien les représentations de l'histoire de la vie que celles de l'évolution des sociétés. Le couple formé par l'opposition *Hasard et Nécessité*, emprunté à Démocrite et repris par J. Monod, est à ce titre évocateur, alors même qu'il soulève bien des problèmes.

Sur ce fond commun de présupposés, sans oublier ce fait essentiel que l'histoire des hommes n'a pu advenir que lorsque les ancêtres de l'*homo sapiens* ont amorcé un développement divergent de celui des autres grands primates, les deux modalités d'inscription dans le temps font très rapidement apparaître leurs différences.

Celles-ci sont d'abord sensibles dans les rythmes selon lesquels se scandent l'évolution des espèces et l'histoire des hommes et, dans ce cadre, l'évolution du corps en voie d'hominisation et l'histoire des sociétés humaines. Les unités de temps pertinentes pour penser la succession des espèces sont globalement du même ordre que celles qui servent de repères pour la périodisation des grandes époques géologiques, soit des unités de temps supérieures à la centaine de milliers d'années, et il ne faut pas oublier que l'information biologique a pris son essor il y a environ deux milliards d'années. Au sens strict du terme, l'histoire proprement dite, celle que les historiens font commencer avec l'usage de l'écrit comme support de l'information participant à la structuration des sociétés post-néolithiques, a pris son essor il y a environ 6000 ans. Mais aujourd'hui la décade a succédé au siècle pour assurer le repérage des changements marquants au sein de nos propres sociétés. Le thème de cette « accélération de l'histoire » est d'une grande banalité.

Si l'on prend en compte l'amorce d'une divergence entre rythme des changements affectant les espèces et rythmes affectant les groupements humains, il faut remonter à environ deux millions d'années pour trouver les traces d'une information initiée par une activité humaine – les *artefacts* – et envisager une scansion en centaines de milliers d'années pour ordonner les étapes du paléolithique inferieur. Ce sont là les durées qu'il convient de prendre en compte pour l'apparition des premiers témoignages d'une activité spécifiquement humaine, celle qui consiste à produire des *artefacts* assurant des modalités nouvelles dans les relations entre organismes vivants et monde extérieur, initiant ainsi des modalités de devenir irréductibles aux changements somatiques affectant les individus composant des sociétés de type humain.

Cette irréductibilité des deux rythmes de durée repose sur les modalités de constitution et surtout de transmission de l'information à partir de laquelle prennent respectivement forme organismes *et artefacts*, c'est-à-dire dans les différences de processus présidant à l'imposition d'un ordre – d'une forme – à des matériaux (composants moléculaires dans un cas, nucleus de silex par exemple dans l'autre), matériaux que l'on peut qualifier, au regard de l'étymologie, comme *amorphes*. Dans les deux cas, c'est en fonction de « traces » léguées par le passé qu'opère cette information qui permet l'inscription dans une durée continue et irréversible de ce qui serait impensable sans elle.

Passons sur l'impossibilité de concevoir un premier commencement qui serait à l'origine de ce qui va « durer » à partir de l'émergence ponctuelle d'une combinaison possible mais improbable d'éléments saisis en une même structure. Seul le futur permettra, au prix sans doute de cette illusion de rétrospection que dénonçait Bergson, de distinguer, entre les événements indéfiniment renouvelés sans laisser d'effets significatifs et ceux qui acquièrent une pertinence propre du fait de l'avènement d'une nouveauté stabilisant de manière irréversible l'apparition d'une différence en ouvrant des séquences d'effets qu'elle rend possibles.

En revanche, on peut certes concevoir dans quelles conditions a pu apparaitre, de manière aléatoire ou autre, la configuration élémentaire dont la stabilisation, par-delà les changements dans les circonstances de son apparition, va amorcer les processus continus de sa reproduction et des transformations qui vont permettre l'avènement de formes diversifiées et éventuellement de plus en plus complexes.

Cet avènement trouve ses conditions dans l'émergence progressive et la sédimentation au moins partielle de cet héritage continument transmis dans des conditions qui font place à l'intégration de nouveautés. Mais les modalités selon lesquelles s'opère la transmission de cet héritage comportent une différence essentielle, relative aux supports de l'information qui sous-tend l'organisation des éléments auxquels se trouve imposée ou surimposée une unité plus ou moins prégnante. Ces supports consistent d'une part dans l'ordonnancement moléculaire qui préside à la structuration du génome, et d'autre part dans l'émergence de systèmes symboliques fondés sur l'articulation de différences entre des unités (gestuelles, vocales, graphiques) qui tirent de cette intégration leur pouvoir de signification et leurs potentialités organisationnelles.

Ces différences sont fondamentalement celles qui permettent à une langue de prendre en charge, avec la communication entre les hommes qui l'ont en partage, la représentation du monde, des conditions de son existence et surtout des possibilités et obstacles qu'il offre. Mais, en dehors même du langage, tous les éléments constitutifs de l'expérience sensible sont susceptibles de « faire signe » et de jouer un rôle dans le jeu de contraintes que l'environnement impose et propose à l'activité de ceux qui doivent composer avec lui.

Systèmes moléculaires organisés en support de l'information génétique transmise selon les modalités de la reproduction des organismes et systèmes symboliques générateurs de traditions assurant la continuité d'une société au cours de son histoire grâce à leur transmission de générations en générations, par la coutume ou grâce à des institutions spécialisés sont donc au principe de *mémoires* sur lesquelles reposent, par-delà la naissance et la mort des individus la permanence d'une espèce ou d'un groupe humain. Reste que cette transmission, avec ce qu'elle comporte comme conservation et modifications, est dans les deux cas encadrée et guidée de manière bien différente.

Malgré toutes les difficultés d'application que ce principe rencontre ou parait rencontrer, l'absence de transmission par voie génétique des caractéristiques acquises par les individus au cours de leur existence est un dogme de la biologie néo-darwinienne. Cet obstacle au changement, qui renvoie à des facteurs « perturbateurs » toute innovation affectant le patrimoine spécifique, fait des processus internes à la vie des mécanismes

« intensément conservateurs » selon une expression de J. Monod. Ce sont pour l'essentiel des variations du milieu ou des circonstances accidentelles qui contraignent la mémoire génétique à intégrer des changements, et la notion d'extinctions de masse[1], qui introduit dans l'évolution des espèces le rôle des catastrophes écologiques vient appuyer cette interprétation conservatrice de l'évolution – même si elle heurte notre « sens commun », et peut être aussi la fierté que nous retirons de la position que nous nous attribuons au sommet de l'échelle des vivants.

L'absence de retour d'information de ce qui s'actualise vers ce qui sera au principe de l'organisation du futur n'est évidemment pas de mise en ce qui concerne l'information véhiculée par la tradition, quels que soient les supports par lesquels elle se transmet de génération en génération. L'expérience actuelle modifie constamment l'héritage reçu, et ces modifications s'inscrivent d'emblée dans tous les supports de la mémoire collective. Cette inscription est irréversible et permet l'avènement de ce qui a pour condition ce qui a été enregistré dans le présent actualisé à un moment de l'histoire d'une communauté humaine.

Les sociétés humaines ne se comportent pas toutes de la même façon vis-à-vis de cette aptitude au changement. La valorisation de la nouveauté et l'anticipation d'un avenir meilleur que ce qui l'a précédé nous sont propres et peuvent faire illusion. Cette attitude d'esprit est récente, et ne remonte guère au-delà de quatre siècles. Elle est contemporaine de la signification donnée à partir du XVIIe siècle – par F. Bacon, Descartes, Galilée, etc… – à la science, au progrès discipliné des connaissances et au couple qu'elles forment avec les techniques. Contemporaine de la vogue des discours sur la méthode se proposant de fonder sur des bases assurées le développement de connaissances soustraites à leur perpétuelle remise en discussion, une nouvelle rationalité, liée à l'usage systématique de la méthode mathématico-expérimentale dans l'établissement et le contrôle des connaissances, avec le souci de respecter les exigences de « scientificité », ouvre sur l'assurance d'une marche en avant qui affectera aussi les progrès de l'esprit humain et les mœurs.

Dans la plupart des cultures, la valorisation des anciens et de la tradition a pour effet la neutralisation ou la minimalisation des changements. Cela a conduit les sociétés dites « traditionnelles » (naguère *sans histoire*) à se protéger des facteurs de transformation rapide. La vénération due aux ancêtres, éventuellement intégrés dans des mythes, et la ritualisation des comportements sociaux freinent l'acceptation de la nouveauté dans un patrimoine pieusement conservé et transmis. L'histoire trouve alors son sens

---

[1] R. E. Leakey et R. Lewin : *La sixième extinction*, Paris, Flammarion, 1999.

dans les leçons du passé et ne s'ordonne pas en fonction des attentes tournées vers le futur.

Ce n'est évidemment pas le cas dans les sociétés dites aujourd'hui « développées » parce qu'elles ont cultivé ce développement reposant sur l'intégration aussi rapide que possible de l'innovation à leur patrimoine. On pourrait qualifier la formation des ingénieurs et techniciens contemporains, par opposition à celle des artisans et des « apprentis » (particulièrement des « compagnons ») de neutralisation de la tradition tournée vers le respect du passé, même si se trouve parfois récapitulée l'histoire des techniques, à titre de tremplin vers la recherche de progrès à réaliser. Cette neutralisation passe, il est vrai par l'instauration d'une mémoire spécifique en forme de nouvelle tradition : celle qui, dans nos écoles, assure l'emprise du futur sur le présent. Le développement, y compris dans sa version « durable », participe à cet ensemble de valeurs qui conduisent à seconder et accélérer l'intégration de l'information acquise au patrimoine transmis.

L'un des traits marquants des conditions de ce développement réside précisément dans la recherche systématique de la rétroaction du présent sur les conditions qui ont présidé à sa structuration. Il s'agit de tirer parti de l'expérience acquise pour éliminer les obstacles qu'elle a révélés, notamment « les goulots d'étranglement » qui freinent l'expansion technologique, pour exploiter les possibilités qu'elle vient d'entrouvrir. Certes on sait bien que les hommes ne retirent pas toujours les (bonnes) leçons de l'histoire qu'ils viennent de vivre. Du moins essaient-ils, par exemple de mettre au point les structures institutionnelles qui doivent ou devraient permettre d'éviter le retour des errements passés.

Cette capacité de rétroaction de l'expérience vécue et des savoirs en voie de constitution n'est nulle part plus visible que dans le domaine des avancées technologiques et des développements industriels. Il suffit ici de songer aux conditions dans lesquelles s'opère le progrès technique notamment en matière de transport, par exemple, et dans la recherche de modèles d'automobiles toujours plus performants en ce qui concerne les aspects recherchés (vitesse, sécurité, économie d'énergie, automatisation, etc…). L'utilisation des véhicules construits sur la base des connaissances acquises et du travail des bureaux d'études équivaut à une expérience à grande échelle susceptible de donner lieu à un retour d'information vers le constructeur et aux modifications jugées utiles pour améliorer les produits mis sur le marché après de longs essais, dont, parfois, le test des circuits de compétition. Le rôle de ceux-ci est essentiel dans les processus qui président à la transformation permanente du patrimoine technologique des marques, équivalent à une mémoire génétique transférant l'information d'une génération à l'autre. Ce dernier terme est d'ailleurs utilisé pour évoquer la succession des étapes par lesquelles passent les technologies sujettes au changement le plus rapide, notamment lorsque l'on se réfère aux ordinateurs de troisième génération, etc...

Toutefois, le statut des manifestations de la technicité humaine qui se sont succédées sans interruption depuis les plus rudimentaires des industries lithiques jusqu'à nous est singulier. L'outillage, conçu comme l'ensemble des objets et processus techniques dont dispose une société pour agir sur les ressources qu'elle est susceptible d'exploiter, se situe à l'articulation des deux formes de devenir que sont l'évolution biologique et l'histoire humaine. Cette situation n'est pas seulement liée à la position d'intermédiaire qu'occupe la médiation technique entre les sociétés et leur environnement naturel, lui-même héritage des processus biologiques, mais aussi au rôle que joue le milieu technique dans le jeu des interactions qui sont au cœur aussi bien des sociétés humaines que de leur environnement naturel.

L'ensemble des moyens techniques propres à un groupe humain participe aux dynamiques qui affectent aussi bien les rapports sociaux que les relations internes aux milieux naturels. Il participe ainsi à la fois à l'évolution des espèces (par exemple, mais pas seulement, aux modifications du patrimoine génétique humain par le dialogue « mains-cerveau » signalé par J. Piveteau, sans parler des conséquences de la domestication) et à l'histoire des hommes.

Mais il manifeste aussi sous de multiples aspects une autonomie qui concerne aussi bien l'organisation interne qui donne son unité à cette médiation qu'évoque le terme même de *moyens* que la dynamique qui assure, de manière incontestable, son progrès. Ce caractère incontestable du progrès technique, fondé sur ses caractères intrinsèques (et non sur sa participation à un ensemble couvrant aussi d'autres dimensions de l'existence humaine), c'est-à-dire sur la montée en puissance de moyens efficaces pour transformer ce qui apparaît, en fonction de cette montée en puissance, comme ressources naturelles, signe en quelque sorte l'originalité de la technique par rapport à l'histoire des autres composantes de la vie sociale et culturelle. De même, le rythme de ce progrès témoigne du décrochement de l'outillage par rapport aux changements qui affectent le monde de la vie.

Cette singularité liée à l'autonomie de la médiation technique ne s'est que lentement révélée, aussi bien par rapport au cours de l'histoire des hommes que par rapport à leur évolution. Selon A. Leroi-Gourhan, durant toute la très longue période du paléolithique[1], les transformations de l'outillage se

---

[1] Il convient d'avoir présent à l'esprit la très longue durée des périodes regroupées sous les termes de paléolithique inferieur, moyen, et supérieur. L'outil emblématique de ces âges de la pierre taillée, le biface, est présent depuis un million

sont succédées selon des rythmes analogues à ceux des modifications somatiques, qu'elles ont d'ailleurs pu influencer en modifiant les facteurs intervenant dans une sélection qui n'est plus purement « naturelle » dans la mesure où elle joue dans un cadre déjà « humanisé ». Le type technique le plus représentatif de ces débuts de la technicité humaine, le biface, n'a pas fondamentalement changé pendant près de 400 000 ans, malgré l'affinement des techniques de taille et le progrès dans la maitrise de la forme de l'outil de silex ou d'obsidienne emblématique de cette longue période.

Le paléontologue met alors en avant un événement majeur de l'évolution du crâne qu'il désigne sous le nom de *déverrouillage préfrontal*[1], l'effacement du bourrelet sous-orbital et l'allégement de la masse osseuse libérant un volume occupé par le cerveau et notamment le *cortex* des lobes antérieurs. On assiste alors à une brusque expansion des techniques, avec notamment des effets de diversification, de spécialisation et de miniaturisation de l'élément constitutif de l'outillage.

Le décrochage du rythme de transformation de celui-ci et du rythme des modifications, au demeurant mineures, affectant le corps humain – celui-ci n'ayant guère changé de façon significative depuis l'avènement de *l'homo sapiens sapiens* il y a cinquante mille ans environ – rend manifeste l'émancipation des techniques par rapport aux conditions somatiques de leur constitution. A partir de là, comme le dit A. Leroi-Gourhan, les techniques vont vivre de leur vie propre – sans pour autant bien sûr se couper du substrat biologique et écologique qui en conditionne l'existence.

Il faut insister sur cette singularité de l'auto-développement du milieu technique, tout en étant attentif à sa compatibilité avec la multiplicité des interactions qui le relient aux autres dimensions de la vie collective. Elle est soulignée par A. Leroi-Gourhan qui met en relief les liens et les analogies qui évoquent la continuité des processus biologiques et du développement technique. La marge est alors parfois étroite entre ce qui relève d'une parenté effective et ce qui relève d'un registre métaphorique imposant une réserve critique. Mais, dans tous les cas, le statut ambigu qui est celui de la

---

d'années et subsiste, en s'affirmant jusqu'au néolithique. Lors d'une exposition organisée au Musée de l'Homme, en 1976, une représentation graphique en forme d'horloge comparait les temps qui nous séparent des débuts du genre *homo*, soit à peu près trois millions d'années aux 24 heures de nos cadrans, l'outil fait son apparition, sous forme de galets éclatés (chopper) vers une heure, les bifaces vers 16 heures, le feu n'est maitrisé qu'à 20 heures 24, et ce n'est qu'à 23heures 38 qu'homo sapiens apparait. Il est 23heures 50 quand il se sédentarise. Il invente la céramique à 23 heures 56 et entre dans l'histoire vers 23 heures 57.

[1] A. Leroi-Gourhan : *Le geste et la parole* T.I, *Technique et langage*, Paris, Albin Michel, 1964.

technique en fait une clef privilégiée pour remonter jusqu'aux racines et aux conséquences des relations entre évolution et histoire.

L'enracinement de la technicité dans l'ordre biologique est hors de question. Il est d'abord manifeste dans les fonctions primitives auxquelles correspond l'utilisation des outils. Le vivant se caractérise par la permanence des échanges qu'il entretient avec son environnement. Le maintien dans l'existence d'un organisme requiert l'équilibre entre des flux d'entrée de matériaux et d'énergie d'une part, d'autre part des flux de sortie des sous-produits de l'activité métabolique. Celle-ci exige le constant renouvellement des échanges avec le milieu extérieur. Ces échanges permettent le rétablissement des constantes propres au milieu intérieur malgré la variation des conditions extérieures. Ils conditionnent donc la permanence des structures et fonctionnements internes, c'est à dire de la différence entre milieu extérieur et milieu intérieur, fondatrice de l'individualité du vivant.

Le maintien de cette différence entre l'individu vivant et ce qui l'entoure est une conquête ininterrompue sur la tendance de tout système naturel à se fondre dans l'environnement et à perdre ainsi ce qui est au principe de son existence comme forme distincte, stable et identifiable sur l'horizon changeant du monde. L'ensemble des processus métaboliques qui contribuent à l'entretien de la vie s'oppose à la tendance à une indifférenciation croissante conduisant à la dispersion dans le monde extérieur des éléments constitutifs de l'organisme, c'est-à-dire à la mort. Le maintien en vie de tout organisme requiert la permanente compensation des échanges avec le milieu par l'appropriation et l'assimilation de ressources puisées dans l'environnement. Cette exploitation du monde environnant demande des dispositifs qui, pour l'essentiel situés à la périphérie du corps, lui donnent prise sur le milieu extérieur auquel est pré-ajustée l'espèce en raison de la coévolution de tout ce qui compose la biosphère.

La constance de la température interne chez les animaux homéothermes (à sang chaud…) est l'illustration de cette défense des organismes vivants complexes contre l'indifférenciation qui résulterait de l'égalisation thermique du milieu intérieur et de son environnement. Cette homogénéisation leur serait promise en vertu du deuxième principe de la thermodynamique s'il n'y avait les flux de matériaux et d'énergie qui permettent à tout individu vivant de maintenir son unité et son identité en restaurant ses équilibres et fonctionnements internes malgré les variations ininterrompues de conditions extérieures dont il ne saurait s'isoler.

Cet entretien des échanges est entre autres rendu possible par le prélèvement des ressources offertes par le monde et l'assimilation de ce qui est nécessaire au renouvellement des constituants du corps et à la compensation de la déperdition énergétique. Ce prélèvement suppose la mise en œuvre de dispositifs organiques structurés au cours de l'évolution et situés à l'interface de l'organisme et du monde. La panoplie des griffes, pinces, serres, tentacules, dents caractérise l'ensemble du règne animal. Associée aux moyens de détection des ressources environnantes et des menaces, elle donne une idée de la diversité des cheminements par lesquels, au cours de l'évolution, les espèces ont développé la recherche de prises sur leur environnement naturel. Elles ont ainsi diversifié ou perfectionné le « contact efficace » qui leur permet d'en exploiter les ressources conformément à l'organisation acquise au cours de l'évolution de leur espèce, en accord avec la diversification des niches écologiques.

L'interposition de dispositifs « inertes » entre les structures organiques assurant l'efficacité des prises sur le monde et les ressources potentielles de celui-ci est un fait très général. On retrouve l'usage de nombreux instruments inorganiques qui viennent accroître l'efficacité du geste par lequel les animaux de diverses espèces pourvoient à leur subsistance. L'usage d'épines par certains oiseaux pour extraire de l'écorce des arbres les insectes dont ils se nourrissent, l'utilisation par la loutre de mer de pierres pour casser le carapace ou la coquille de ses proies, ou même l'utilisation de la gravité par certains rapaces laissant tomber leurs proies pour briser les os de leurs victimes étendent bien au-delà des primates ce recours à des intermédiaires inertes pour prolonger les prises que les organes donnent sur le milieu naturel. Inutile d'ajouter que les comportements, même à l'« état de nature », des grands singes vont bien au-delà ; par exemple dans le recours à des poignées de mousse sèche utilisées comme éponges pour extraire l'eau d'anfractuosité autrement inaccessibles. On connaît des cas de coopération au sein de groupes mettant en œuvre des procédés de préparation de la nourriture, qu'il s'agisse du lavage d'aliments par des macaques ou de l'utilisation d'une pierre de forme spécifique servant d'enclume pour briser des coquilles avec un percuteur et transmise d'une génération à l'autre de bonobos.

En utilisant la métaphore de l'exsudation pour évoquer la fabrication et l'usage des premiers outils lithiques, A. Leroi-Gourhan étend aux premières manifestations de la technicité humaine cette tendance au prolongement inorganique inséré à l'interface du corps et du monde. Il minimise d'autant le rôle d'une intelligence surplombant les relations de l'organisme à son environnement et source d'« éclairs de génie » et insiste sur l'enracinement de ce recours à l'instrument dans la spontanéité motrice « manipulatrice » inscrite dans l'anatomie des organes de préhension. A partir de ce degré zéro de l'usage d'un outil né du geste efficace possible à l'interface du corps et du monde matériel, le paléontologue et préhistorien envisage le développement de l'outillage selon un modèle explicitement emprunté à l'évolutionnisme. Il souligne l'originalité du devenir des techniques par rapport aux autres manifestations de l'historicité des sociétés humaines. Le développement des techniques se situe bien dans le prolongement de cette « recherche du contact efficace » dont témoigne la diversification au cours de l'évolution des organes qui, des pseudopodes de la paramécie aux pinces de l'écrevisse, aux serres de l'aigle ou à la dentition des grands fauves, conduit également vers les mains des primates. Chaque espèce hérite ainsi, avec les terminaisons organiques qui, en particulier, se sont développées autour du pôle antérieur du corps – membres antérieurs et appareillages buccaux – des « moyens » somatiques ajustant les besoins organiques aux propriétés du biotope.

La notion de prolongement du corps par un dispositif inorganique, introduite par Espinas[1], qui parlait, lui, de projection pour en décrire l'origine, trouve ici sa pleine extension, signant par la même occasion la différence de ce processus évolutif et des modalités du devenir historique des sociétés humaines. Encore faut-il ajouter que cette différence ne se manifeste que progressivement, si l'on prend en compte le parallélisme des modifications somatiques et des techniques tout au long des très longues périodes du paléolithique. On peut mentionner, au passage, l'uniformité des types techniques propres aux industries les plus anciennes, uniformité en rapport avec la morphologie spécifique des hominiens, à peine entamée par la nature des matériaux utilisables dans des contextes géographique (ou géologiques) différents.

Cela n'empêche pas A. Leroi-Gourhan de prendre en compte les interactions qui intègrent en une même histoire toutes les dimensions d'une existence collective qui échappe au strict cadre que définit pour les autres vivants leur appartenance à une même espèce. Les divergences dans les modalités d'organisation sociales comme dans la succession des événements vont faire en sorte que les groupes humains constitués d'individus de la même espèce vont suivre des voies différentes. On peut alors dire que « les coupures des espèces et des races sont submergées chez l'homo *sapiens* par celles des ethnies, dont la physiologie est fondée sur l'organisation de la mémoire collective du groupe »[2]. C'est là la première étape où « les contraintes de l'évolution biologique sont « franchies et incommensurablement dépassées » – autrement dit : où sont posées les conditions qui, bien plus tard, permettront à l'histoire, au sens propre du terme, de prendre son essor. Ces divergences, déjà bien présentes auparavant, concerneront semblablement les techniques, chaque culture se spécialisant en privilégiant des matériaux et des processus en accord avec ses traditions et son environnement naturel. Mais l'ensemble des moyens techniques s'organise partout sur la base de l'interdépendance des types

---

[1] A. Espinas : *Les origines de la Technologie* (1897). Espinas mentionne lui-même ce qu'il doit à E. Kapp : *Principes d'une philosophie de la technique* (1877).
[2] A. Leroi-Gourhan : *Le Geste et la Parole, op. cit.*

d'outils, des procédés de fabrication, des modalités d'usage, des conditions de transmission des savoir-faire collectifs (notamment, pendant longtemps, par le biais des rites initiatiques et du rôle des confréries) qui donne son unité et son caractère systémique au milieu technique.

Celui-ci s'organise selon ses régulations internes et ses dynamiques propres. Il est alors capable d'intégrer – d'assimiler, en un sens quasiment biologique – les imports extérieurs en les reconditionnant en fonction de ses déterminations internes. Du moins est-ce le cas des plus anciens « transferts de technologie » qui montrent comment un système technique peut intégrer des apports étrangers en se les appropriant (en se les rendant propres). Les exemples le plus souvent cités portent sur l'adoption de l'outillage issue de la métallurgie par des sociétés qui ne disposaient pas, non seulement des techniques nécessaires pour produire un tel outillage, mais encore des schémas de leur utilisation conformément aux usages en vue desquels ils sont fabriqués : en l'absence du schéma opératoire reposant sur la dissociation de la source d'énergie et de son point précis d'application (utilisation du couple marteau – ciseau à bois, permettant d'appliquer une grande énergie au point de contact entre le tranchant de l'outil et le matériau à travailler) les lames métalliques importées ont été fixées sur des manches, reproduisant ainsi le schéma opératoire simple de l'herminette ou de la hache. Plus près de nous, l'utilisation des machines à tambour rotatif comme barattes à produire du beurre a été invoquée comme témoignage de l'inventivité potentielle des cultures techniques, capables d'intégrer à leurs pratiques propres et de s'approprier des apports extérieurs en accord avec leur mode de vie et leurs besoins coutumiers[1].

Le rôle déterminant des techniques dans les moyens de subsistance des groupes humains, leur effet sur l'organisation de ces groupes, notamment sur la division du travail et, pour finir, sur leur histoire est présenté, dans *Le Geste et la Parole,* de façon suggestive comme tension entre des rythmes dont la synchronisation est loin d'aller de soi : « l'histoire », écrit-il, « se déroule sur trois plans discordants, celui de histoire naturelle *(celui de l'évolution)* qui fait que *l'homo sapiens* du XXe siècle n'est que très peu différent de ses lointains ancêtres, celui de l'évolution sociale qui ajuste tant bien que mal les structures fondamentales du groupe biologique à celles qui

---

[1] Lorsque Leroi-Gourhan évoque les transferts de technologie, c'est pour montrer la capacité d'une société à s'assimiler un import technique étranger ; il y aurait de multiples exemples de cette appropriation d'un outil ou d'un procédé qui l'intègre à un outillage d'accueil en le transformant en un de ses éléments. Le terme désigne aujourd'hui des processus d'une toute autre dimension. Du coup les transferts de technologie manifestent la capacité des (ou de la) cultures d'origine à bouleverser la structure et les coutumes de la société d'accueil. Ils jouent ainsi un rôle essentiel dans la mondialisation et entraine des risques de perte du patrimoine technique local.

naissent de l'évolution technique, et celui de l'évolution technique, excroissance prodigieuse d'où l'espèce humaine tire son efficacité sans être biologiquement en possession de son contrôle »[1]. Le paléontologue use ailleurs de la métaphore du soufflet d'ajustement qui relie de façon souple et heurtée à la fois les wagons d'un même train et représente métaphoriquement l'emplacement inconfortable qu'occupent les hommes, coincés et chahutés dans cet espace où se déroule une aventure amorcée avec les premiers galets éclatés.

L'existence historique des sociétés est un tout, et il faut demeurer attentif à la diversité de leur manière d'être et de durer – même si, aujourd'hui, d'une certaine façon l'univers technique tend à imposer une homogénéité croissante aux sociétés qu'il intègre progressivement dans une même aventure sur fond des mêmes incertitudes relatives à leur avenir. Cela donne à l'histoire pour la première fois une universalité de fait. Cette histoire située au point de convergence des histoires particulières propres aux grands ensembles géopolitiques acquiert une unité qui lui donne pour sujet l'humanité prise extensivement. Cette solidarisation dans laquelle la mondialisation et l'homogénéisation des techniques a joué et joue un rôle de premier plan est en cours depuis au moins la découverte du Nouveau-Monde.

Mais chaque dimension de l'existence collective, chaque aspect participant au fait social total cher à M. Mauss est tissé de fibres dont les nœuds, mobiles, suivent des voies qui leurs sont propres tout en dépendant les uns des autres. La diversité des rythmes et les tensions qui naissent du différentiel entre les temps propres aux diverses séries, qu'il est (en partie arbitrairement) possible de distinguer, conduit à une complexité que les exigences disciplinaires comme les *a priori* idéologiques contribuent à occulter.

C'est dans cette perspective qu'il faut situer et comprendre la pertinence des analyses développées entre autres dans *Le Geste et la Parole* ainsi que le rôle accordé à des mécanismes à la fois hérités de l'évolution et émancipés de ses contraintes, c'est-à-dire aussi intégrés dans l'historicité propre aux sociétés humaines. Partir des fondements biologiques de l'existence de ces primates que sont les représentants du genre homo enracinés dans le devenir des formes vivantes, et jusqu'à preuve du contraire toujours membres d'une espèce qui a sa place dans la taxinomie héritée de deux milliards d'années, n'est pas indigne d'une anthropologie attentive aux aspects jugés modestes de ce que nous sommes devenus.

*

---

[1] A. Leroi-Gourhan : *Le Geste et la Parole*, op. cit.

Que tout ce qui concerne notre existence présuppose l'émergence de la vie et la diversification des espèces au cours d'une durée voisine de deux milliards d'années ne saurait sérieusement être mis en doute. Que le mode de vie, c'est à dire aussi les relations de tous les êtres vivants avec leur milieu et leur intégration de la biosphère, soit tributaire des déterminations biologiques, et notamment morphologiques de leur organisme est non moins incontestable. Que les hommes occupent une place parmi les espèces zoologiques est admis depuis le *Systema naturae* de Carl von Linné, et que cette place soit en même temps liée aux caractéristiques somatiques qui les distinguent de toutes autres est une certitude qui doit être prise en compte par tout effort pour comprendre les manifestations singulières de leur présence sur terre. Même si cela reste implicite, ces fondations biologiques de notre humanité doivent nécessairement être intégrées parmi les perspectives permettant de comprendre le devenir de la lignée conduisant à ce que nous sommes.

A ce titre, l'évolution a conditionné et conditionne toujours les caractéristiques qui ont rendu possible et continuent de rendre possible l'avènement et la poursuite de l'histoire des sociétés humaines, donc l'humanité dans sa forme présente. Il faut ici prendre au pied de la lettre la remarque selon laquelle « l'homme aurait-il possédé une denture râpante et un estomac de ruminant que les bases de la sociologie eussent été radicalement différentes. Apte à consommer les plantes herbacées, il eut pu, comme les bisons, former des collectivités de milliers d'individus. Mangeur de produits charnus, il s'est vu, au départ, imposer des conditions de groupement très précises »[1]. Le mode de relation des hommes avec leurs conditions naturelles de vie tel qu'il résulte de leur organisation corporelle est encadré par un ensemble de possibilités et de limitations – de contraintes – qui ouvrent sur des développements dont près de deux millions d'années ont révélé progressivement des potentialités dont il est concevable qu'elles aient pu s'actualiser selon des modalités différentes. Mais il faut nous en tenir à ce qui s'est progressivement mis en place au cours d'une durée qui correspond à celle qui nous sépare du plus lointain représentant du genre.

Cet ensemble de possibilités et de limitations fait par exemple que les hommes sont incapables de voler de leurs propre ailes, mais sont devenus capables de voler en se dotant des moyens techniques qui leurs permettent une maitrise des conditions que leur font la gravité terrestre aussi bien que la densité de l'atmosphère autour de la terre. Nul ne peut nier le caractère historique des processus qui ont vu la naissance de l'aviation, pas plus que l'on ne peut nier le rôle de celle-ci dans notre histoire récente.

---

[1] A. Leroi-Gourhan : *Le Geste et la Parole, op. cit.*

Comprendre l'articulation de l'évolution qui fait de nous des hommes et des processus qui font de nous les héritiers et les auteurs de l'histoire, c'est donc revenir sur les modalités caractéristiques de l'existence humaine – de l'être-humain comme style d'intégration dans le monde. Il faut alors prendre en considération ce qui est le propre de l'homme en tant qu'organisme vivant d'une certaine espèce et ce qui, dès son apparition, va le projeter dans une aventure au cours de laquelle se mettent en place des processus et des effets par lesquels il va partiellement s'émanciper des conditions qui encadrent l'existence des autres vivants et greffer sur héritage de l'évolution un devenir de type nouveau. A quoi il est possible d'ajouter que le raccordement des deux aspects de l'être-humain lui-même – son appartenance à la biosphère et son appartenance à l'histoire – révèle aujourd'hui des tensions qui ne sont pas sans risques pour lui.

Au départ, c'est-à-dire à l'articulation de ce qui est légué par l'évolution et de ce qui ouvre sur la possibilité d'un un autre type de durée, il y a l'organisation singulière d'un vivant qui, sans faire exception aux processus de venue au monde de toutes les espèces et des individus vivants, manifeste une insertion singulière dans son milieu naturel. Cette singularité tient à son organisation anatomique comme au rythme et au style de sa mise en place au cours de l'ontogenèse. Elle n'en est pas moins solidaire des exigences communes qui président à la vie de tout organisme, et le contraignent à tirer de son environnement naturel de quoi subsister sur le fond d'échanges métaboliques équilibrés. Le corps humain, signalait déjà Aristote, se caractérise par sa structure verticale associée à la présence de la main, et donc à la bipédie. A cette spécificité morphologique s'ajoute une spécificité du développement néo natal et des premières années de la vie : l'extrême lenteur de la maturation corporelle, notamment nerveuse, associée à la permanence de caractéristiques juvéniles (par comparaison avec celles des adultes d'autres espèces primates) qui permettent parfois de considérer l'homme comme un animal néoténique[1].

Ces deux caractères différentiels – soulignés par le fait qu'au point de vue évolutif, l'homme a suivi une voie particulière, remarquée dès les débuts de l'anthropologie physique, dans les processus d'intégration à

---

[1] Cette notion de néoténie a été introduite par l'endocrinologue L. Bolk en 1924 (*L'origine de l'homme*, tr .fr : Paris, Edit. De Minuit / Arguments, n°18, 1960). Elle désigne le blocage de la maturité organique à des niveaux de développement conservant des aspects juvéniles (par référence à des espèces voisines) et liées à la capacité de reproduction, réalisant ainsi une sorte de court-circuit de la forme adulte. (D'où cette remarque humoristique de H. Wendt dans *A larecherche d'Adam,* selon laquelle, si on se demandait auparavant ce qui manquait au singe pour devenir homme, aujourd'hui la question serait de savoir ce qui empêche les hommes de s'accomplir comme grand singe).

l'environnement. Il est le seul dont les membres antérieurs et inférieurs se sont spécialisés en allant dans le sens d'une différenciation des fonctions de locomotion et de préhension. L'homme est le seul à avoir développé une organisation qui en fait un bimane et un bipède – en opposition donc à la cohérence anatomique des quadrupèdes et des quadrumanes (pour reprendre une terminologie née au XIXe siècle). Cette disposition anatomique est déterminante par rapport à la condition naturelle que son corps fait à l'homme depuis les débuts du genre *Homo*. Cette condition n'en fait pas un vivant pour lequel les possibilités environnementales correspondraient sans tensions aux besoins vitaux. Les premiers bipèdes anthropomorphes, contrairement aux grands singes spécialisés dans la brachiation, doivent se déplacer sur le sol sans avoir l'armement des grands fauves ou les aptitudes à la course des quadrupèdes avec lesquels ils cohabitent. On admet généralement qu'ils sont contemporains de crises écologiques qui ont vu la savane arborée sèche remplacer la forêt tropicale humide, et l'on peut penser que ce changement relativement brutal en a fait des êtres relativement peu assurés de leur survie – ce que, dès le XVIIIe siècle, Linné soulignait en qualifiant notre espèce de « nudus et infirmis ».

Nu et sans défense dans un environnement nouveau, confronté à la nécessité d'une longue dépendance à l'égard de ses géniteurs, l'être humain, ce vivant au devenir risqué, est voué à un mode d'existence pour lequel le groupe vient suppléer le manque d'efficience initiale du corps. Selon des modalités déjà évoquées, cette situation appelle l'emploi d'intermédiaires inorganiques avant même que la représentation n'en soit la condition absolue. La théorie, élaborée par Espinas en 1897 de la projection, c'est-à-dire d'un prolongement dynamique du geste par l'usage d'un médiateur inerte recoupe la métaphore de l'exsudation employée par A. Leroi-Gourhan pour proposer une genèse de l'instrument indépendamment des capacités de distanciation et de surplomb difficilement compatibles avec des capacités cérébrales du même ordre que celles des grands primates actuels : les australopithèques utilisaient déjà des silex éclatés tout en disposant d'un volume endocrânien de 450 cm, organisé il est vrai en rapport avec les possibilités manipulatoires d'une main à cinq doigts dépourvus de griffes et à pouce opposable.

Mais l'outil ne se réduit pas à cette sorte d'incarnation du geste ou d'un schème moteur dans un objet physique. Il apparait avec toutes les potentialités dont il est porteur lorsqu'il prend place dans un outillage, c'est-à-dire dans une série de formes techniques dépendantes les unes des autres pour leur fabrication, leur usage et plus tardivement leur perfectionnement, voire même s'il paraît y avoir novation radicale, leur invention. Utiliser un outil, c'est bien sûr l'intégrer dans un geste auquel il donne son efficacité en lui permettant d'agir sur des matériaux pour en modifier la forme, la structure et plus généralement les propriétés qu'ils présentent à l'état natif (comme on le dit des minerais…). Ce faisant l'outil sert d'intermédiaire entre le corps et les ressources du monde environnant. Il est bien à ce titre une médiation, mais il partage ce statut avec n'importe quel prolongement inorganique utilisable pour accroitre l'efficience du geste naturel, par exemple en donnant à la main ou au poing une capacité de préhension ou de frappe nouvelle. Si l'on s'en tenait là, l'outil serait au mieux un instrument, plus perfectionné notamment que ceux qu'utilisent les grands singes. Rien n'annoncerait son destin, c'est-à-dire aussi la dynamique qui va précisément l'intégrer dans un avenir orienté, et en faire un des agents d'une histoire qui non seulement n'a pas d'équivalent dans le monde mis en place au cours de l'évolution, mais encore s'avèrera porteur de menaces pour celui-ci.

Il convient donc de chercher ce qui donne à l'outil les potentialités qui vont se révéler au cours d'une histoire déconnectée du devenir de l'espèce qui est à son origine. Ce qui marque la spécificité de l'outil, c'est la subordination de la relation frontale entre le corps vivant et le milieu naturel d'où il doit tirer sa subsistance au réseau de conditionnements réciproques qui relie chaque outil à l'ensemble que constitue l'outillage (au sens le plus large du terme) d'un même groupe humain. Ce qui fait de l'outil un moyen technique et lui donne son caractère opératoire dans un enchainement de gestes, c'est le développement de relations latérales qui rendent sa fabrication et son usage dépendants d'autres outils. Son appartenance-dépendance à l'égard d'un milieu technique lui est essentielle, appartient à son essence.

Le milieu technique – expression due elle aussi à A. Leroi-Gourhan[1] – mérite doublement cette appellation. D'une part, il s'agit bien d'un milieu au sens où il constitue un ensemble relativement homogène et continu qui constitue l'enveloppe commune d'une multiplicité et diversité d'éléments distincts. D'autre part, il est intermédiaire, moyen terme si l'on veut, entre deux « extrêmes » que tout à la fois il sépare et relie – plus précisément qu'il relie selon des modalités déterminées par ses propres caractéristiques.

---

[1] A. Leroi-Gourhan : *Milieu et Techniques (*Paris, Albin Michel 1945): L'expression de A. Leroi-Gourhan apparait dans *Milieu et Techniques* pour souligner la continuité des systèmes formés par les outils et procèdes techniques disponibles dans une société à un moment de son histoire et pour expliquer le dynamisme interne qui anime le progrès technique : si chaque élément du milieu intérieur est constamment en rapport avec la totalité des autres, on peut présumer que tous les éléments techniques réagissent constamment les uns sur les autres. Cela pousse à considérer comme essentielle la continuité du milieu technique (…). Le moteur à explosion est sorti des machines hydrauliques du XVIIe siècle, du rouet, de la marmite de Papin (…). Il semble qu'il faille la transformation d'un élément du milieu technique pour créer la condition suffisante à un pas général en avant.

L'outillage est constitutif de ce milieu technique dont les multiples faces assurent la mise en rapport d'une société et de son cadre naturel, mais aussi de divers groupes humains entre eux, notamment grâce aux échanges qu'il permet et à l'armement qui en est partie intégrante. L'outillage dont dispose une société, quelle qu'elle soit, n'est pas fait d'une collection d'objets que l'on peut juxtaposer dans une vitrine. Il est fait d'un ensemble d'éléments interdépendants, du moins pour autant qu'on les considère dans leur aspect opérationnel, c'est-à-dire comme moyens techniques, et non pas comme objet folklorique plus ou moins décoratif. Le rôle de moyen interposé entre le corps et la « matière première » à travailler – qui fait de l'outil un intermédiaire dans cette confrontation entre les besoins vitaux et les ressources environnementales – est conditionné par son intégration dans un ensemble qui prend tous les caractères d'un système technique. Celui-ci ne doit pas être entendu comme réunion de dispositifs associés dans une même opération mais comme l'ensemble des composantes intégrées dans l'équipement technique d'une société, procédés, savoir-faire, mots et valeurs symboliques compris.

L'intégration de l'outil dans cet ensemble dont toutes les parties sont en interaction, et dont les modifications partielles retentissent de proche en proche sur la totalité, arrache définitivement l'outil au statut de l'instrument ajusté à un emploi limité dans des circonstances déterminées. Un tel système, structuré à partir du conditionnement réciproque entre toutes ses parties (par exemple en fonction des « goulots d'étranglement » qui font apparaître des contraintes à dépasser au sein du système des « moyens techniques » pour qu'il puisse accéder à un fonctionnement optimalisé) tend à la fois vers un meilleur ajustement de ses éléments à leur fonction dans l'ensemble et à un auto-développement qui met à son service les faits et gestes des hommes qui participent à sa mise en œuvre. Celle-ci est sous tendue par la recherche d'une plus grande efficacité (gain en puissance, en précision, en rapidité, en fiabilité des produits et en économie de matériaux, voire en présentation esthétique). Cette recherche parait absente pendant les longues périodes où le caractère répétitif des pratiques techniques masque l'effort pour en tirer le meilleur parti. Mais nul artisan, au niveau modeste où ses pratiques paraissent confinées, ne renonce à faire mieux que ce qu'il a fait, même quand la fidélité à un patrimoine hérité des anciens s'entoure d'un pieux respect pour leur enseignement, voire se double d'interdits qui sont autant de freins à l'innovation.

L'outillage, composante essentielle du milieu technique, doit donc être considéré dans son unité comme médiation globalement interposée entre un groupe humain solidaire d'une histoire et un environnement d'origine naturelle mais très tôt transformé par l'action des hommes. Selon un terme utilisé ci-dessus, il s'agit donc bien d'un milieu technique qui est, dans sa globalité, le moyen pour le groupe humain d'exploiter les ressources du milieu naturel[1].

Ce milieu est certes constitué des objets et procédés techniques. Mais l'outillage est indissociable des traditions qui vont constituer la condition de sa continuité dans le temps et de son éventuel développement par diversification et perfectionnement des stéréotypes qui permettent d'en faire des éléments essentiels de l'identification des cultures disparues. Bien entendu le support intentionnel et symbolique transmis de génération en génération ne disparait pas avec l'effacement des sociétés traditionnelles. Il change de style et d'orientation : notre modernité est à sa manière un faisceau de traditions accordant à l'avenir une valeur se substituant à l'autorité des anciens, et nos écoles d'ingénieurs relèvent aussi d'une tradition au sens où elle est au principe de la conservation et de la transmission d'un ensemble symbolique et pratique pour lequel le renouvellement est à sa manière porté par une mémoire collective. Le *bizutage* est, d'une certaine façon, une lointaine résurgence des anciens rites initiatiques, notamment de ceux donnant accès aux confréries monopolisant la chasse ou la métallurgie : il inscrit une communauté issue d'un passé récent, mais soucieuse de fonder son identité et ses privilèges, dans la continuité d'une formation toute entière vouée à l'invention du futur.

En un sens, c'est le milieu technique développé en occident à partir des révolutions de la modernité et de l'essor technoscientifique qui sous-tend le dynamisme industriel qui a suscité la création des institutions (écoles d'ingénieurs par exemple) visant à promouvoir le progrès technique tout en neutralisant les obstacles au changement. Il ne serait pas entièrement déplacé de dire que l'outillage s'est donné à lui-même, en mobilisant les efforts et ressources financières et humaines d'une société, les outils requis par la dynamique technicienne des temps modernes pour ce que l'on a appelé le « rush technologique ».

Cette situation des productions issues de pratiques techniques codifiées au sein d'une société et transmises par les supports de la tradition donne tout son sens à l'expression *de moyens techniques,* les outils étant doublement des médiations entre ces deux pôles issus de l'évolution, et plus précisément

---

[1] L'analogie entre l'outillage et les moyens organiques de prise sur l'environnement est poussée très loin par A. Leroi-Gourhan : « Le groupe humain se comporte dans la nature comme un organisme vivant ; de même que l'animal ou la plante pour qui les produits naturel ne sont pas directement assimilables, mais exigent le jeu d'organes qui en préparent les éléments, le groupe humain assimile son milieu à travers un rideau d'objets (outils ou instruments). Il consomme son bois par l'herminette, sa viande par la flèche, le couteau, la marmite et la cuillère. Dans cette pellicule interposée, il se nourrit, se protège et se déplace ». *Milieu et technique*, Paris 1945.

de la coévolution des formes vivantes et de leur environnement, que sont l'organisme et le milieu naturel et des médiations entre ce qu'offrent ce milieu et les fins visées à travers leur usage.

Les outils sont donc les moyens d'augmenter l'emprise du corps sur le milieu, et à ce titre se situent dans la droite ligne de cette « recherche du contact efficace » dont témoigne la diversification des structures organiques qui, à l'interface du corps et du milieu, assurent la continuité des flux indispensables à la vie. C'est dans le même monde qu'organes et outils doivent réaliser les conditions d'une emprise sur les ressources disponibles dans leur environnement. Ce qui revient à dire qu'ils sont confrontés aux mêmes conditions d'exploitation et aux mêmes résistances, aux mêmes contraintes encadrant l'efficacité dans la satisfaction des mêmes exigences vitales. On ne s'étonnera donc pas de la continuité qui relie l'évolution des corps vivants et l'émergence puis le développement de l'outillage. Celui-ci naît, se diversifie et se spécialise en poursuivant la satisfaction des exigences biologiques par d'autres moyens que les morphogenèses à l'œuvre au cours de l'évolution. Que l'histoire des techniques « mime » l'évolution phylétique, et par là manifeste une historicité singulière par rapport aux autres dimensions culturelles qu'enveloppe l'histoire est donc conforme à ce que l'on peut attendre de cette confrontation ente évolution et histoire[1].

Mais cette continuité et cette similitude doivent aussitôt être relativisées, et une rupture intervient aussitôt que l'on prend en considération le brusque changement dans les supports et modalités de transmission de l'information qui sous-tend les deux formes de continuité et en explique la divergence, d'abord insensible puis creusée selon des rythmes sans cesse accélérés.

Au principe de cette divergence, il y a le régime de conservation et transmission de l'information qui sous-tend dans un cas l'organisation du corps vivant, dans l'autre la mise en forme des matériaux constitutifs de l'outil et sa conformation à un type caractéristique au sein d'une culture. Si le mode de transmission de l'information par voie génétique exclut l'hérédité des caractères acquis au cours de l'existence individuelle, il n'en

---

[1] A. Leroi-Gourhan insiste sur la spécificité qui distingue le devenir technologique des autres composantes de l'histoire des sociétés humaines et la rapproche du devenir des formes vivantes biologique. Non seulement l'évolution des outils « mime » l'évolution phylétique, mais encore « la continuité de l'effort technique chez l'Homme fait de la technologie une discipline où les valeurs communes au reste de l'ethnologie ne sont que partiellement applicables. Si l'on cherche la parenté réelle de la technologie, c'est vers la paléontologie, c'est vers la biologie au sens large qu'il faut s'orienter. A tout instant, il est sensible que les éléments techniques se succèdent et s'organisent à la manière d'organismes vivants », *Milieu et technique*, *op. cit.*

va pas de même en ce qui concerne la transmission de génération en génération, sous forme de tradition, des savoir-faire et des normes d'usage. Les mécanismes qui président à la reproduction du génome sont essentiellement de nature conservatrice. L'évolution repose en stricte orthodoxie néo-darwinienne, sur les modifications des pressions de sélection qui redistribuent les avantages liés à certaines mutations dues au « hasard », à des « erreurs » de réplication ou, en tout cas, à des circonstances imprévisibles. Seuls les changements affectant directement le patrimoine génétique s'inscrivent dans la mémoire de l'espèce, telle par exemple qu'elle peut grossièrement se récapituler dans les étapes successives par lesquelles passe l'embryon des vertébrés, en conformité avec la loi de Haeckel selon laquelle l'ordre des premières phases de l'ontogenèse reproduit celui de la phylogenèse qui a vu se différencier les genres et les espèces.

La lenteur des rythmes de ces changements contraste bien évidemment avec ceux des divers aspects sous lesquels peut s'aborder le devenir des sociétés humaines. Dans ce dernier cas, ces rythmes sont variables selon l'enchaînement de séquences historiques considérés. Les langues, comme les lois ou les échanges économiques ou les mœurs ne se transforment pas de façon synchrone, selon les mêmes scansions temporelles et sont diversement sensibles à l'impact des événements. Ces phénomènes sociaux, considérés dans leur durée, relèvent de lectures selon des codes temporels différents tout en coexistant dans le temps, et cela, dans un inextricable réseau d'interactions.

Le cas de ce que l'on peut considérer comme l'évolution des techniques est en un sens exemplaire. Cette évolution, dont nous avons dit le caractère singulier, et d'une certaine façon la continuité interne, en relation avec le prolongement de l'organisation et des fonctions biologiques, en fait une série obéissant à des lois et dynamiques internes. Mais elle est aussi une des racines de l'accès à l'histoire humaine et elle pèsera lourdement sur les rapports des sociétés entre elles comme avec la nature, c'est-à-dire sur l'histoire générale. L'existence de toute société humaine présuppose la satisfaction des besoins essentiels au maintien de la vie et donc l'exploitation des ressources du milieu. Celle-ci se fait par l'intermédiaire de l'appareillage technique disponible en un lieu à une certaine date. A l'inverse des terminaisons organiques assurant une emprise sur l'environnement et ajustées à ses caractéristiques, formant système avec lui comme, selon la métaphore de von Uexküll[1] comparant les relations de l'organisme et de son milieu naturel à celles d'une clef et de la serrure correspondante, l'outillage se transforme en fonction de l'expérience que les hommes acquièrent dans la recherche d'une plus grande efficacité des gestes

---

[1] J. von Uexküll : *Mondes animaux et monde humain*, Paris, Denoël, 1984.

et opérations par lesquelles ils peuvent s'en approprier des ressources. Celles-ci sont elles-mêmes variables selon les moyens disponibles pour les transformer en produits utilisables, et d'abord consommables. Si la transmission de l'information biologique repose sur la réplication fidèle des structures en lesquelles sont codés les processus de formation des individus d'une espèce donnée, l'information culturelle, pour l'essentiel symbolique, offre de multiples possibilités de rétroaction – de *feed-back* positif – aboutissant à un renforcement de leurs propres causes par les effets dans une boucle entrainant le couple ainsi formé dans un accroissement indéfini.

L'actualisation sous forme d'outillage de l'information présidant à la fabrication d'outils (ou machines) génère à son tour des « leçons » tirées de la mise en œuvre de ces produits techniques. Ces « leçons » issues de leur utilisation sont renvoyées vers les sites d'études et de programmation pour la prise en compte de l'acquis résultant de l'expérience tirée de la pratique technique. Ainsi, la mise en œuvre de l'outillage génère des possibilités d'action technique plus efficaces à la fois par ajustement plus précis, notamment par voie de spécialisation, plus puissants par mobilisation de niveaux énergétiques croissants à partir d'un éventail de sources élargi et plus cohérent par ajustement interne des éléments ou condensation des fonctions dans un même appareillage. Et ceci sans même faire plus qu'évoquer la production d'un « milieu associé » offrant – tel le réseau routier – un terrain d'application, un environnement sur mesure aux nouveaux types d'objets techniques dont ils rendent possibles les « progrès » tout en les asservissant à leurs conditions. Toute l'histoire des techniques témoigne de la constance de cette pression croissante que les sociétés humaines sont capables d'exercer sur un environnement dont les ressources elles-mêmes sont fonction des moyens disponibles pour transformer en produits des matériaux qui se renouvellent au même rythme que les moyens techniques.

Il y a donc une rupture, restée longtemps imperceptible, entre les modalités selon lesquelles se poursuit l'évolution et celles en fonction desquelles les techniques prennent leur essor. Cela concerne aussi les modalités selon lesquelles se modifient les rapports des sociétés avec les ressources dont elles disposent pour assurer l'existence de leurs membres. Les sociétés naguère considérées comme sans histoire, les sociétés à histoire stationnaire selon l'expression de Claude Lévi-Strauss, sont en elles-mêmes plus conservatrices qu'attirées par le changement, et elles disposent des moyens culturels qui assurent la stabilité de leurs rapports à l'environnement – du moins en disposaient-elles jusqu'à une période récente. Ce n'est guère que depuis quatre siècles que l'idée selon laquelle le changement est en lui-même porteur de l'espérance d'une vie meilleure et doit être favorisé.

Avant de revenir sur les implications de cette expression introduite par A. Leroi-Gourhan dans le prolongement de celle de *milieu intérieur* utilisée par Cl. Bernard un siècle plus tôt, il convient de signaler une deuxième face de l'émancipation de l'ordre technique par rapport à l'ordre biologique. Si l'outil s'enracine bien dans les fonctions biologiques élémentaires et le besoin de produits de subsistance, très tôt aussi il se dégage de cet enracinement pour acquérir d'autres fonctions au sein des ensembles humains dont il transforme les conditions d'existence et les rapports internes. Peut-être serait-ce ici le lieu d'évoquer les notions, forgées par Karl Marx, de forces productives et de rapports de production pour commenter les effets de l'émancipation des techniques sur l'histoire humaine. Mais nous nous bornerons à souligner que, comme l'avait d'ailleurs déjà perçu J.J. Rousseau, de nouvelles capacités d'action sur l'environnement ouvrent la voie à un éventuel excédent de ce que peut produire l'activité d'appropriation et de transformation des ressources naturelles.

Il résulte de ce développement de l'ensemble de moyens que constitue l'outillage l'émergence d'une signification nouvelle de la production de biens disponibles dans une société. Au-delà de leur consommation immédiate, les produits de l'activité humaine sont l'objet d'échanges, et ceux-ci sont à leur tour des moyens (des intermédiaires) par lesquels se nouent des rapports entre les hommes au sein d'un même groupe comme entre groupes s'articulant en un même ensemble social. Ces échanges sont au cœur des systèmes de réciprocité qui sont source d'obligations mutuelles plus ou moins codifiées, voire ritualisées. Ces systèmes sont au principe de liens sociaux essentiels à la cohésion des sociétés humaines. Il faut ici songer à des institutions apparentées au Potlatch que décrivait Marcel Mauss en traitant du *Don, forme primitive de l'échange*[1]. L'offre ostentatoire de biens est, dans sa gratuité apparente, source d'obligations réciproques, voire d'assujettissement de celui qui ne peut rendre l'équivalent de ce qui a été offert à l'égard de celui envers lequel il contracte une sorte de dette d'honneur.

Le rôle des échanges ritualisés d'objets sans signification utilitaire comme le sont des coquillages ou les disques de pierre travaillés avec soin transmis dans les circuits du Kula mélanésien[2] renvoie à une valeur symbolique de ces biens issus de la mise en œuvre de techniques parfois

---

[1] M. Mauss : *Essai sur le don*, in ; *Sociologie et anthropologie,* Paris, Puf, 1960.
[2] Système d'échanges d'objets dotés de valeurs symbolique (bracelets et colliers) et étudié d'abord dans les îles du pacifique par B. Malinowski puis par M. Mauss. A la différence du Potlatch, l'échange Kula ne comporte pas de dimension agonistique, mais les obligations de réciprocité ont la même fonction de structuration sociale. Voir M. Mauss, *op. cit.*

sophistiquées. L'ethnologue américain A.L. Kroeber avait, avant même l'interprétation donnée par Claude Lévi-Strauss du rôle de la prohibition de l'inceste dans le tissage des liens sociaux, mis en avant la réduction de l'importance des phénomènes de parenté en fonction du développement d'échanges diversifiés et leur rôle dans une « économie généralisée ».

C'est dire que les possibilités ouvertes par la constitution et le développement de la médiation technique ont très tôt un impact considérable sur la structuration et le devenir des sociétés humaines. Cet impact ira croissant au fur et à mesure que se complexifieront les rapports dont l'entrecroisement sera au cœur des processus historiques, alors même que ceux-ci, jusqu'à une date récente, reléguaient à l'arrière-plan les transformations internes du milieu technique. Du moins était-ce le cas jusqu'à l'avènement des temps modernes et aux brusques mutations technologiques qui n'ont cessé de se succéder jusqu'à nos jours. Le rôle joué non seulement par les réalisations techniques, mais encore par la dynamique technologique dans l'histoire des sociétés contemporaines (développées ou non) n'a pas besoin de longues démonstrations. Il faut ici au moins mentionner l'importance prise dans cette histoire à la fois par les moyens de transport et l'armement. Depuis les premières manifestations de la technicité humaine, les armes apparaissent comme des outils dont la spécificité se marque plutôt dans leur destination que dans leur technique de fabrication et d'usage. Les moyens de transport font partie de ces aspects du milieu technique essentiels à la compréhension de phénomènes historiques de première grandeur. De même faudrait-il souligner le rôle joué par l'innovation dans la compétition économique, parfois assimilée à une guerre : l'appel d'investissements à la hauteur des enjeux économiques ouverts par l'exploration des possibilités renouvelées qu'engendre la technique fait de celle-ci la source de contraintes susceptibles de mettre en question la recherche de rentabilité à court terme des entreprises. Il suffit ici de songer au renouvellement rapide des supports de l'information écrite, du papier, des films argentiques, des bandes électromagnétiques, des divers types de disques qui se sont succédés depuis l'emploi du vinyle, des microprocesseurs et de tout ce que permet et permettra la numérisation pour prendre conscience du caractère impérieux, sous peine d'obsolescence économiquement létale, de l'appareil productif en place.

Il est inutile d'évoquer plus longuement le poids des facteurs techniques parmi les séries dont l'entrecroisement et les interactions font l'Histoire. Il faudrait cependant encore mentionner que les technologies récentes, dont l'effet a pu donner lieu à la métaphore du « village planétaire », sont au principe de l'unification des histoires. Celles-ci étaient jusqu'à la fin du XIXe siècle mal intégrées en un ensemble dont les relations internes auraient assuré l'unité. L'Histoire n'est authentiquement devenue universelle qu'en intégrant dans une même mouvance le devenir de toutes (ou presque) les sociétés humaines, faisant du coup de l'humanité entendue extensivement et globalement à la fois l'agent et le patient, peinant d'ailleurs à faire prévaloir le premier aspect sur le second.

*

Ceci nous conduit vers un aspect essentiel et spécifique du développement technique issu de son émancipation par rapport aux contraintes qui encadrent le monde de la vie et en assure la pérennité. Si cette émancipation est communément reconnue, comme d'ailleurs son enracinent initial dans l'ordre de la vie, cette émancipation est non moins communément attribuée à l'éveil de l'intelligence, lui-même mis en rapport avec les caractéristiques cérébrales qui accompagnent l'essor de la technicité. Ce qui conduit à minimiser la spécificité de celle-ci aussi bien que les potentialités (risques compris) dont elle est porteuse.

En négligeant les profondes racines que l'outil plonge dans les structures et fonctions vitales, et en liant son avènement à l'éveil d'une intelligence en rupture avec la condition animale, l'outil apparait comme le témoin d'un dépassement de la vie (et de l'évolution) grâce à la conscience et à la pensée. C'est dans l'émergence de la capacité à se représenter le monde et à jouer avec les relations internes à cette représentation, rapidement associée au jeu des signes ou symboles, que résiderait la possibilité d'inventer autre chose que la situation en laquelle le vivant est intégré sans distance ni recul. C'est à partir de la possibilité d'une mise en perspective du monde grâce à un écart par rapport à une réalité imposant une réponse déjà inscrite dans le corps et les prédispositions propres à l'espèce que pourrait se concevoir la représentation de ce qui n'a jamais existé et de la voie à suivre pour en assurer la réalisation. Autrement dit, c'est en référence à l'idée d'une réponse nouvelle à des circonstances offrant prise à une action consciente que se comprendrait l'avènement de l'outil et les premières manifestations de la technicité, comme capacité d'inventer, de faire surgir une nouveauté radicale au sein d'une situation déjà là. La succession des formes et actes techniques apparait alors comme l'avènement d'une suite d'apports en rupture par rapport au caractère répétitif des comportements hérités de l'évolution. Ces apports développés en marge du cadre et des régulations de l'existence animale sont alors l'œuvre que des hommes particulièrement doués ou placés dans des conditions favorables font à un patrimoine qui s'enrichit de génération en génération. L'histoire traduit alors l'avènement d'une forme de relation au monde marquant la discontinuité entre existence animale et existence humaine.

*

La réalité est plus complexe. Si l'outil apparait d'abord comme l'effet d'une confrontation entre une organisation anatomique singulière et un monde offrant certaines ressources pour répondre à des besoins vitaux élémentaires, il est aussi l'effet de difficultés d'ajustement du corps humain et de l'environnement auquel il doit faire face. Les hommes ne sont pas des vivants qui, au terme d'une évolution spécialisante, bénéficieraient de dispositions les rendant particulièrement aptes à adapter leurs comportements à un biotope spécifique et à prendre à partir de cette situation l'essor qui les arrache à l'animalité. Ils ont suivi, en plein bouleversement écologique et donc sur fond de crise environnementale, une ligne évolutive singulière, caractérisée, nous l'avons vu, par la séparation des fonctions locomotrices et préhensiles de la main et du pied. Par rapport à eux, les autres grands primates paraissent avoir suivi la voie d'une spécialisation de leurs capacités relationnelles à un biotope spécifique – la forêt tropicale humide – auquel correspondent très étroitement leurs capacités natives d'adaptation. Cette spécialisation a pour envers leur dépendance à un milieu bien circonscrit, et l'on sait le caractère précaire de leur survie aujourd'hui.

L'extension planétaire de l'habitat humain contraste avec ce type de sur-adapation à un milieu particulier. L'éventail des aptitudes dont est capable le corps humain est beaucoup plus ouvert que celui des autres primates. En contrepartie, ces aptitudes ne sont pas associées à des comportements natifs efficaces et ordonnés en séquences génétiquement ajustées à un biotope précis. Elles ne sont pas liées à des comportements spécifiques qui intégreraient les représentants du genre *homo* de manière immédiatement pleine et entière à des conditions initiales de vie répondant par exemple aux caractéristiques d'un « habitat » au sens éthologique précis qui permet d'en tracer le périmètre sur les enclos de nos parcs animaliers. Leur adaptabilité est plutôt la conséquence d'une relative indétermination dans les relations qu'ils peuvent entretenir avec leur environnement sur la base de leurs dispositions natives.

Dès la divergence évolutive qui sépare la lignée humaine conduisant à des autres branches de primates, l'existence humaine est placée sous le signe d'une faiblesse originelle reconnue depuis l'antiquité, soulignée depuis par Carl Linné, reprise par E. Kant. L'existence du vivant humain *in statu nascendi* est une existence d'autant plus menacée qu'elle s'accompagne de l'immaturité néonatale durable qui rend nécessaire la médiation des adultes entre le nouveau-né, puis l'enfant, et le monde. Ce qui implique d'ailleurs des formes de société, et de sociabilité bien spécifiques (et en relation directe avec l'historicité). L'homme n'hérite pas de l'évolution les caractéristiques qui en feraient un vivant destiné à manifester la supériorité que lui vaudrait sa situation de tard-venu dans la succession des espèces. C'est plutôt à partir d'une déficience dans la programmation génétique de sa manière d'être au monde, dans un flou éthologique entourant son ajustement natif à son monde naturel, lui-même vaguement pré-dessiné, « cartographié » dans son équipement génétique, qu'il faut comprendre la singularité des modalités d'existence et de coexistence qui sont les siennes.

Cette singularité s'exprime notamment, et d'abord, par la technicité qui signe en quelque sorte l'apparition de l'humanité, puisque l'outil est le marqueur le plus certain de l'engagement des plus lointaines ancêtres de *l'homo sapiens* sur la voie de l'humanité. Mais cet outil n'est pas pour autant la preuve d'un dépassement de l'ordre biologique par l'émergence de la pensée, de la conscience et d'un passage d'une existence structurée par l'appartenance au monde vivant à une existence marquée par la participation à l'esprit ou à toute autre chose, quel que soit le nom que l'on puisse lui attribuer.

C'est au ras des exigences vitales que l'outil apparait, et non pas comme l'effet d'un brusque dégagement à leur égard par passage à un point de vue permettant le surplomb du vécu et une libération à l'égard des pressions auxquelles doit faire face le vivant intégré sans marge dans son environnement naturel. L'outil est d'abord comme dessiné « en creux » dans une marge de jeu inhérente aux dispositifs anatomiques assurant une vie de relation au sein du monde inaugurée par la période de dépendance qu'entraîne l'immaturité néo-natale puis la durée de l'enfance et de l'accès à un sexualité adulte. Réduite à la condition sur laquelle ouvre leur héritage biologique, la survie des espèces en voie d'humanisation était incertaine, aléatoire. La suppléance des *artefacts* apparait comme une exigence vitale, qui cependant eut pu ne pas advenir : le nombre des formes vivantes qui ont disparu de la surface de la Terre est bien supérieur à celui de celles qui ont eu le privilège de s'y installer, et cela concerne notamment bien des espèces de primates qui se sont disputé, à un moment ou à un autre, le titre de « missinglink »…

Quoi qu'il en soit, le développement de l'outillage conduit à accorder aux manifestations de la technicité humaine une spécificité qui la rend irréductible aussi bien – nous l'avons vu – à l'évolution des organismes vivants qu'à la mise en œuvre d'une intelligence même « pratique » et de capacités de représentation assurant une situation de surplomb par rapport au monde grâce à l'émergence d'un univers de possibilités représentées , « pensées », et susceptibles de réalisation.

Reconnaître cette irréductibilité de la technique aussi bien au prolongement de l'organisation biologique qu'à la manifestation de l'accès à des processus idéatifs relevant d'un tout autre mode d'existence ne conduit pas à nier le rôle de cette capacité de distanciation que donne l'accès aux diverses formes de représentation du monde. Cet accès permet l'ouverture sur un horizon de combinaisons virtuelles d'abord imaginées, conçues et éventuellement liées au jeu de signes et symboles guidant la manipulation des choses par la représentation ou le calcul des moyens propres à atteindre un résultat anticipé et jugé souhaitable.

Il n'est donc pas question par exemple de nier le rôle des processus notamment psychologiques qui interviennent aussi bien dans l'invention de nouveautés assez importantes pour que le souvenir de leur auteur soit conservé que dans le travail toujours répété d'une foule d'artisans collaborant à l'amélioration de leurs pratiques. Chacun peut citer le nom de ceux qui ont enrichi le patrimoine technologique commun en y introduisant la lampe à incandescence, le tiroir de la machine à vapeur ou le cinématographe. Mais, il convient de relativiser cette référence aux aptitudes à inventer en la situant sur le fond d'une continuité qui fait de l'innovation présente, quelle qu'en soit l'originalité et la fécondité, le produit d'une mémoire plutôt que d'une créativité dégagée de racines temporelles. Cette continuité ne s'arrête pas avec l'actualisation présente des potentialités qui, du fait même de cette actualisation, entrent dans la sphère du désirable. Elle se prolonge, en toute imprévisibilité, dans l'éventail largement ouvert sur un horizon illimité de conséquences à venir.

Il est certes plus facile de se référer à des repères – noms des inventeurs, dates des inventions – en forme de séries discrètes d'évènements tranchant sur la monotonie ordinaire que de songer aux conditions dont la sédimentation au cours des âges rend possible l'avènement des nouveautés. Tout outil (au sens large que nous avons donné à ce terme depuis le début, en y incluant les plus complexes de nos machines ou les plus sophistiqués de nos automates) est une production non seulement rendue possible, mais encore suscitée par l'outillage au sein duquel il était pour ainsi dire déjà présent « en creux », et qu'il contribue à modifier. L'apport des individus (ou des équipes) au perfectionnement du patrimoine technologique dont dispose une société, et quelle qu'en soit l'ancienneté, s'intègre à la médiation technique déjà constituée et considérée dans son caractère systémique, c'est-à-dire aussi dans la manifestation d'une autonomie associant processus d'auto-organisation et dynamique de développement. C'est depuis toujours et toujours dans le cadre de cette médiation, telle qu'elle existe en chaque société humaine, que peuvent se manifester tous les processus générateurs d'innovations affectant le milieu technique. C'est en son sein, et a partir des possibilités et sollicitations qu'il offre, que peuvent œuvrer aussi bien les intelligences individuelles que les institutions spécialisées.

Cela fait de chaque objet technique le moyen de produire d'autres outils et cela lui confère en retour les potentialités d'emploi efficace dont il est porteur. Le marteau n'est rien sans l'enclume, la détection et l'extraction des minerais, l'utilisation de la céramique à base d'argile, l'usage de peaux pour constituer un soufflet sans parler du savoir-faire requis pour allumer un foyer. De fil en aiguille, c'est tout le patrimoine technique qui est mobilisé dans chacune de ses applications. Toute pratique technique présuppose la convergence des formes et processus engagés dans l'exploitation de l'environnement naturel.

Cela est vrai dès la diversification de l'outillage au paléolithique, et cela est vrai de l'intégration de toutes les technologies contemporaines dans la fabrication du moindre objet domestique, de la moindre machine, des vecteurs de la communication télémédiatée et du traitement informatique de toutes les données relatives à la production, au financement et à la mise en vente d'un avion, d'un téléviseur ou d'une petite cuillère.

Cette autonomie arrache le devenir technique aussi bien à l'ordre biologique qu'à celui de la représentation consciente des objectifs et des moyens pour les atteindre. Mais elle ne signifie nullement isolement et indépendance à l'égard de conditions relevant d'autres dimensions de l'existence humaine, par exemple économique (sans oublier l'étroite dépendance des entreprises à l'égard du progrès technologique, qui impose par exemple la permanence des efforts d'investissement pour asseoir la rentabilité financière sur l'efficacité technique).

Cette interdépendance de tout ce qui compose ce que A. Leroi-Gourhan appelait *le milieu technique* et dont la forme invasive « impérialiste » était dénoncée dans *Le système technicien* par J. Ellul[1], conduit à reconnaître aux produits de la technicité, depuis ses origines, une autonomie d'organisation qui échappe à la conscience et à la maitrise de ceux qui, à des titres divers et dans des fonctions différentes – y compris la simple consommation – participent à la mise en œuvre de l'appareillage dont dispose une société à un moment de son histoire.

Mais ce caractère systématique qui intègre dans un même ensemble pourvu de régulations internes très fortes se double d'aspects dynamiques qui donnent à l'autonomie de la médiation que constitue le système des moyens d'appropriation du monde son plein sens. Ces aspects soulignent l'émancipation de l'histoire des techniques par rapport aux représentations, aux projets et à la conscience de ceux qui sont à la fois les patients et les agents de sa montée en puissance. Car c'est de cela qu'il s'agit : depuis les formes les plus anciennes d'industrie lithiques jusqu'à nos plus récentes innovations, la puissance d'intervention des sociétés humaines sur le monde n'a cessé de se développer, sans s'accompagner de la pleine et claire prise de conscience par qui que ce soit de ce développement et de la diversité de ses conséquences. Celles-ci, déjà effectives dans l'actualité présente, prolongent leurs effets sur des durées sans limites assignables. Ces effets

---

[1] J. Ellul : *Le système technicien*, Calmann-Lévy, 1977.

s'exercent certes sur le monde physique et sur les relations entre les hommes, mais leur impact va bien au-delà.

C'est là un point capital. L'histoire des techniques n'est pas seulement celle des moyens matériels et des procédés d'action sur des matériaux (au sens le plus large : la mise en culture de la terre est en elle-même une activité de transformation de matériaux en biens de consommation par maitrise de ressources offertes par l'environnement) et de leurs conséquences sur les rapports entre les hommes impliqués dans la production et la répartition de ces biens. Elle est aussi, et elle est surtout, renouvellement et ouverture répétée d'un horizon de possibilités actualisables sous conditions.

Sans doute pendant très longtemps cet aspect est resté comme voilé par la permanence des types techniques et des procédés conditionnant leur mise en œuvre. Mais dès les débuts de l'émancipation des techniques par rapport à l'encadrement des exigences vitales et des dispositifs organiques de leur satisfaction, les bases d'un progrès ininterrompu quoique divergent durant la quasi-totalité de l'histoire humaine ont été jetées.

Ce progrès auto-entretenu repose sur le fait que toute nouvelle réalisation technique non seulement actualise de nouvelles capacités d'action sur le monde mais ouvre un horizon de possibilités nouvelles que les hommes vont, selon des rythmes différents, découvrir, vouloir réaliser et mettre en œuvre en se dotant des moyens nécessaires (parfois au prix de lourds sacrifices). Tout outil, d'abord d'utilisation « polytechnique », apparait comme la racine de lignées divergentes par spécialisation. Les objets tranchants qui constituent une part essentielle de notre équipement tant quotidien qu'industriel se sont spécialisés et diversifiés à partir de ce qu'a rendu possible l'éclatement par percussion d'un bloc de silex. Aussi bien l'outillage au sens le plus large que les matériaux, solidaires dans leur diversification et leur contribution à l'exploitation des ressources naturelles, provoquent l'émergence de perspectives d'action qui seront progressivement découvertes et mises en œuvre de multiples façons.

Ce fut vrai du passage de l'outillage lithique à la maitrise d'une métallurgie dont les transformations auront lieu à un rythme sans commune mesure avec celui de la taille puis du polissage de la pierre dure. C'est vrai de l'explosion des usages du rayonnement laser et de sa diversification dans des champs insoupçonnés aux origines, de l'armement à la chirurgie en passant par la géodésie et l'usinage de précision. Ce développement en gerbe des applications d'une nouvelle technologie – on pourrait faire des constats analogues en prenant l'exemple de la maitrise du mouvement circulaires très longtemps ignoré de certaines cultures[1] ou de l'emprise aujourd'hui exercée par l'informatique sur les productions industrielles comme sur la communication à l'échelle planétaire, sans parler de la domotique, bureautique ou bionique.

Cette autonomie qui en révèle la spécificité ne signifie ni indépendance par rapport à toutes les autres dimensions de l'existence collective au sein des sociétés ni marginalisation de l'activité humaine par rapport à la dynamique systémique de l'appareillage dont elles disposent. L'interdépendance est réciproque entre toutes les manifestations de la vie sociale, et entre autres choses, la mise en œuvre des techniques est solidaire des régulations qui, sur le plan symbolique, donnent son armature à un groupe humain.

De même l'ensemble des représentations que les hommes se donnent d'eux-mêmes, du monde et de leurs conditions, est à son tour tributaire des capacités techniques de l'outillage et des processus qui en permettent l'usage. Il en va de même des institutions dont sait qu'elles peuvent se trouver en retard et en porte à faux par rapport aux avancées technologiques. Le code de la route comme la déontologie médicale doivent par exemple être périodiquement ajustés aux capacités des véhicules ou aux avancées thérapeutiques et les obligations qu'ils introduisent en matière de sécurité routière ou de soins ont en retour des incidences sur l'innovation technologique.

Dire du monde technique qu'il est autonome, ce n'est donc pas l'isoler au sein des autres dimensions de la vie sociale, mais c'est dire d'abord qu'il en est une composante irréductible et qu'il convient de ne pas méconnaître les régulations et contraintes internes qui lui imposent un type de développement singulier. C'est dire ensuite qu'il réagit comme unité intégrée en un seul et même ensemble, c'est-à-dire comme un système dont les éléments sont soumis aux régulations qui assurent la cohérence et le dynamisme de la médiation qu'il développe entre les hommes et la nature, mais aussi entre les hommes. Ceci, en marge de la conscience, toujours parcellaire, que ceux-ci ont de ce qu'ils font et de qu'ils veulent. Ils peuvent certes amplifier cette conscience, mais cela demande effort, intégration de connaissances à acquérir, réflexion sur leur participation à des activités qui dépassent infiniment les limites du présent, bref un travail.

---

[1] A. Leroi-Gourhan, *Milieu et Technique*, Paris, 1945 : « Le mouvement circulaire continu se partage en deux tendances, l'une vers la masse, l'autre vers la vitesse. L'une aboutit au tour et au moulin, l'autre au rouet et au dévidoir... tous les peuples qui possèdent l'un ont aussi l'autre », «La coexistence dans un même groupe de la meule circulaire, du tour du potier, du tour à bois, de la roue hydraulique, du dévidoir, de la bobine et du char impose pleinement la notion d'un milieu technique continu ».

C'est ici le lieu de souligner la situation des hommes considérés à la fois comme agents et comme patients dans un monde en lequel se développent les effets de leur technicité. Insister sur l'autonomie qui donne au milieu technique son originalité, c'est évidemment réduire le rôle que l'on est tenté d'attribuer à la volonté consciente qu'ils ont d'améliorer, individuellement ou collectivement, leur sort dans le monde ou d'apporter une réponse aux attentes sociales, volonté qui serait au principe de la recherche de moyens plus performants ou plus rentables pour satisfaire des aspirations à une vie meilleure, voire à la reconnaissance sociale de leur rang, comme dans le cas du potlatch. Ces objectifs, universels dans leurs principes, précéderaient la recherche de tels moyens, variables, eux, selon les opportunités. Bref, la recherche technologique serait au service d'une valeur qui en conditionnerait l'acceptation : l'utilité. Mais ce concept même est impossible à cerner : par définition, ce qui est utile, c'est ce qui permet d'atteindre autre chose. Mais quoi ? Par rapport à quoi ceci ou cela est-il utile ? La réponse serait aisée si l'on pouvait faire état de fins inscrites au cœur des hommes, et de désirs dont la satisfaction motiverait la recherche de moyens utiles à leur satisfaction.

Ces besoins et aspirations existent certes, en relation avec les exigences vitales, mais en dehors des besoins incompressibles que les sagesses antiques cherchaient à déterminer, la notion d'utilité devient floue quand se pose la question : utile à quoi ? Il se pourrait que parfois la réponse semble être : ce qui est utile, c'est ce qui est bon pour favoriser la dynamique autonome de l'univers technique. Toutefois cette réponse serait insuffisante dans la mesure où elle méconnaîtrait le lien essentiel qui unit ici la dynamique technologique et l'humanité de l'homme. Plus précisément, il n'y a pas, d'un côté, des hommes et leurs aspirations, de l'autre, un monde d'objets et de procédés qui seraient à leur disposition pour obtenir la satisfaction de besoins et désirs préalables, c'est-à-dire pour leur permettre de se réaliser tels qu'ils seraient ou aspireraient à être une fois surmontées toutes les contraintes qui les empêchent de devenir pleinement eux-mêmes.

Les hommes ne sont pas devant un monde technique dont ils seraient les auteurs, qui serait l'œuvre à la fois de leur génie et de la poursuite d'objectifs indépendants des moyens de les réaliser. Cette mise en relation entre deux pôles originairement indépendants, disjoints, méconnaîtrait ce qui est essentiel à l'existence humaine, à l'humanité de l'homme : le débordement de ses caractéristiques « *spécifiques* » (liées à l'espèce) par le développement de manières d'être au monde en fonction de situations greffant sur ce socle naturel les effets d'un devenir ouvert sur la réalisation d'un éventail indéterminé de potentialités différentes.

Autrement dit, ce qui est ici en question, c'est l'historicité des relations qui déterminent les modalités de l'existence humaine qui, comme celle de tout ce qui advient dans le monde, est par essence coexistence. Ces modalités de coexistence font des hommes ce qu'ils sont, en font des êtres humains, donnant unité et originalité à chaque individu capable de vivre humainement. Les hommes en tant qu'êtres capables de vivre humainement, dans l'irréductibilité de ce qu'ils sont à tout autre type d'existant, résultent de la convergence au sein d'une même unité systématique, de l'héritage de l'espèce et de celui d'une histoire que tout à la fois ils font et subissent. Les hommes sont devenus ce qu'ils sont et continuent d'être ce qu'ils deviennent dans l'intégration des deux « mémoires », celle qui a pour support les agencements moléculaires issus de l'évolution et celle qui a pour support la tradition, et essentiellement le patrimoine symbolique d'une société.

Encore faudrait-il ajouter que l'héritage qui fait d'eux des représentants de l'espèce *homo sapiens* et permet de les situer dans le tableau taxinomique des vivants est lui-même profondément marqué par l'impact des *artefacts,* notamment techniques, sur le développement organique, notamment cérébral. Le *dialogue main-cerveau*, considéré par J. Piveteau comme essentiel pour comprendre l'évolution cérébrale, n'est d'ailleurs ici qu'un aspect particulier des interactions entre le patrimoine génétique humain et un monde objectivé et structuré à partir des gestes et paroles qui sont au principe des cultures. On pourrait tout aussi bien évoquer ici le système tripolaire structuré par la communication interhumaine et l'usage du langage. La parole unit dans les mêmes opérations les organes de la phonation, de l'audition et les centres cérébraux associés dans la réception et le traitement des signaux sonores, de l'émission vocale, elle-même subordonnée aux contraintes de l'articulation imposées par la langue. A ce système, les processus historiques qui donnent naissance à l'écriture ajouteront une nouvelle synergie, que rien dans l'organisation native ne préparait, entre la main, l'œil et le cerveau.

Il faut répéter que l'essor des techniques s'émancipant de leur enracinement dans l'ordre biologique n'est pas l'œuvre ou la conséquence d'une intelligence brusquement dégagée des fonctions vitales, mais l'expression d'une caractéristique fondamentale dont il convient de prendre la mesure. Si la technique naissait de l'esprit humains comme, dit-on, Athéna du cerveau de Zeus, sans doute y aurait-il une affinité originaire essentielle entre cette production idéative et la représentation des fins poursuivies par ce sujet pensant et voulant. Mais les racines à partir desquelles la technique prend son essor plongent jusque dans les exigences vitales confrontées à l'incertitude des réponses natives de l'organisme. S'il est vrai que, à partir de cette condition proche de l'animalité, l'outil se développe dans le cadre d'un outillage tendant vers une autonomie d'organisation sur fond d'une recherche d'efficacité prolongeant une dimension essentielle à l'existence de tout vivant, alors ce qui dans le vivant humain conduit à l'émancipation par rapport au cadre de la vie animale doit être cherché en deçà d'une pensée dégagée de l'urgence vitale. Il y a certes une parenté profonde entre la technicité humaine et l'ouverture que la pensée symbolique, c'est-à-dire aussi l'accès à la représentation donne au vivant humain sur le monde. Mais il faut rechercher leur racine commune plutôt que faire dériver l'une de l'autre.

Ce qui est alors au principe de la forme humaine d'existence, c'est la nécessité jointe à la capacité de donner lieu à l'insertion de médiations assurant la mise en rapport du pôle organique et du pôle environnemental immédiatement liés au sein de la nature par la coévolution génératrice de la biosphère. Mais ces *intermédiaires* qui prennent place entre, et donc tout à la fois séparent et relient ces deux pôles issus de la même coévolution, ne constituent pas une panoplie de moyens à la disposition de ceux qui voudraient s'en servir et s'en saisir pour réaliser leurs objectifs. Ils s'intègrent dans un réseau de relations d'interdépendance et de complémentarités qui fait apparaitre des régulations internes, des contraintes associées à des synergies qui encadrent étroitement les conditions dans lesquelles peuvent entrer en relation les termes qu'ils mettent en rapport en donnant à leurs relations une forme en accord avec leurs régulations internes.

L'efficacité de l'action technique est au prix de ce respect des contraintes liées à l'utilisation de l'outil, elle-même indissociable du statut de l'outil au sein de l'outillage qui en conditionne la fabrication et l'usage. Mais l'outillage n'est pas la seule médiation que la manière d'être au monde humaine, les modalités de coexistence des hommes dans le monde, fait surgir entre ce qu'ils sont comme êtres naturels et l'environnement naturel dont ils sont indissociables. L'émergence d'un système objectif donnant de nouvelles prises sur le monde a selon toute vraisemblance des racines communes avec l'émergence d'autres systèmes, qui, chacun en son genre, assurent semblablement la médiation entre l'homme issu des processus évolutifs et l'environnement naturel, auquel il est confronté sur la base de son organisation corporelle singulière. Celle-ci est au principe d'un défi éthologique lié à une déficience dans l'ajustement génétiquement programmé à des conditions écologiques nouvelles. Le corps humain ne dispose pas des moyens d'une emprise immédiatement – « naturellement » – efficace sur son environnement. Il ne dispose pas non plus d'une « cartographie » précise du monde dans lequel il doit vivre. L'organisation de ce monde sur la base de l'organisation sensorielle qui est la sienne laisse une part d'incertitude correspondant à la faiblesse de la main. Au système que forme l'outillage répond alors la médiation des signes ordonnés en systèmes dont le type paradigmatique est le langage – ou plutôt la langue, dans le vocabulaire des linguistes.

Il y a entre l'outil et le signe de multiples analogies, et, sans doute, plus que des analogies. Il est permis de penser qu'il s'agit dans les deux cas (mais cette dualité n'est pas exhaustive) de la manifestation d'une condition initiale caractérisée par des déficiences ou tout au moins des difficultés d'ajustement au monde conduisant au recours à des intermédiaires relevant d'une information extra-génétique. Le langage apparait comme un système de signes dont les relations mutuelles conditionnent la signification – en opposition, il faut le dire, avec les signaux génériquement codés de la communication animale. Le parallélisme entre ces deux types de systèmes, leurs fonctions différentes mais reposant sur de fortes analogies structurelles et leur complémentarité – l'un privilégiant le rapport avec le monde physique, l'autre le rapport avec le monde « humain » – conduisent à voir dans leur émergence la marque propre de l'accès à une vie humaine, à la fois enracinée dans ses conditions biologiques et capable d'échapper aux contraintes de l'information transmise par la mémoire génétique. Donc, aussi, d'historicité.

Cette émergence de systèmes médiateurs entre héritage de l'espèce et monde naturel, traduisant une émancipation risquée par rapport à la vie animale, est en effet aussi la condition préalable à l'entrée des sociétés humaines dans l'histoire. Mais cela demandera des centaines de milliers d'années pour que soient rendus manifestes les effets de ce qui est d'abord imperceptible divergence, déhiscence pourrait-on dire.

Reste que, s'il en est ainsi, il convient de revenir vers les questions posées par l'autonomie des techniques et ses rapports avec la situation qu'elle fait aux hommes. Le langage ici encore nous offre une analogie permettant de mieux comprendre les rapports des hommes avec les médiations dont ils tirent leur emprise sur les choses. Chacun sait que le caractère systématique de la langue et les régulations qu'elle emploie font de cet univers de signes un moyen essentiel à la fois dans la communication interhumaine et dans l'organisation de l'expérience du monde. Mais ce moyen n'est pas le simple instrument dont peut user une pensée préalable. Il conditionne la formation même de cette pensée, et il le fait en imposant les règles multiples, complexes, structurant en niveaux différents la conscience que les hommes ont du monde et d'eux-mêmes. Les locuteurs s'appuient sur les contraintes internes à la langue, contraintes phonologiques, grammaticales, syntaxiques – qui donnent à la langue le pouvoir d'informer, à travers le discours, les représentations et le les aptitudes communicationnelles qui arrachent l'existence humaine au cadre dans lequel restent pris l'animal et ses rapports précoces au monde. Mais aucun locuteur humain, pas même le grammairien et encore moins le phonologue, ne maitrise l'ensemble des contraintes auxquelles il se plie spontanément sur la base d'une information acquise lorsque il a « appris » une langue, c'est-à-dire lorsqu'il en a intégré les possibilités et les contraintes. On pourrait aussi bien dire qu'il est entré dans le monde du langage, ou que ce monde l'a assimilé, que le contraire. Les hommes ne sont pas dans un rapport d'extériorité par rapport à la médiation symbolique qui structure leur pensée et leurs rapports aux choses comme aux autres hommes.

Nous sommes beaucoup moins près d'admettre cette intégration, cette information réciproque et profonde, lorsqu'il s'agit de médiation technique. Pourtant nul artisan, nul technicien, nul ingénieur n'a entière conscience des contraintes auxquelles il doit l'efficacité de son action. Pas plus d'ailleurs qu'il n'a conscience des effets de sa participation sur l'ensemble des relations qui tissent son existence, celle des groupes auxquels il appartient, sur le monde commun en lequel coexiste tout ce que nous disons exister. Il n'a pas davantage d'ouverture consciente sur la provenance proche et lointaine de l'héritage qu'il reçoit et sur l'avenir tel qu'il est en train de se jouer à travers l'infinité des actes que permet la médiation technique. Il faut rappeler que celle-ci, en son unité systématique, conditionne l'existence, l'usage et le renouvellement de ses éléments – et cela d'autant plus que l'équipement technique d'une société est plus « avancé ».

Dans le prolongement de cette solidarisation des deux sources de l'information qui donne sa singularité à l'être-humain (à la manière humaine d'être), il nous faut considérer de plus près un aspect particulièrement significatif. Il s'agit de l'impact des moyens techniques sur les fins qu'ils semblent avoir pour objectif d'atteindre – et auxquelles ils semblent subordonnés. Les hommes, quelle que soit leur place dans les processus de production qui donnent le pouvoir de transformer des ressources disponibles et d'en utiliser les produits, vivent, espèrent, craignent et agissent en fonction de ce qu'ils jugent possible, même si le possible et l'impossible effectifs ne correspondent pas toujours à ce jugement.

Leurs besoins et leurs désirs, leurs espoirs et leurs angoisses sont structurés par ce rapport imaginé à ce qu'ils peuvent faire et à ce qu'ils doivent subir. Ce ne sont là ni des données immuables d'une nature humaine pérenne, ni des effets de leurs décisions ou l'expression d'une volonté surplombant leur inscription dans le monde. C'est dans les profondeurs de leur être, c'est-à-dire de leur manière d'exister, plus précisément de coexister avec tout ce qui est constitutif de leur monde que la technique, en tant qu'elle renouvelle l'horizon des possibles à chacune de ses avancées en direction d'une plus grande maitrise des conditions de vie, façonne les êtres humains. Ils peuvent en avoir une conscience limitée, mais jamais à hauteur de la structuration effective de ce qu'ils deviennent au cours d'une histoire qui ne répète pas les modes de présence au monde inscrits par l'évolution dans le génome de l'espèce.

C'est pourquoi aussi il est permis d'ajouter que les moyens techniques, par l'intermédiaire des représentations qu'ils suscitent en réalisant leur but, relancent la recherche vers de nouvelles réalisations, qui ouvriront sur de nouvelles perspectives offertes au désir des hommes. Ces possibilités nouvelles mobilisent leurs activités et leurs ressources, dans une spirale indéfinie d'objectifs se succédant de manière imprévisible. Lorsque A. Minc et S. Nora ont proposé le terme de télématique pour désigner le croisement de l'informatique et des télécommunications[1], ils étaient bien conscients du nouvel horizon ouvert par un événement qu'ils comparaient à l'avènement de l'écriture. Mais ils ne pouvaient prévoir la gerbe d'applications techniques issues de cette rencontre. Tout en pressentant l'ampleur du « rush technologique » dont ils étaient témoins, pas plus que leurs lecteurs ils ne pouvaient anticiper les mutations technologiques sur le point de se produire et moins encore l'éventail de besoins devenus impérieux et de désirs en quête d'assouvissement qui allait se développer, qu'il s'agisse de transformations industrielles, de renouvellement du monde financier ou plus simplement (mais non moins efficacement) de l'essor de la téléphonie mobile et du foisonnement d'appareils et d'usages qui font de la « maitrise » au moins rudimentaire de ces technologies une exigence « vitale » pour les plus jeunes d'entre nous. Sur un autre plan, tant que « le Voyage dans les Etats de la Lune » n'était qu'un rêve, il demeurait source de satisfactions et d'aspirations poétiques, voire de satire politique. Il cristallise aujourd'hui désirs, activités et ressources économiques autour d'enjeux nationaux dès lors que cette expédition est rendue possible par l'émergence de l'astronautique transformant les rêves en projet réalisables sur fond de compétition économique et militaire.

Ainsi les hommes – mais surtout ceux qui ont hérité de la modernité léguée par le XVIIe siècle – veulent-ils ce qu'ils pensent possible, mais ce qu'ils pensent possible est fonction de l'état des techniques. Une fois ouverte la voie de la réalisation de ce qui devient objet de désir, est aussi ouverte la voie d'une recherche des moyens d'atteindre les objectifs jugés réalisables, et donc la mobilisation des ressources humaines et matérielles susceptibles d'obtenir ce qui a cessé d'être de l'ordre du rêve.

Par le biais de cette pression des possibilités ouvertes par les avancées techniques, la médiation technique tend à la réalisation de tous les possibles dont elle ouvre l'éventail. Que ce soit par l'anticipation d'une utilité supposée par les individus ou en raison des avantages donnés sur le plan économique par l'innovation technologique ou par simple esprit de

---

[1] S. Nora et A. Minc : « Lorsque les sumériens inscrivaient les premiers hiéroglyphes sur des tablettes de cire, ils vivaient, sans probablement la percevoir, une mutation décisive de l'humanité : l'apparition de l'écriture. Et pourtant celle-ci allait changer le monde. Aujourd'hui l'informatique peut être un phénomène comparable », *L'informatisation de la société. Rapport à Monsieur le Président de la République*, Paris, La Documentation française, 1978.

compétition dans le cadre d'une rivalité de chercheurs ou d'institutions, la médiation technique détermine les désirs, les besoins et les actions des hommes autant qu'elle est à leur service et les mobilise dans le cadre des régulations qui sont essentielles à son autonomie.

*
* *

Ainsi se poursuit la divergence entre ce que l'on pourrait appeler la condition naturelle (liée à la naissance, au fait d'être né –*natus*) et ce qui manifeste l'historicité des formes humaines de coexistence ; que celle-ci soit considérée plutôt du point de vue de la coexistence avec ce qui demeure, au moins de façon limitée et précaire, comme milieu « naturel », ou plutôt du point de vue de la participation à des sociétés faites d'un entrecroisement d'héritages techniques, institutionnels, culturels portant la marque d'une évènementialité toujours renouvelée.

Cette divergence pose aujourd'hui les problèmes qui seront l'actualité pressante de demain. L'évolution, amorcée dans les conditions d'extrême précarité dont témoigne la disparition sans lendemain des vagues ébauches pré-biotiques dont la découverte apparait comme un phénomène inattendu lorsqu'elle concerne une planète aussi proche de la nôtre que Mars, s'est poursuivie grâce aux interactions entre organismes vivants et conditions géophysiques de leur survie, jusqu'à façonner la biosphère. Celle-ci, sur fond de puissantes régulations en forme de boucles de rétroactions conservatrices, est à la fois le produit et l'effet d'une coévolution qui lui a donné son caractère exceptionnel et donc sa fragilité au sein de l'univers connu.

Cette fragilité, impensable pour nos prédécesseurs sensibles à l'incommensurabilité de leur puissance et des forces ou masses de la Nature, se manifeste face à la mise en œuvre de moyens techniques développant de manière accélérée l'emprise sur le très grand comme sur le très petit grâce à la maitrise de niveaux d'énergie et de degrés de précision jusqu'ici inimaginables. L'émancipation des espèces conduisant à la nôtre, et l'essor pris par les sociétés humaines avec l'apparition *d'homo sapiens* a introduit sur Terre, avec des changements d'échelle dans les rythmes de changement et une autonomie de développement en marge des régulations sur lesquelles repose la constance de la biosphère, de nouvelles formes de devenir, d'existence dans la durée, donc aussi de coexistence au sein d'un monde unique. Les conséquences de cette émergence de modalités inédites de relations entre des vivants et le reste de la biosphère modifient aujourd'hui les perspectives habituelles sur *La Place de l'homme dans la Nature*[1].

Le rattachement de l'humanité à l'animalité à travers la systématique linnéenne puis l'évolutionnisme darwinien a fait depuis le XVIIIe siècle l'objet de scandales : les manifestations évidentes de l'humanité, dans leur irréductibilité à toute autre, excluaient cette appartenance à l'ensemble des vivants, car contraire à la dignité d'un être pensant et libre, crée par Dieu à son image. Les temps ont changé, même si subsistent des îlots de résistance aux conséquences supposées de l'évolutionnisme

Un temps, les grandes philosophies de l'Histoire, héritières du siècle des lumières, ont repris sur de nouvelles bases le flambeau d'une humanité opposant à la nature la supériorité d'un agent historique promouvant son bonheur et sa liberté sur fond d'accès à l'esprit et de travail. La puissance que remet entre nos mains une technique dont l'emprise sur le monde et sur les sociétés humaines n'a cessé de croitre, éventuellement de façon exponentielle et même sur-exponentielle[2], révèle en face d'elle la fragilité d'équilibres dont l'espèce humaine demeure solidaire. Les moyens dont disposent les sociétés développées rendent manifeste l'émancipation des hommes par rapport aux cadres biologiquement liés à leurs caractéristiques zoologiques. Dotés par leur histoire de moyens – véritables « brontosaures mécaniques », selon une expression de *Racines du monde*[3] – sans commune mesure avec l'héritage issu de l'évolution des formes vivantes, leur emprise sur le monde relève d'un tout autre registre que celui des régulations sur lesquelles repose la constance d'un milieu terrestre dont le caractère exceptionnel au sein du cosmos souligne la précarité, mais dont ils demeurent solidaires. La divergence entre les deux modalités de devenir – celle dont nous partageons l'héritage avec toutes les formes vivantes et celle qui a permis l'émancipation de l'humanité par rapport aux limitations de l'animalité ira-t-elle jusqu'au seuil d'une incompatibilité irréversible, éventuellement susceptible de ramener la Terre dans le lot commun des planètes que nous connaissons ?

Faut-il alors partager les inquiétudes, voire les évocations d'un futur suggérées par des auteurs familiers l'un et l'autre de ce *Regard éloigné*[4] qui permet de les voir sous des perspectives qui nous sont aujourd'hui plus familières qu'elles ne l'étaient hier ? Les espérances nées de l'attribution à

---

[1] au choix : Th. H. Huxley, Paris, B. Bailler et fils, 1867 ou P. Teilhard de Chardin (1949), Paris, UGE, 1965.
[2] F. Meyer, *La surchauffe de la croissance. Essai sur la dynamique de l'évolution*, Paris, Fayard, 1971.
[3] A. Leroi-Gourhan (entretiens avec…) : *Les racines du monde*, Paris, Belfond, 1982.
[4] Cl. Lévi-Strauss : *Le regard éloigné*, Paris, Plon, 1983.

l'histoire du sens d'un accomplissement de l'humanité, au besoin par le triomphe sur la nature[1], s'effacent alors pour laisser place à une nouvelle version d'une fin liée à la collision des lents processus qui ont permis l'évolution de la biosphère en même temps que la formation des espèces en leur diversité d'une part, d'autre part l'expansion rapide d'une technosphère échappée au contrôle de ceux dont elle façonne représentations et désirs.

Cl. Levi Strauss dans *Tristes tropiques,* anticipant le moment où« l'arc en ciel des cultures humaines aura fini par s'abîmer dans le vide creusé par notre fureur[2] proposait d'orthographier non pas *Anthropologie* mais E*ntropologie* le nom de la science à laquelle il avait voué sa vie. Il voyait dans l'activité humaine une dangereuse collaboration à la croissance d'entropie dans le monde... Il se tournait alors vers les antiques sagesses orientales pour célébrer, avec « la contemplation d'un minéral plus beau que toutes nos œuvres (et), dans un parfum plus savant que nos livres, respiré au creux d'un lis » la présence muette d'un compagnon familier : « le clin d'œil alourdi de patience, de sérénité et de passion réciproque qu'une entente involontaire permet parfois d'échanger avec un chat ». Encore ces perspectives sont-elles adoucies par les images évoquées.

Moins poétique, A. Leroi-Gourhan évoquait, lui, en ces termes « la prise de possession du monde naturel qui doit, si l'on projette dans le futur les termes techno-économiques de l'actuel, se terminer par une victoire totale, la dernière poche de pétrole vidée pour cuire la dernière poignée herbe mangée avec le dernier rat »[3]. Auquel cas, il faudrait admettre que « s'il ne s'agit pas aujourd'hui d'un faux pas de l'évolution, c'est pourtant bien quelque chose d'avoisinant qui se produit »[4]. Reste à espérer que

---

[1] E. Bloch : « Les engrais artificiels et les rayons artificiels ne tarderont pas sans doute à faire leur apparition, peut-être même sont-ils déjà en bonne voie d'inciter la terre à produire mille fois plus de fruits, avec démesure « dans un mouvement antidéméterien » sans pareil, allant jusqu'au concept-limite synthétique du champ de blé qui puisse pousser dans le creux de la main. Bref la technique en soi serait presque déjà prête à conquérir l'indépendance par rapport au traitement lent et régionalement limité de matières premières par la nature (…). L'époque d'une sursaturation de la nature donnée serait alors échue », *Le Principe espérance* cité par H. Jonas dans : *Le Principe responsabilité, Une Ethique pour la civilisation technologique*, Paris, Le Cerf, 1990. La rhétorique des discours prononcés par les dirigeants chinois lors de l'inauguration du barrage des Trois Gorges, sur le Yang Tsé, est sans doute l'un des derniers échos de cette espérance de surmonter la nature « donnée », grâce à la maitrise technologie des moyens de la transformer pour la mettre au service de l'Homme. La notion de Développent durable l'a remplacée par une vision plus modeste des rapports Hommes/ Nature.
[2] Cl. Levi-Strauss : *Tristes tropiques,* Paris, Plon, 1955.
[3] A. Leroi-Gourhan : *Le Geste et la parole*, o*p.cit.*
[4] A. Leroi-Gourhan : *Les Racines du Monde, op. cit.*

l'humanité, responsable de son destin, puisse maitriser les usages de la puissance remise entre ses mains par la technique avant que son histoire ne s'avère un faux pas de l'évolution. L'expérience la plus quotidienne enseigne en tout cas l'ampleur des obstacles.

Première partie

L'histoire

Lois de l'Histoire, lois dans l'Histoire, retour sur une approche scientifique

Emmanuel Cherrier
Maître de conférences
à l'Université de Valenciennes
et du Hainaut-Cambrésis, Thémos et IDP

Selon Montesquieu, « les lois, dans la signification la plus étendue, sont les rapports nécessaires qui dérivent de la nature des choses : et dans ce sens tous les êtres ont leurs lois ; la Divinité a ses lois ; le monde matériel a ses lois ; les intelligences supérieures à l'homme ont leurs lois ; les bêtes ont leurs lois ; l'homme a ses lois. Ceux qui ont dit qu'*une fatalité aveugle a produit tous les effets que nous voyons dans le monde,* ont dit une grande absurdité ; car quelle plus grande absurdité qu'une fatalité aveugle qui aurait produit des êtres intelligents ? Il y a donc une raison primitive ; et les lois sont les rapports qui se trouvent entre elle et les différents êtres, et les rapports de ces différents êtres entre eux »[1]. En se penchant ainsi sur le sens et les implications du concept de loi, Montesquieu fait, implicitement mais logiquement, appel à l'Histoire, source d'enseignements. En effet, c'est bien l'ambivalence du concept d'histoire qu'illustre la remarque du baron de La Brède car, si l'Histoire désigne les événements, les actes et faits du passé de l'humanité, elle est aussi la *discipline* qui étudie ce passé. Cette dernière acception la rattache à la science, entendue comme un ensemble cohérent de connaissances relatives à certaines catégories de faits, d'objets ou de phénomènes obéissant à des lois et/ou vérifiés par les méthodes expérimentales.

Histoire et science nouent donc une relation complexe autour du concept de loi, mais de quelle loi s'agit-il, puisque, comme le résume Simone Goyard-Fabre, elle a deux significations : « la loi, dans les sciences physiques, intelligibilise les données sensibles de la nature et établit entre elles des rapports qu'elle exprime en langage mathématique », alors que « la loi, dans les sciences humaines, a une vertu directive et régulatrice »[2]. D'évidence, l'interrogation sur les rapports entre science et histoire ne porte

---

[1] *L'esprit des lois*, I,1 (nous qui soulignons).
[2] Article « Loi », in Philippe Raynaud et Stéphane Rials, *Dictionnaire de philosophie politique* (dir.), Paris, PUF, 1996, rééditions 2003, p. 417.

pas sur la définition juridique[1], et c'est donc le sens premier qui doit ici être évoqué. Or, il n'est pas neutre, puisque la notion de science est aussi diverse que celle d'Histoire ou de loi. La définition de la loi en science est formée à partir des sciences exactes (ou « sciences de la nature », dans une très large vision de celle-ci). Si une loi est une proposition générale constatant une nécessité objective (tout phénomène a une cause), il n'en reste pas moins que cette vérification se produit par l'expérience, laquelle, par évidence, ressort surtout des sciences exactes (physique, biologie et chimie) dont l'objectif est de découvrir des relations stables entre des phénomènes observables et, dans la mesure du possible, d'exprimer ces relations au moyen de formules mathématiques telles que fonctions ou équations.

Ainsi entendue, la loi naturelle[2] est devenue quasiment synonyme de « loi scientifique », ce qui pose alors la question du rapport exact de l'Histoire, discipline humaine par excellence, à la science. L'Histoire est-elle guidée par des mécanismes systématiques dont la récurrence établirait la validité en tant que lois ? Ancienne, cette question a fait l'objet de multiples débats, qui semblent aujourd'hui tranchés dans un sens négatif (1). Partant, si l'on doit admettre – vision couramment admise – qu'il n'y a pas de lois de l'Histoire, peut-on alors considérer l'Histoire comme une science, peut-être en avançant qu'à défaut de lois *de* l'Histoire, il existe des lois *dans* l'Histoire (2) ?

1. Les lois de l'Histoire : un concept réfuté

L'idée qu'il y aurait en histoire des lois gouvernant l'évolution des sociétés humaines est très ancienne. Nombre d'auteurs (et pas des moindres) et de courants de pensée ont tenté d'en démontrer l'existence. Cette intuition se retrouve implicitement dans toutes les philosophies de l'histoire, mais passé ce point de départ commun, chacune présente sa vision de ces lois, perçues comme le ressort (appelé Liberté, Raison ou lutte des classes) selon lequel l'Histoire se meut. Or, cette analyse ne tient guère. D'une part, le caractère même d'une loi étant sa force irrésistible, cela supposerait donc l'existence d'un déterminisme, contre lequel l'homme n'aurait qu'une marge de manœuvre réduite ou inexistante. D'autre part, un examen plus poussé de

---

[1] Soit la prescription promulguée par l'autorité souveraine et dont la transgression est poursuivie (synonyme de loi positive).
[2] Egalement définie par Jean Ullmo comme « l'expression mathématique (ou orale, pour les plus simples d'entre elles, qui correspondent aux relations statiques) de la validité permanente escomptée d'une relation répétable constatée dans les phénomènes naturels » : *La pensée scientifique moderne*, Flammarion, 1958, chapitre 2, p. 54.

la nature même de l'Histoire montre que, par principe, celle-ci se prête mal à l'existence de lois.

1.1. Le déterminisme ne résiste pas à l'examen

Le concept de loi induit le déterminisme, dans la mesure où, si des lois gouvernent le comportement des hommes en société, celui-ci serait alors prédéfini, déterminé. Longtemps accréditée (notamment à travers une définition religieuse), la vision déterministe a cependant fini par être réfutée, notamment sous l'angle de son rapport à l'historicisme.

1.1.1. Le contenu du concept de déterminisme historique

En son sens premier, le déterminisme évoque la « soumission à une fatalité », sans aucun moyen de s'y soustraire. Or, certaines théories postulent au contraire la capacité de l'homme à modifier le cours des événements, ce qui n'est pas sans poser un problème ontologique. Pour Kant, par exemple, une loi fondamentale de l'histoire (soit une force de réalisation supérieure, à l'image de ce que pourrait être la Providence divine) réalise l'avènement de la liberté pour tous. N'y a-t-il pas contradiction entre cette force contraignante et la réalisation de la liberté ? De même, s'il y a des lois identifiables, serait-il alors possible de connaître le cours futur des événements, d'influer sur lui et changer la situation ? Mais seraient-ce alors des lois, puisqu'elles ne seraient pas immuables ? On le constate, l'idée de lois suppose qu'il existe des limites à ce qui relève de la seule volonté humaine. Marx montre ainsi que les hommes font l'histoire, mais cette dernière a aussi une force autonome de contrainte sur les actions possibles : le premier fait historique fut même selon lui, ainsi qu'il l'établit dans L'Idéologie allemande, la nécessité pour l'homme de construire ses moyens de production : c'est donc une loi de nature qui fonde l'histoire. Marx bâtit une explication matérialiste des faits historiques. Il s'inspire des leçons de Hegel, mais rejette sa philosophie de l'Histoire, car pour lui le principe de l'Histoire est l'économie ; son moteur est la lutte des classes ; son but est le communisme. L'Histoire est ainsi dominée par la grande loi du devenir : l'organisation économique n'est en fait qu'une lutte entre des forces antagonistes. Au fur et à mesure qu'elle change, changent aussi les superstructures qui étaient liées à l'ancien ordre des choses : la morale, la science, la religion, la politique subissent une évolution dont la direction même constitue le sens de l'Histoire.

On constate par ces quelques exemples que les courants de pensée qui postulent le déterminisme s'inscrivent dans une analyse historiciste. Par les tenants de la sociologie, la volonté de faire de l'Histoire une science déferle dans les canaux du positivisme[1], lequel à la fois entraîne le scientisme (soit une confiance en un avenir que les progrès scientifiques annoncent meilleur)[2] et nourrit l'historicisme[3]. Ce dernier désigne autant un courant de pensée qu'une période de l'historiographie allemande, florissante dans la seconde moitié du XIXe siècle, et qui voulait ériger l'Histoire au rang de science rigoureuse. Pour cette école, l'historien doit établir les faits tels qu'ils se sont produits et rejeter toute systématisation. C'est donc un déni de toute philosophie téléologiste de l'Histoire, pour appliquer à la méthode historique les concepts du positivisme. A l'inverse de l'universalisme de l'école classique, l'historicisme préfère l'étude au cas par cas, et affirme que les connaissances, les courants de pensée ou les valeurs d'une société sont liées à une situation historique contextuelle. Cela ne vaut que pour la méthode d'étude, car l'historicisme postule que l'histoire des sociétés, leur évolution et leur succession sont soumises à des lois. Celles-ci, dissimulées au commun des mortels, doivent être découvertes. Ce faisant, ce genre de théorie amène alors par voie de conséquence l'idée que rien ne saurait jamais résulter du hasard, ou d'un simple concours de circonstances. Ainsi que le résume F. Engels : « partout où le hasard semble jouer à la surface, il est toujours sous l'empire de lois internes cachées, et il ne s'agit que de les découvrir »[4]. La théorie du complot[5] a trouvé sa source la plus forte dans cette idée de lois imperceptibles régulant la société. K. Popper souligne ainsi que le psychologisme, dans une version extrême, peut mener à la thèse du complot : pour expliquer un phénomène social, on ignore les sciences sociales (qui veulent expliquer les ressorts cachés de la société) et on cherche ceux qui ont intérêt à ce que le phénomène se produise, en partant du principe que tout ce qui survient résulte forcément et directement des desseins d'individus ou groupes puissants.

---

[1] Qui réfute toute vision métaphysique et considère que seules l'analyse et la connaissance des faits réels vérifiés par l'expérience peuvent expliquer les phénomènes du monde sensible.
[2] Le scientisme est une théorie selon laquelle la science expérimentale est le seul mode de connaissance valable, ou, du moins, supérieur à toutes les autres formes d'interprétation du monde.
[3] Alain Boyer le définit comme « toute philosophie qui attribue à l'histoire un sens déterminé, providentiel ou catastrophique, circulaire ou linéaire, optimiste ou pessimiste », article « Historicisme », in Sylvie Mesure et Patrick Savidan, *Le dictionnaire des sciences humaines*, Paris, PUF, 2006, p. 569.
[4] « Ludwig Feuerbach et la fin de la philosophie classique allemande », in Marx, Engels, *Etudes philosophiques*, Paris, Editions sociales, 1974, p. 216.
[5] Et ce même si elle attribue la responsabilité des faits à l'action secrète d'hommes, groupes, organisations, et non à la fatalité ou une divinité. Si le responsable, l'auteur, le « coupable » diffèrent, le processus d'imputation à une cause occulte (réfutant donc l'idée de hasard pur) est identique.

En réalité, plusieurs sens sont donnés à l'historicisme, en fonction des objectifs qu'il s'assigne ou plutôt qu'on lui prête. Les conflits sur la définition du terme renvoient en fait à une vieille guerre de tranchées entre l'histoire et la sociologie, qui fit rage à la croisée des XIXe et XXe siècles. Comme le résume G. Busino, en défense de la supériorité de la sociologie, F. Simiand proclame « qu'il n'est guère possible d'expliquer scientifiquement le singulier, d'élever la connaissance historique à la dignité de science, sans au moins établir des lois conditionnelles. Il n'y a de connaissance que lorsqu'il y a des lois et il n'y a de lois que des phénomènes collectifs. Puisque l'unique, les accidents et les actions individuelles composent et délimitent le domaine de l'histoire, puisque celle-ci ne s'occupe pas de phénomènes collectifs, elle est un procédé de connaissance, c'est la connaissance indirecte atteinte par le biais des traces des phénomènes étudiés, c'est le résultat d'un raisonnement élaboré à partir de traces attestées par des documents »[1]. Le conflit opposa les historiens historisants attachés à l'aspect événementiel de l'Histoire, tel Seignobos, et les historiens sociologisants, tel Simiand, qui acceptent et même préconisent l'absorption de l'histoire dans la sociologie car ce qui les intéresse n'est pas la description de l'unique ou de l'accidentel, mais la recherche des lois de l'évolution humaine devenue l'objet d'un savoir rationnel[2]. Pourtant, cette querelle de préséance entre histoire et sociologie n'était pas exactement la volonté des fondateurs de la sociologie. Ainsi, Durkheim n'oppose pas histoire et sociologie : pour lui, « il y a, dans l'histoire, du général et du permanent qui peut être traduit en lois ; mais il y a aussi du variable, du contingent, qui est imprévisible. L'origine des contingences est l'individu dans toutes ses formes. Le domaine du nécessaire est le domaine de la sociologie »[3]. L'histoire est le moyen d'étude pour la sociologie, laquelle est « une sorte d'histoire entendue d'une certaine manière »[4]. Il en va de même pour

---

[1] Article « Histoire et sociologie », in Massimo Borlandi, Raymond Boudon, Mohamed Cherkaoui et Bernard Valade (dir.), *Dictionnaire de la pensée sociologique*, Paris, PUF, 2005, p. 319.
[2] C'est dans la seconde moitié du XIXe siècle que l'histoire a adopté la méthode critique, magnifiée par Charles Victor Langlois et Charles Seignobos à partir de l'histoire politique : succession des faits en un ordre chronologique, et un récit chronologique, avec relations simples de cause à conséquence. Cette vision déterministe a fait qualifier l'histoire positiviste d'histoire « événementielle », ou « historisante ». En effet, l'histoire positiviste a eu le mérite de partir des faits et de les étudier de façon critique (culte du fait), mais elle s'est limitée à cela. La méthode marxiste s'est ensuite développée, basée sur l'histoire des faits économiques et sociaux (sociologie, géographie, économie, etc. sont utilisées), Voir Robert Mandrou, article « Statut scientifique de l'Histoire », in *Encyclopedia Universalis*, p. 466 et s.
[3] *Journal sociologique*, Paris, PUF, 1969, p. 674-675.
[4] Cité par Giovanni Busino, art. cit., p. 319-320.

Comte et sa célèbre loi des trois états, marquée par un déterminisme rigoureux (analyse déjà opérée par Saint-Simon[1]) : l'Histoire est conçue comme le devenir de l'intelligence, et les progrès de l'esprit humain sont le moteur de cette histoire. La politique est issue de l'observation scientifique, qui pose des lois et décrit l'organisation nécessaire de la société : plutôt que de découvrir les (inaccessibles) causes, l'esprit s'attache à découvrir les lois effectives des phénomènes, puisque les lois sont les relations constantes entre les phénomènes observés. La société s'organise sur des bases scientifiques, mais cette société n'est pas le peuple, la nation ou l'Etat : Comte envisage l'Humanité, érigée au rang de Grand Etre ; d'où la sociologie, science de la société, et donc appelée à être la science englobant les autres sciences, dont l'Histoire. Le conflit conceptuel sur l'historicisme renvoie donc à la question de la subordination de l'histoire à la sociologie, ou au contraire de son autonomie et sa possibilité d'être alors une science à part entière (cherchant donc à découvrir des lois propres à l'Histoire). Mais de quelles lois parlons-nous ?

Pour les partisans de l'historicisme, estime Sylvie Mesure, « tout en différant des lois de la nature, certaines lois du monde historique et social permettraient la prédiction, par exemple la prédiction des révolutions : les lois naturelles sont immuables, et elles valent partout et toujours, tandis que les lois sociales n'exprimeraient que des régularités susceptibles de varier d'une période à l'autre, modifiables par l'action humaine et capables de faire émerger de la nouveauté »[2]. Arrive donc la nuance selon laquelle l'histoire comporte donc des lois, mais pas exactement de la même nature qu'en sciences exactes (mais la méthode des premières est tout de même considérée comme plus scientifique, et donc souhaitable). Or, certains penseurs reprochent justement à l'historicisme de ne pas assez faire la nuance entre ces deux domaines des sciences, et de les confondre. C'est notamment le cas du libéral Ludwig Von Mises[3], qui estime que, croyant pouvoir appliquer les méthodes des sciences naturelles à l'histoire, l'historiciste recherche les lois qui gouverneraient l'histoire, alors que la notion de loi du changement historique est contradictoire : l'histoire est une suite de phénomènes caractérisés par leur singularité. Les caractéristiques qu'un événement a en commun avec les autres ne sont pas historiques : dans des circonstances identiques, les hommes pourraient se conduire

---

[1] Saint-Simon distingue 12 périodes de l'histoire (*Mémoire sur la science de l'homme*). Il y évoque le système féodal (fondé sur la combinaison du pouvoir religieux et du pouvoir militaire, domination de la force) ; la phase métaphysique (domination du droit) ; le système industriel (domination de la science).
[2] Sylvie Mesure, art. « Historicisme », in *Dictionnaire de la pensée sociologique, op. cit.*, p. 324.
[3] *Théorie et histoire : une interprétation de l'évolution économique et sociale,* Yale University Press, 1957.

différemment. Il manque donc la force irrésistible qui entre dans la définition d'une loi. Ce n'est qu'un des aspects de la réfutation de l'historicisme.

1.1.2. La réfutation

Les limites de l'historicisme ont été soulignées par de nombreux auteurs. Par exemple, Raymond Aron expose le relativisme auquel mène logiquement l'historicisme[1], qui est tout autant combattu par Léo Strauss[2] et Karl Popper[3], mais Strauss se réfère à un sens ancien, différent de celui que Popper examine, et qui a fait de ce dernier le contempteur principal de cette doctrine. Popper définit l'historicisme comme la théorie « touchant toutes les sciences sociales » qui consiste à faire de la prédiction historique « le principal but » de ces disciplines, et qui justifie un tel objectif par l'affirmation qu'il existe des « lois » sous-tendant les développements historiques et que ces lois peuvent être découvertes[4]. Popper distingue deux variantes de l'historicisme, et cherche à dépasser l'analyse trop souvent simpliste et globalisante qui est faite de cette théorie. Abordant la question de la confusion entre sciences de la nature et sciences humaines, il distingue ainsi :

- l'historicisme anti-naturaliste (ou « historisme »), selon lequel les méthodes de la physique ne peuvent être appliquées aux sciences sociales, car le caractère historique des lois sociales rend inapplicables en sociologie les méthodes de la physique. S'y opposent entre autres l'absence de régularités permettant des généralisations à long terme, l'impossibilité d'appliquer la méthode expérimentale, l'interaction entre observateur et observé, ou l'inadéquation des méthodes quantitatives ;

- l'historicisme pro-naturaliste (historicisme proprement dit), basé sur la croyance en l'existence de lois de l'histoire dont la portée serait universelle. Dès lors, les méthodes de la physique peuvent et doivent être utilisées en sciences sociales, puisqu'il y a un point commun entre la physique et la sociologie : la prédiction à l'aide de lois, et la vérification des lois par l'observation. D'après ce courant de pensée, la sociologie, comme la physique, est une branche de la connaissance qui tend, tout à la fois, à être théorique et empirique. Popper accepte cette dernière thèse, mais pas la façon dont les historicistes l'interprètent. Pour Sylvie Mesure, Popper montre que l'historicisme consisterait à soutenir que « s'il ne peut y avoir de régularités sociales se maintenant au-delà d'une période particulière, rien

---

[1] *La Philosophie critique de l'histoire,* 1938.
[2] *Droit naturel et histoire,* 1953, Paris, Plon, 1954.
[3] *Misère de l'historicisme,* 1944, Paris, Plon, 1956.
[4] Sylvie Mesure, art. « Historicisme », in *Dictionnaire de la pensée sociologique, op. cit.*, p. 324.

n'interdit de penser que les lois reliant les différentes périodes elles-mêmes constituent des « lois universellement valables de la société », autorisant ainsi des prévisions sur une grande échelle »[1]. Le terme de prédictions pourrait surprendre, dans une critique, justement, de l'historicisme. Or, il convient de distinguer deux types de prédictions : celle relevant du genre « prophéties » (concernant un événement à venir), et celle ressortant du genre technologique (indiquant les mesures à prendre pour obtenir tel ou tel effet). Les historicistes ne retiennent que le premier type et rejettent l'idée d'une science sociale technologique (basée sur la prédiction technologique). C'est ce que reproche Popper, pour qui cette analyse mène à un fatalisme : la société ne peut évoluer qu'en suivant une direction invariable, et en passant par des étapes déterminées à l'avance. Ce genre d'idée est à la base du développementalisme, courant de pensée qui a eu son heure de gloire entre la fin du XIXe siècle et les années soixante du XXe siècle.

En effet, l'idée de loi en histoire peut être rapprochée des présupposés de l'école développementaliste : de la même façon que certains auteurs estimaient que l'Histoire suivait un cheminement déterminé par des lois immuables, des observateurs des sociétés dites « primitives » ou « du Tiers monde » avançaient qu'il n'existait qu'une voie de développement, sur laquelle chaque société cheminait à son rythme propre. Cette vision d'un unique chemin sur lequel les peuples n'étaient pas identiquement avancés relevait d'un déterminisme qui supposait également l'existence de lois du développement : le même processus (consistant en la révolution néolithique, l'écriture et l'alphabet, le développement d'un Etat bureaucratique – théorisé par Max Weber – et la révolution industrielle) devait concerner toutes les sociétés. Celles qui ne l'avaient pas connu étaient dites « sans Histoire ».

De plus, l'historicisme antinaturaliste, dans une attitude totaliste, s'intéresse à la transformation de la société globale (et se trouve ainsi associé à l'utopisme). Popper critique ce totalisme, dans la mesure où il lui semble impossible de contrôler toutes les relations sociales, puisque tout nouveau contrôle introduit de nouvelles relations, produisant un mouvement infini. De même, Popper récuse l'argument historiciste (anti-naturaliste) sur les limites de la généralisation : les difficultés rencontrées dans les sciences sociales existent aussi dans les sciences physiques, et n'empêchent pas les sciences sociales de découvrir des lois véritablement universelles. Contre l'historicisme pro-naturaliste, Popper attaque la croyance selon laquelle « la tâche des sciences sociales est de dévoiler la loi d'évolution de la société ». Pour lui, il n'y a pas de mouvement de la société au sens où on parle de mouvement en physique, et donc il ne peut y avoir de lois de mouvement : la science est imprévisible, et elle change le monde historique via la technique. Il y a interaction entre nos connaissances et les événements : on ne peut donc

---

[1] Art. cit., p. 324.

pas prédire les aspects de l'Histoire humaine qui seront influencés par les progrès de nos connaissances (que nous ne pouvons encore connaître). En effet, la science ne pourrait prévoir l'avenir que si celui-ci est prédéterminé (contenu en quelque sorte dans le passé) : cela reviendrait à souscrire au déterminisme qu'envisageait le physicien Pierre Simon de Laplace évoquant le « démon » (qui peut connaître, à un moment donné, tous les paramètres de toutes les particules de l'univers et pourrait alors en induire l'état futur), et les « lois inexorables de la nature et de l'histoire » (selon cela, tous les phénomènes seraient prédéterminés). Pour Popper, affirmer cela revient à confondre la prédiction historique et la prévision scientifique (comme en physique et astronomie). Bref, ce monde est imprévisible à terme : l'avenir est ouvert, l'Histoire n'est pas écrite, et il n'y a pas de lois de l'histoire. Il peut y avoir, au mieux, des tendances générales (non synonymes de lois), et qui ne peuvent fonder la moindre prédiction. Cette prise de position rejoint ce qu'écrit Charles Higounet[1] quant aux rapports entre géographie et histoire : il rejette le « déterminisme simpliste de Jean Bodin, de Montesquieu et plus récemment du géographe allemand Friedrich Ratzel, selon lequel « le milieu fait l'homme » ». Or, cela ne résiste pas à l'analyse historique : l'homme s'adapte, résiste, modifie son environnement, agit sur lui et tente de se libérer des contraintes de la nature.

La dernière idée émise par Popper est intéressante, en ce qu'il y aurait donc en Histoire des tendances générales, mais pas des lois universelles. On retrouve, à peu de choses près, l'analyse nietzschéenne de l'éternel retour[2]. Certes, « toutes les choses reviennent éternellement, et nous-mêmes avec elles. Tout s'en va, tout revient ; éternellement roule la roue de l'être. Tout meurt et tout refleurit, éternellement se déroule l'année de l'être », mais cela ne suffit pas à parler d'une loi, au sens où elle serait systématique et permanente, immuable. Le cycle n'est pas totalement la répétition à l'identique : il y a évolution (le caractère immuable est donc absent). Pour Nietzsche, il y a cycle, mais il s'agit du retour de choses semblables : ce n'est pas l'éternel retour du *même*, mais l'éternel retour de choses *semblables*. Dès lors, il faut écarter l'idée que le monde poursuit une fin transcendante… et l'un des critères de la « loi » est absent.

Cette remise en cause de l'historicisme nous fait donc écarter l'idée d'une soumission à un fatalisme, et il faut donc considérer le déterminisme, dans cette question, comme signifiant plutôt « il y a des causes » que « il y a des lois ». L'intérêt de cette nuance est que, si les faits ont une cause, ce déterminisme permet alors de continuer à aborder la question des lois en histoire, et ne pas en écarter totalement l'hypothèse. Est-ce cependant

---

[1] Article « L'Histoire géographique », in *Encyclopedia Universalis, op. cit.*, p. 476.
[2] *Ainsi parlait Zarathoustra* (partie III, « Le convalescent »).

suffisant pour faire de l'Histoire une science ? C'est donc, *in fine*, la nature même de l'Histoire en tant qu'objet d'étude qui doit être abordée.

1.2. L'Histoire, une discipline irréductible à l'idée même de loi

Au-delà d'un argument premier (pour ne pas dire primitif) selon lequel l'Histoire est l'étude de faits, alors que la science est l'étude des lois qui régissent les faits – opposition par trop réductrice – les éléments avancés pour contester l'existence de lois en histoire sont multiples, et ne manquent pas de logique. Ils tiennent à la nature même du matériau historique, à commencer par le rapport du singulier au général.

Etablir la présence de lois suppose de repérer des constantes générales de causalité ou de cycle derrière des événements a priori dissemblables. Or, en histoire, l'inverse règne : les événements sont si singuliers qu'aucune loi ne peut les assimiler. La démarche de l'historien est de rendre compte d'une période donnée, de la vie et des actions d'un personnage historique : à chaque fois, c'est la singularité de l'objet étudié qu'il s'agit de restituer, même pour deux événements ou deux époques ayant a priori des ressemblances. La raison en est que dans toute suite d'actions imputables à l'homme, intervient le moment d'un choix entre au moins deux possibilités : faire, ou ne pas faire. A conditions égales, les faits scientifiques seront semblables entre eux, alors que les faits historiques peuvent diverger, et le font généralement, même légèrement. Les mêmes causes n'entrainent pas forcément les mêmes effets.

Cette différence majeure introduit donc le problème de l'imprévisibilité de l'événement. Alors qu'une loi scientifique permet d'établir des prévisions (par exemple, les lois de Kepler permettent de calculer la trajectoire et la position des planètes par rapport au Soleil, sur la totalité de leur cycle), dans l'histoire humaine les événements qui se produisent n'ont rien de prévisible à l'avance, car ils ne dépendent pas d'une causalité nécessaire. Toute notion de « signes avant-coureurs » (décelée évidemment *a posteriori*) est sujette à caution, ainsi que Bergson l'a dénoncé dans La Pensée et le Mouvant. De ce fait, l'existence de lois en Histoire serait la négation même de l'Histoire, devenant une simple répétition cyclique sans imprévu ni innovation. Or, l'imprévisibilité tient à la contingence des faits étudiés, ainsi que l'énonce Maurice Merleau-Ponty. Opposé à l'idée d'une téléologie dans l'Histoire, il avance la notion de contingence (autour du marxisme, in *Sens et non-sens*), qui se déploie à deux niveaux. Le premier tient du fait que l'homme est l'acteur principal de l'Histoire, et l'histoire ne se répète pas, ainsi que Hegel ou Marx l'ont reconnu[1]. Paul Ricœur précise aussi que, par définition, l'événement est « ce qui n'arrive qu'une fois »[2]. Le second niveau de contingence résulte de ce que l'homme est aussi observateur de l'Histoire. L'explication historique a besoin de faire référence à des jugements, des évaluations, qui peuvent différer d'une période à une autre, et d'un observateur à un autre : un fait similaire n'aura donc pas toujours le même effet, parce qu'il ne sera pas toujours jugé de la même manière. C'est pourquoi plusieurs historiens rejettent le modèle Hempel de l'explication historique fondée sur la méthode déductive et optent pour le modèle Dray axé sur la narration et la compréhension des actions et des intentions humaines, jugées rationnelles. Dès lors, une telle rationalité peut-elle amener à réviser le jugement sur l'Histoire, et la ranger parmi les sciences ?

2. L'Histoire, une science dotée de lois

La problématique question du rapport de l'Histoire à la science pose la question du sens de l'Histoire, dans la mesure où l'interrogation sur l'existence de lois de l'Histoire amène une réflexion morale sur la nature de l'être humain. En effet, l'existence de lois de l'Histoire s'inscrirait dans le principe d'un sens de l'Histoire, entendu comme une logique, où une raison guide le cheminement, ce qui induit l'idée d'un progrès de l'Homme, une capacité à s'amender et progresser. Pourrait-il alors y avoir un sens de l'Histoire même en l'absence de lois de l'Histoire ? Et l'idée d'un sens ne permettrait-elle pas également d'établir que l'Histoire, même dépourvue de lois, n'est peut-être pas une suite de hasards pour autant ?

2.1. L'Histoire est-elle une science ?

La question est disputée. Partant de l'absence de lois (*supra*), le refus de toute scientificité à l'Histoire est somme toute logique. Néanmoins, cette conclusion n'a pas fait l'unanimité, puisque la définition même de la science

---

[1] Hegel estime que chaque situation, à chaque époque (et comme elle) est particulière, et qu'il n'y a donc pas de répétition à l'identique, au fil des temps : *La raison dans l'histoire, introduction à la philosophie de l'histoire*, Paris, 10/18 et Plon, 1905, trad. K. Papaloannou, p. 36 et s. Commentant Hegel avec ironie, Marx écrit que les événements se produisent toujours deux fois, mais « *la première fois comme tragédie, la deuxième comme farce* », ce qui induit donc une absence d'identité absolue, *Le 18 Brumaire de Louis Bonaparte*, 1852, Paris, Editions sociales, « Classiques du marxisme », 1969, p. 15.
[2] *Temps et récit*, Paris, Seuil, 1983, t. 1, p. 139.

n'est pas reconnue comme univoque. En France, l'appellation de « sciences humaines », à l'origine, avait été réservée à la sociologie et la psychologie. Peut-elle être étendue à l'Histoire, modifiant alors les conditions d'examen de notre problématique ?

2.1.1. *Le refus d'une science historique*

Le déni de scientificité de l'Histoire s'appuie sur plusieurs points, à commencer par le problème de l'unicité des faits, déjà entrevu *supra* au sujet des lois de l'Histoire. Karl Jaspers écrit que, « pour être historique, il faut que le phénomène particulier soit unique, irremplaçable, non réitéré ». Or, selon la célèbre maxime d'Aristote « il n'y a de science que du général »[1], ce qui amène Cournot à refuser de considérer qu'histoire et science puissent être assemblées, tant leurs objets d'étude diffèrent. L'action collective humaine produit des effets radicalement contingents, non seulement à cause de la liberté, mais aussi de la complexité des conséquences et croisements de chaque événement[2]. La postérité d'une telle analyse fut longue. Se basant sur ce constat, et comme le retrace Robert Mandrou[3], la sociologie et la psychologie sociale ont, un temps, mis en question l'histoire en tant que science. La modélisation opérée par les sociologues inclut le temps comme paramètre, et le structuralisme de Lévi-Strauss et de Foucault a vu l'histoire comme une « lecture de l'accidentel ». S'il y a un modèle universel, l'histoire est alors le récit de la spécificité accidentelle de chaque peuple ou société. Le récit du hasard, finalement. Il résulte du rapprochement de ces théories qu'il faudrait donc logiquement exclure l'histoire de la catégorie des sciences, puisqu'elle traite de faits singuliers. C'est aussi la position de Schopenhauer, selon lequel « l'histoire est une connaissance, sans être une science, car nulle part elle ne connaît le particulier par le moyen de l'universel, mais elle doit saisir immédiatement le fait individuel, et, pour ainsi dire, elle est condamnée à ramper sur le terrain de l'expérience »[4]. Cependant, cette critique repose sur le présupposé que le modèle de la scientificité est fourni par les sciences de la nature, en particulier la physique, selon lesquelles un énoncé scientifique doit être vérifiable expérimentalement, décrire des mécanismes causaux exprimés sous forme de lois, permettre la prévision de l'occurrence d'un phénomène dans un contexte spécifique.

---

[1] *Seconds Analytiques*, Livre 1, 31, Paris, Vrin, 1979, p. 146-148.
[2] *Essai sur les fondements de nos connaissances et sur les caractères de la critique philosophique*, 1851.
[3] « Statut scientifique de l'Histoire », art. cit., p. 470 et s.
[4] *Le Monde comme volonté et comme représentation*, trad. A. Burdeau, Paris, P.U.F., 1966, p. 1179-1180.

Plus gênant est le problème de la subjectivité du chercheur, que Max Weber a voulu dépasser en créant les idéaux-types. Une science est basée sur une connaissance objective, et donc sur un rejet de la subjectivité, ou au moins sur le souci de la contrôler. Pour pouvoir soutenir que l'histoire est une science, il faudrait établir son objectivité. Or, si l'Histoire est la science du passé humain, elle comprend aussi une intervention subjective, du fait du présent qu'y mêle l'historien. Et cette inéluctable subjectivité met en cause la prétention même de l'Histoire à la scientificité. En effet, le récit du passé que donne l'historien doit s'en tenir aux faits « tels qu'ils sont », autrement dit, l'historien se doit d'être absolument neutre et s'effacer derrière les faits. Ainsi, dit Fénelon « le bon historien n'est d'aucun temps ni d'aucun pays »[1]. C'est aussi le "vœu de chasteté" que faisait Fustel de Coulanges, précurseur de la pratique historique moderne, et dont la méthode se résume en trois points : « étudier directement et uniquement les textes dans le plus minutieux détail, ne croire que ce qu'ils démontrent, écarter résolument de l'histoire du passé les idées modernes qu'une fausse méthode y a apportées »[2]. Or, cette neutralité est impossible, et un tel historien n'existe pas. Comme tout observateur, l'historien est inévitablement le produit d'un contexte social (incluant une culture, une éducation) et d'une époque dont l'influence se retrouvera dans la façon dont il analysera les faits historiques. Certes, depuis Thucydide, les historiens tentent d'atteindre la plus grande objectivité et rigueur en se fondant sur des preuves et pas seulement sur des récits. Ainsi, les positivistes Langlois et Seignobos ont fait progresser leur discipline en soumettant les documents à la critique sur leur authenticité, puis sur leur interprétation. Cependant, si l'historien effectue un traitement scientifique des documents, sa présentation est ensuite fondée sur une interprétation (subjective), qui ôte le caractère de science à son récit. C'est ce que Hegel avait remarqué en distinguant l'histoire originale (immédiate, donc sans recul et induisant donc la subjectivité de l'historien qui la décrit) de l'histoire réfléchissante ou l'histoire philosophique.

Plus, le rôle de l'historien est de comprendre et expliquer les actions d'autres hommes : cette subjectivité est non seulement inévitable, mais nécessaire pour l'aider à saisir dans le temps la vie de nos prédécesseurs. C'est parce qu'il est humain (avec ce que cela comporte d'aléas subjectifs) qu'il peut comprendre et retracer la vie et l'œuvre d'êtres humains précédents.

---

[1] Projet d'un Traité sur l'histoire, 1714.
[2] "Nous voudrions voir planer l'histoire dans cette région sereine où il n'y a ni passions ni rancunes ni désirs de vengeance. Nous lui demandons ce charme d'impartialité parfaite qui est la chasteté de l'histoire", Préface de La Monarchie franque, in Histoire des institutions politiques de l'ancienne France, Paris, Hachette, 1888.

Même en admettant ce principe, il n'en reste pas moins que l'idée de raconter les faits « tels qu'ils sont », les faits « bruts », est contestable. L'historien en effet n'est jamais en présence des faits : ceux dont il s'occupe appartiennent au passé et il ne peut y accéder que par des traces, qu'elles soient matérielles (vestiges, monuments, outils, objets usuels, etc.) ou écrites (archives, documents administratifs et politiques, registres, lettres, journaux, mémoires, etc.). Ces témoignages sont à la fois partiels (souvent incomplets et lacunaires) et provenant d'acteurs (du passé) eux-mêmes subjectifs. Le problème est tel que, même en admettant que l'historien puisse être contemporain des faits (et on n'entrera pas ici dans une autre controverse, celle du rapport entre historien et journaliste), il ne pourrait pas avoir un accès direct aux faits bruts et objectifs « tels qu'ils sont », car le rapport d'un événement contemporain est lui aussi l'expression d'un point de vue. Autrement dit, on n'a jamais accès à un « fait brut ». Enfin, puisque les historiens visent à établir une vérité en distinguant le vrai du faux, cela implique qu'ils se doivent d'éliminer ce qui, dans les témoignages, est de l'ordre de l'imaginaire, mais aussi de l'ordre du mensonge. Pour cela, les historiens se livrent à un travail critique de tri, d'examen des traces du passé. Une telle sélection, inévitablement, est sujette à caution, et suspecte de subjectivité. Le choix de l'axe méthodologique est donc loin de faire consensus. Bref, que ce soit sur le fond ou sur la forme, il n'est point dans l'Histoire de cette objectivité qui semble pourtant le propre de la science.

Cependant, la moindre des ruses de l'Histoire ne serait pas de se limiter aux apparences et aux conclusions trop rapides. La logique comporte plusieurs niveaux de lecture, et il n'est pas certain que la conclusion première sur la scientificité de l'Histoire soit la seule, voire la « vraie ».

2.1.2. L'Histoire est une science

Reprenant les arguments examinés *supra*, d'autres courants de pensée affirment que l'histoire est bien une science, en ce qu'elle obéit au principe d'un déterminisme redéfini (rien n'arrive sans cause(s)), et qu'elle peut être objective. Cette dernière affirmation mérite qu'on s'y attarde, d'abord quant à son principe, ensuite en ce qui concerne la méthodologie utilisée par cette discipline.

L'argument-massue de la subjectivité a notamment été revisité par Paul Veyne[1]. Pour en balayer le reproche, il estime que c'est justement la subjectivité de l'historien qui fait l'événement. Il n'y a pas d'événement en soi, et tout peut être considéré comme historique : « Les événements ne sont pas des choses, des objets consistants, des substances ; ils sont un découpage

---
[1] Paul Veyne, *Comment on écrit l'histoire,* Points Histoire, Seuil, 1971, p. 57- 98.

que nous opérons librement dans la réalité, un agrégat de processus où agissent et pâtissent des substances en interaction, hommes et choses. Les événements n'ont pas d'unité naturelle ; on ne peut, comme le bon cuisinier du Phèdre, les découper selon leurs articulations véritables, car ils n'en ont pas ». Si l'événement historique n'existe pas tel quel en dehors de nous, c'est qu'il dépend d'une certaine *intrigue*, d'un certain itinéraire par lequel il prend sens[1]. Dès lors, puisque rien n'est en soi historique, tout est alors historique : tout ce qui est survenu est digne de l'histoire, et le « non évènementiel » n'est que « l'historicité dont nous n'avons pas conscience comme telle ».

Le constat est identique pour les contempteurs et les défenseurs de la scientificité de l'Histoire : celle-ci est foncièrement subjective. Mais là où les premiers y voient l'argument majeur de refus de la scientificité, Veyne et quelques autres y voient le critère établissant une science particulière. Spécifique, certes, mais science à part entière… à condition donc de ne pas s'en tenir à une définition de la science uniquement fondée sur les sciences de la nature.

Veyne explique parfaitement cela quand il estime que deux possibilités s'offrent à l'historien : soit les documents lui permettent de conclure directement à la cause d'un certain fait, soit ils ne lui indiquent rien. Dans ce dernier cas, l'historien doit formuler une hypothèse explicative, ce qui suppose de mettre à distance ses propres façons de penser, sa subjectivité, ses réactions spontanées ; mais surtout de fournir un effort de subjectivité, c'est-à-dire qu'il doit essayer de ressaisir les motivations des acteurs du passé, et pour cela sympathiser avec eux au sens (étymologique) « de sentir avec eux ». Ce qui justifie cet effort est un postulat fondamental : il est toujours possible (au moins en droit) à l'historien de comprendre les motifs des actions humaines, même de celles qui ont eu lieu en des temps et des lieux très reculés. L'historien Collingwood va jusqu'à considérer que cet effort de compréhension est la tâche *essentielle* de l'historien[2]. Cet effort subjectif n'est pas nécessairement dénué de rigueur méthodologique : l'historien propose des hypothèses explicatives qui doivent se montrer cohérentes avec ce que l'on sait par ailleurs de la période étudiée. C'est d'ailleurs sur cette cohérence qu'insistent Lucien Febvre et Marc Bloch, cofondateurs en 1929 des Annales d'histoire économique et sociale. Contre une conception de l'histoire jugée superficielle et sclérosée, centrée sur les "grands hommes" et les événements ponctuels, les historiens de l'école des Annales sont partisans d'une histoire globale, fondée sur l'étude approfondie des phénomènes sociaux, économiques et culturels. C'est ce qui amène

---

[1] Il s'oppose donc à l'idée qu'en dehors de nous, il existe des événements, un itinéraire historique réel, et que l'historien qui fait bien son travail doit retranscrire avec objectivité (thèse de Hegel).
[2] R.G. Collingwood, *The idea of History*, 1946.

Fernand Braudel à distinguer les trois temps de l'histoire : un temps géographique (longue durée), un temps social (moyenne durée) et un temps individuel (courte durée). L'explication historique consiste alors non pas à spéculer sur les motivations des agents, mais à montrer comment l'intégration de ces trois temps rend intelligible une situation historique par l'interaction d'éléments de conjoncture (cours et moyen termes) et de structure (long terme) sur les plans économique, social et culturel. Aussi l'école des Annales insiste-t-elle particulièrement sur l'hypothèse théorique autour de laquelle s'organise la synthèse explicative : « L'historien ne fouille pas le passé "comme un chiffonnier en quête de trouvailles", mais part avec en tête une hypothèse de travail à vérifier. [...] Le fait en soi, cet atome prétendu de l'histoire, où le prendrait-on? L'assassinat d'Henri IV par Ravaillac, un fait ? Qu'on veuille l'analyser, le décomposer en ses éléments [...] : comme bien vite on verra se diviser, se décomposer, se dissocier un complexe enchevêtré... Du donné ? Mais non [...] de l'inventé et du fabriqué, à l'aide d'hypothèses et de conjectures, par un travail délicat et passionnant »[1]. De tout ceci, l'historien conclut que l'histoire comme discipline a manifestement un caractère scientifique et objectif : elle procède avec méthode, et vise à établir une vérité. L'intervention de la subjectivité de l'historien ne remet pas en cause cela, tant qu'elle est contrôlée et s'appuie sur une méthode. Elle est même l'unique moyen d'atteindre cette vérité.

On voit donc établi le rapport évident entre la question de la subjectivité et la méthodologie historique. L'historien ne dit pas ce qu'il veut à propos du passé : en ce sens, l'histoire comme les autres sciences se place résolument dans le champ de la rationalité. Elle cherche les preuves et vise la vérité. Pour Veyne, le champ d'étude est objectif, ainsi que toutes ces intrigues. Ce champ évènementiel est vrai au sens où il existe : il est objectif. Ce qui n'est pas objectif c'est l'itinéraire - encore est-il une réelle possibilité qui s'impose à l'historien, dont le travail repose sur une méthode scientifique rigoureuse : il part d'un problème ou d'une question, énonce une hypothèse et construit une théorie qu'il cherchera à vérifier par l'étude critique des documents. L'interprétation historique fondée sur l'établissement des faits à partir des sources pourra toujours être réfutée ou confirmée par d'autres historiens. Le savoir historique est donc un ensemble de connaissances vérifiées et vérifiables en perpétuelle évolution. En est-il autrement dans les autres sciences ?

Ne se contentant pas de défendre la scientificité de l'Histoire sur le terrain (balisé par les sciences exactes) des sciences humaines cherchant une légitimité, Veyne porte l'attaque sur le domaine même des sciences exactes, en ce qu'elles ont jeté leur autorité sur la définition globale des sciences. Il

---

[1] Lucien Febvre, « Examen de conscience d'une histoire et d'un historien », *in* Combats pour l'Histoire, Paris, 1952, Armand Colin, 1992, p. 19.

revient sur la comparaison entre les sciences de la nature et l'histoire, et conteste la grille d'analyse qui avait fait écarter la scientificité de l'Histoire. Pour ce faire, il estime que l'opposition entre les faits historiques (vus comme uniques) et les faits physiques (réguliers et révélant des lois) est factice : la façon dont les faits physiques se déroulent n'est pas moins unique dans l'espace et le temps[1]. Il récuse toute opposition trop simpliste entre histoire humaine et histoire de la nature : l'histoire de la nature aussi porte sur le spécifique (étude de telle partie du monde à telle époque, etc.). Le concept de réfutabilité, dans les sciences de la nature, a servi l'accès de l'Histoire au rang de science : cela nuance la croyance en l'existence de lois universelles, qui distinguait les sciences de l'homme et celles de la nature. Par exemple, la gravitation universelle (théorisée par Newton) est remplacée par la relativité générale, mais reste considérée comme « approximation suffisante » (et donc utilisée). A ce sujet, Popper a également démontré l'unité de méthode des sciences théoriques de la nature et de la société : « les méthodes utilisées par ces sciences se réduisent toujours à l'explication causale déductive, à la prédiction et à la vérification »[2]. Or, ces trois processus méthodologiques ont une même structure logique ; la méthode de vérification repose sur une sélection (élimination des hypothèses ne résistant pas aux épreuves, mais la confirmation n'est jamais une preuve positive définitive), et la formulation d'une hypothèse est une question personnelle, et non scientifique : seule la vérification est du domaine scientifique. Tout cela vaut aussi bien pour les sciences sociales que pour les sciences naturelles. Cette thèse de l'unité de méthode des sciences peut donc aussi être étendue (avec quelques réserves) au domaine des sciences historiques, puisque l'histoire utilise la même méthode d'explication que les sciences théoriques. La seule nuance, selon Popper, est que les sciences théoriques « se préoccupent principalement de découvrir et de vérifier des lois universelles » alors que « les sciences historiques admettent tous les types de lois universelles et se préoccupent exclusivement de découvrir et de vérifier des affirmations singulières »[3]. Enfin, l'histoire est sélective : le point de vue choisi pour opérer la sélection des matériaux peut être exprimé sous forme d'hypothèses vérifiables, mais le plus souvent, ce n'est pas le cas : on a alors affaire à une « interprétation historique »… et l'erreur des historicistes est de traiter ces interprétations comme des théories, et prendre pour des confirmations ce qui n'est qu'interprétation, et qui n'a jamais prétendu à être autre chose.

Rejetant l'assimilation de la « science » à la science physique, ces analyses rappellent que la science est plurielle, et que les modèles

---

[1] Article « Histoire », *Encyclopedia Universalis*, corpus 11, p. 464.
[2] *Op. cit.*, p. 129 et s.
[3] *Op. cit.*, p. 141.

d'explication scientifique varient d'une science à l'autre. Pour Veyne, toute science ayant une dimension sociale (à son origine, et dont elle se dégage ensuite), l'histoire a droit au titre de science, comme la chimie ou l'astronomie. Il réintroduit également le récit, position ensuite adoptée par Michel de Certeau[1] et l'historien britannique Lawrence Stone[2]. La biographie, la chronologie (notamment avec l'étude de l'événement), l'histoire politique (très délaissée par l'école des *Annales*, qui la voyait comme subjectiviste, anecdotique, événementielle, individualiste) sont également réhabilitées. Preuve de l'enracinement du caractère scientifique de l'histoire, son rapport à la science évolue et se redéfinit mais n'est pas remis en cause.

Le retour de l'histoire politique (fondée sur le postulat que les choix politiques ne sont pas uniquement le résultat des rapports économiques) est donc une rupture avec le déterminisme socio-économique issu du marxisme, et donc un rejet de la théorie des lois de l'histoire : l'histoire peut garder un caractère scientifique, malgré sa dissociation avec la théorie principale des lois en la matière. Ce retour de l'histoire politique tient aussi au développement de la science politique, vue comme champ d'étude du « lieu de gestion de la société totale », qui fonde l'histoire politique comme histoire totale, ainsi que René Rémond l'a expliqué et revendiqué dans *Pour une histoire politique* (1988).

L'histoire est donc une science, mais une science d'un autre type que les sciences naturelles. Sa spécificité vient du fait qu'elle étudie les hommes dans le temps, qu'elle est une science du particulier et du général, de l'individu et du collectif et qu'elle échappe nécessairement au déterminisme, à l'observation directe et au raisonnement expérimental. L'objet humain implique des différences entre l'histoire de l'homme et l'histoire de la nature, mais pas de différences de méthode ; et si l'historien a depuis longtemps renoncé à chercher des lois de l'Histoire, il recherche toujours des régularités, des mécanismes. L'idée que les faits historiques soient uniques, singuliers et que toute explication historique doive se référer à un contexte spatio-temporel précis n'empêche aucunement la généralisation et n'invalide donc pas la conception scientifique de l'histoire. Si tous les faits sont uniques et ne se produisent qu'une fois, l'historien peut tout de même déceler des similitudes entre ces faits, et en tirer une intelligibilité supérieure. En réalité, chaque fait historique a sa part de contingence et sa part de régularité. L'historien est parfaitement en mesure de dépasser l'événementiel pour saisir

---

[1] *L'écriture de l'histoire*, 1975.
[2] « Retour au récit ou réflexions sur une nouvelle vieille histoire », in *Le Débat*, 1980, cité par François Dosse, article « Histoire », in Sylvie Mesure et Patrick Savidan, *Le dictionnaire des sciences humaines*, *op. cit.*, p. 542.

le régulier et les structures sociales. L'Histoire n'est donc pas une pure suite de hasards.

2.2. L'Histoire n'est pas une pure suite de hasards

Puisque l'histoire existe bien comme science, il y a donc une suite ordonnée de faits susceptible d'être expliquée. Le hasard lui-même répond à des lois statistiques. Là où en apparence ne règnent que hasard et liberté, ne peut-on pas alors trouver des lois dans l'Histoire, au sens où Althusser évoquait les « noyaux de scientificité » de l'histoire ? L'évocation de l'historicisme a dévoilé le danger de la réfutation absolue de l'idée de lois de l'histoire : faire concevoir l'histoire comme une suite de désordres, de ruptures radicales entre les époques, une suite de particularismes sans liens entre eux d'une époque à l'autre, et donc n'amenant aucune vérité. Soit, au final, le triomphe absolu du relativisme, du scepticisme, du contingent. Cette question n'a été résolue qu'en partie par le fait que l'histoire soit une science d'un genre particulier. Subsiste l'interrogation quant à un sens de l'histoire. Elle est plus que controversée, mais l'intérêt réside ici en ce que la réponse permet de poser à nouveau mais différemment la question du rapport de l'Histoire aux lois.

2.2.1. L'Histoire a-t-elle un sens ?

L'Histoire ne se réduit pas à une série d'événements accidentels et rationnellement inexplicables. Nous avons vu *supra* que certains posaient la question de la fin de l'Histoire (autant comme but que comme terme). Dès lors, quel contenu donner à cette fin de l'histoire ? Pour Popper, il n'y a pas de sens à l'Histoire. D'une part, l'Histoire n'existe pas, au sens habituel donné à ce mot. En effet, on confond l'histoire du pouvoir avec celle de l'Humanité (qui devrait être celle de tous les hommes), or une telle histoire est impossible à faire. D'autre part, l'histoire, pas plus que la nature, ne peut nous imposer ce que nous devons faire : il n'y a pas de lois naturelles nous prescrivant nos actions, et les lois humaines, juridiques ou morales, sont du domaine de la convention. Une telle réflexion n'est pas anodine car l'affirmation du caractère inéluctable de la marche de l'Histoire ne pourrait-elle pas être invoquée pour justifier les pires atrocités sous prétexte qu'elles iraient "dans le sens de l'histoire" ? Quand Karl Popper attaque l'historicisme (*supra*), il vise en réalité toutes les idéologies qui prétendent connaître le sens secret de l'Histoire et en former une science. Il s'agit au premier chef du fascisme et du marxisme (héritier en cela de l'hégélianisme), qui brandissent la « nécessité historique » (comme d'autres, hier, la Providence) et « l'inévitable » comme justification de leurs actes. C'est le propre des régimes totalitaires au XXe siècle que d'avoir voulu réaliser les lois de l'Histoire et faire advenir plus vite et plus fortement ce vers quoi l'Histoire humaine était censée tendre : Hitler s'est considéré comme l'exécuteur d'une loi implacable de sélection des races ; Staline a voulu amener plus vite la société sans classe et l'industrialisation massive. Ces idéologies appliquées constituent alors la négation de ce qui fait le propre de l'histoire humaine : une combinaison imprévisible de hasard et de liberté.

Le problème du sens de l'Histoire, ou plus généralement d'une philosophie de l'Histoire, est le rapport au temps. Comment pouvoir examiner l'Homme dans son passé, alors que nous sommes nous-mêmes situés dans un présent dont nous ne pouvons comprendre le sens qu'en connaissant ce passé, mais aussi en nous projetant dans le futur ? Une philosophie de l'Histoire peine à être envisageable, qui prétendrait donner le sens définitif et certain, du devenir historique, en le déduisant d'un principe nécessaire. Le présent ne pourra être réellement compris que lorsqu'il sera devenu le passé. Cela revient à dire que, pour être compréhensible, l'histoire du présent devrait précéder celle du passé, alors même que l'histoire de l'avenir devrait précéder celle du présent ! Faute que cela soit possible, une philosophie de l'Histoire, quelle qu'elle soit, fait *comme si* l'histoire était achevée, si bien qu'on puisse connaître à l'avance son aboutissement et son cours. L'homme moderne se caractérise par sa conscience historique, c'est-à-dire qu'il se représente tout ce qui l'entoure comme soumis au changement : qu'il s'agisse de la réalité matérielle (villes, paysages, objets, etc.) ou de la réalité spirituelle (idées, mœurs, institutions…). Face à ce changement, toujours susceptible de gêner l'être humain, l'idée d'un sens de l'Histoire apporte une signification à toute évolution. Mais de quel sens s'agit-il ? Cela induit aussi inévitablement le questionnement sur sa finalité... dont l'interprétation diffère selon les auteurs et les époques.

Liée au déterminisme (*supra*), la croyance en le sens de l'Histoire a pris le visage d'une foi en l'existence d'une « force supérieure » - appelée Dieu(x), Providence, Destin ou *fatum* - décidant des événements et les orientant selon un sens précis dont l'homme n'a pas conscience et dont il est l'instrument. L'origine de l'idée d'un sens de l'Histoire est due à l'émergence du christianisme, dont le caractère foncièrement historique réside en ce qu'il propose une vision historique de la destinée humaine, aussi bien sur le plan de l'existence individuelle que sur celui de l'existence collective. L'existence humaine n'a pas une signification seulement temporelle : elle reflète une histoire inscrite dans le ciel, divine et surnaturelle par conséquent, de même que la nature est le reflet de la volonté divine. Saint Paul l'exprime dans son *Epître aux Romains* : les actions humaines (apparemment autonomes) s'organisent selon un plan caché de Dieu. Le temps du récit en rend les étapes : la Création, la Chute puis la Rédemption (de la mort du Christ jusqu'au Jugement dernier, qui marquera la fin de l'histoire terrestre). L'histoire est donc le récit du progrès de l'humanité vers son salut. Saint Augustin (*La cité de Dieu*) et Bossuet partagent l'approche paulienne. Pour Bossuet, il n'y a aucun hasard dans l'histoire, car si les hommes ne parviennent pas à comprendre le sens de l'histoire et son déroulement, c'est uniquement en raison de leur aveuglement et leur insignifiance[1]. Au XIXe siècle, Joseph de Maistre[2] a actualisé cette analyse. Bref, dans cette logique, le croyant sait que l'histoire a un sens, et quel est ce sens, mais il subsiste un « mystère », car l'intégralité de l'histoire ne sera dévoilée et compréhensible qu'à la fin des temps. Nous nous retrouvons donc face à la même question que pour les « lois » : le sens existe, mais nous est inintelligible. Une telle ignorance ne pouvait résister à l'irruption de l'individu au centre de l'univers politique. Les Lumières allaient donner un nouveau sens à l'Histoire, plus conforme à la nouvelle puissance humaine. En postulant l'autonomie de l'individu, elles ont fait de lui le centre de l'univers politique et social. Promouvoir ainsi l'homme au rang d'acteur libre et autonome entraîne logiquement le réexamen de l'idée d'un cours organisé et pré-écrit de l'Histoire, sur lequel il n'aurait aucune prise. Comte, Marx et quelques autres ont alors donné une autre version du déterminisme, reposant sur le même principe de lois, mais écartant le surnaturel et le divin de l'explication pour leur substituer le système socio-économique.

C'est donc le progrès qui allait remplacer la volonté divine comme moteur et sens de l'Histoire. Une Humanité progressant sans cesse correspondit donc désormais à une vision de l'Histoire comme un processus continu orienté vers l'amélioration, même si parfois la marche ralentit ou prend une voie sans issue avant de rebrousser chemin et revenir sur la bonne route. Cette dernière idée s'avère finalement rassurante : elle garantit que, même face aux tragédies (qui peuvent faire douter), notre société persiste à aller, à long terme, vers une amélioration permanente. Cette vision du progrès s'explique aussi par le fait que si nous avons bien le sentiment d'être les acteurs de notre histoire (individuelle ou collective), nous n'avons pas toujours l'impression d'en être les auteurs qui en maîtrisent le cours. Comme pour le sens religieux, la notion de progrès permet alors de penser que, même si nous ne comprenons pas forcément ce qui survient à court terme, nous pouvons garder confiance dans un progrès futur à moyen ou

---

[1] « Dieu tient du plus haut des cieux les rênes de tous les royaumes ; il a tous les cœurs en sa main ; tantôt il retient les passions, tantôt il leur lâche la bride, et par là remue tout le genre humain (…) C'est ainsi que Dieu règne sur tous les peuples. Ne parlons plus de hasard ni de fortune, ou parlons-en seulement comme d'un nom dont nous couvrons notre ignorance (…) C'est faute d'entendre le tout que nous trouvons du hasard ou de l'irrégularité dans les rencontres particulières », in Discours sur l'Histoire Universelle.
[2] *Considérations sur la France*, 1797 ; *Essai sur le principe générateur des constitutions politiques*, 1814 ; *Du Pape*, 1819.

long terme. L'idée que le cours de l'Histoire est un progrès semble s'imposer quand on considère le domaine de la connaissance ou celui de la technique : Pascal, dans sa Préface sur le Traité du vide, avance que l'homme, privé de connaissances initiales (à la différence des autres animaux), n'a d'autre choix que de développer lui-même son propre savoir. Les animaux en effet disposent dès leur naissance d'un savoir tout constitué qui leur permet de vivre (instinct), mais les hommes doivent tout apprendre et tout inventer, ce dont ils sont capables grâce à la raison. Ils peuvent conserver ce qu'ils apprennent, soit de manière individuelle grâce à leur mémoire, soit de manière collective et historique grâce aux livres, à l'enseignement, c'est-à-dire à la transmission culturelle, la mémoire collective. Ainsi, on peut selon Pascal comparer l'histoire de l'humanité à celle d'un homme unique qui apprendrait sans cesse, conception qui assimile le progrès à un processus unique, continu, régulier, cumulatif.

Or cette idée de progrès suppose que les buts, les intérêts des hommes aient toujours été les mêmes et le soient toujours ; c'est supposer que les hommes d'hier avaient les mêmes intérêts que nous, et que ceux de demain partageront nos buts. L'idée de progrès suppose enfin qu'il y a un temps de développement continu, une continuité cumulative. Par ailleurs, elle semble impliquer que ce qui vient avant dans l'Histoire est inférieur, et ce qui vient après est supérieur. Le caractère quelque peu simpliste de ce classement a été dénoncé, notamment, par Claude Lévi-Strauss[1] ou Pierre Clastres[2]. Pour l'auteur de *Tristes tropiques*, il est difficile de croire que les progrès (certes éclatants) réalisés par l'humanité depuis l'origine, sont ordonnés en une série régulière et continue. Nous devons donc nous méfier de l'idée de progrès, qui ne fait peut-être que traduire notre point de vue sur l'Histoire : nous avons tendance à juger du progrès en prenant pour critère de ce progrès les intérêts qui sont actuellement les nôtres (ethnocentrisme). Nous retrouvons ici le problème examiné *supra* avec le développementalisme.

Deux auteurs sont ici à considérer, pour assigner un sens et une définition au progrès. Selon Emmanuel Kant, la nature réalise un plan dans l'Histoire, à travers la liberté des hommes. Friedrich Hegel, lui, décrit le développement historique au moyen de la dialectique : l'Histoire universelle est la marche graduelle par laquelle l'Esprit se réalise et se connaît dans sa totalité. A travers son Idée d'une histoire universelle au point de vue cosmopolitique (1784), l'apport de Kant est marquant autant que son raisonnement est complexe. A priori sceptique sur un sens de l'Histoire, il s'y rallie mais sous l'angle de l'intuition, la croyance nécessaire, et non de la preuve. Pour lui, l'Histoire n'a pas de sens par elle-même : le sens de l'histoire est seulement un besoin de la réflexion, une création de l'Homme. Au premier abord,

---

[1] *Race et histoire*, Paris, Gallimard, coll. « Folio essais », 1952.
[2] *La société contre l'Etat*, Paris, éd. de Minuit, 1974.

l'Histoire n'est que désordre et drames. Ensuite, au second examen, vient l'idée de recourir à la statistique : ce qui paraît dénué de règle quand on considère les sujets à part, pourrait bien être soumis à des règles quand il s'agit de l'espèce entière (ce que Condorcet avait démontré). Il faut donc raisonner à une échelle macroscopique (considérer l'Histoire dans son ensemble), et supposer une fin possible vers laquelle se dirigerait l'Histoire par le biais d'une finalité de la nature : la nature réaliserait malgré nous ce que nous échouons à faire advenir nous-mêmes. Kant parle d'une "ruse de la nature" dans l'histoire. On ne peut savoir ce que veut la nature, mais tout se passe comme si elle avait assigné à l'homme une certaine tâche, *comme si* elle l'avait produit à partir d'un projet secret : le progrès de la raison. Celle-ci ne lui a été donnée qu'en germe, et doit être cultivée, développée au fil d'un nombre indéfini de générations.

Donc, en s'appuyant sur un outil scientifique, ce projet de trouver une cohérence à l'histoire est possible et légitime. Toutefois, ces régularités ne donnent encore aucun sens ni aucune fin aux événements. Ainsi faut-il passer à un autre outil (de pensée), à une autre question : Kant, alors, se demande si un dessein de la nature ne se cacherait pas derrière les événements historiques, et permettant à des créatures n'agissant selon aucun plan propre d'avoir pourtant une histoire sensée. Cependant, le point final de l'histoire, qui lui donne un sens et qui la rend compréhensible, est seulement une hypothèse, mais cette supposition est nécessaire car l'histoire ne paraît être intelligible que si on suppose une sorte de dessein de la nature. Cette supposition d'une ruse de la nature n'est qu'une Idée (au sens de Kant, c'est-à-dire un outil pour rassembler et comprendre des faits disparates, mais non pour les expliquer réellement). Kant ne prétend pas connaître l'avenir : le sens de l'histoire est une exigence morale. Nous devons croire que la vie n'est pas insensée pour nous aider à agir en vue d'un progrès futur ; mais ce sens n'a rien d'une certitude, ni même d'une probabilité. De ce fait, l'idée d'un sens de l'histoire a exactement la même fonction, selon Kant, que le principe de finalité, qui stipule que la nature ne fait rien en vain. Si l'histoire ne progressait pas du point de vue moral, elle n'aurait alors aucun sens. Il convient donc de l'interpréter comme si les événements historiques conduisaient les hommes, à une échéance inconnue, à la réalisation de l'unité politique afin de faire cesser les guerres. La nature de l'homme ne se réalise en effet que dans une société des nations (unification politique de tous les peuples) : une société de droit, républicaine, ne semble possible que si elle n'est pas entourée d'Etats despotiques. Le dessein de la nature (but de l'histoire) est donc, comme chez Hegel, la réalisation de liberté et raison humaines, dont l'instrument est le gouvernement républicain. C'est du moins ce qu'il *faut* penser, car Kant ne dit pas que la nature est organisée ou finalisée, mais que c'est comme si elle l'était. Un tel postulat ne peut évidemment être démontré. On peut donc penser que l'histoire a un sens mais on ne peut pas en être certain. Paul Veyne va à peu près dans le même sens que Kant. Pour lui, si on veut que l'histoire ait un sens, c'est à nous de le construire et cela ne vaudra que pour nous, ce n'est pas quelque chose qu'on peut attribuer à l'Histoire. L'Histoire au sens de Hegel n'existe pas, car un événement n'a de sens que dans une intrigue, et le nombre de ces intrigues est indéfini : le cours de l'histoire ne peut par définition s'avancer sur une voie tracée, car l'itinéraire que choisit l'historien pour décrire le champ évènementiel peut être librement choisi, et tous les itinéraires sont également légitimes (mais évidemment pas autant intéressants).

La vision de Hegel a été évoquée. Selon lui, toute philosophie de l'histoire admet quatre postulats : la réalité historique est objective et existe indépendamment des hommes ; l'histoire a un sens, une direction définie et une signification ; le temps est conçu comme une ligne droite allant à l'infini (temps linéaire : avec un début, et une fin) ; enfin, l'Histoire a une finalité, poursuit un but (donc, le temps est efficace, il nous mène vers une fin).

L'Histoire a donc un sens, et Hegel considère l'histoire comme réalisation de l'Esprit, qui correspond au progrès de la liberté et de la raison (c'est l'esprit qui est le sujet de l'histoire et se réalise au cours de l'histoire). Hegel reprend explicitement, dans *La raison dans l'histoire*, la notion de dessein divin : quand il affirme que c'est la raison qui gouverne le monde, il veut dire la même chose, mais de façon laïcisée. Rationnel et réel étant une seule et même chose, les faits historiques ne peuvent manquer d'être rationnels et de s'inscrire dans un plan intelligible. L'Histoire est donc la manifestation de la raison dans le cours des événements, la marche rationnelle et nécessaire de l'esprit universel qui prend conscience de lui-même dans l'humanité et se projette dans le devenir, selon le rythme dialectique ternaire : thèse, antithèse, synthèse.

Le processus se déroule par étapes, qui correspondent aux périodes historiques. Chaque période est marquée par l'idée dominante que l'humanité se fait d'elle-même à ce moment et qui n'est qu'une actualisation provisoire de l'idée suprême. Cette prise de conscience se fait par l'intermédiaire de peuples ou de civilisations qui sont successivement chargés d'une mission historique providentielle et qui sont tenus de l'accomplir fût-ce par la force brutale, en vue de régénérer l'humanité : ainsi la France impériale puis l'Allemagne après la chute de Napoléon Ier[1]. La Raison à l'œuvre dans l'Histoire se sert des passions individuelles pour atteindre son but : les

---

[1] Dans ses *Principes de la philosophie du droit* (1821), il écrit que l'histoire mondiale est considérée comme succession de quatre empires : l'Empire oriental : type de domination de l'Egypte des pharaons (un seul est libre, le roi) ; le Monde grec : naissance de la liberté (les seuls exclus sont les femmes, enfants et esclaves) ; le Monde romain : naissance du droit privé, du droit subjectif, de l'individu ; et enfin le Monde germano-chrétien : tous sont enfin égaux et libres (Etat constitutionnel).

hommes croient suivre leur volonté, alors qu'en fait, ils servent des desseins supérieurs (divins ou rationnels). La raison est intérieure au devenir historique (contrairement à l'histoire sainte) ; mais elle est aussi le devenir historique lui-même. Loin de la définition courante, elle n'est pas la capacité de compréhension, de distinguer le vrai du faux, bref de « raisonner ». Elle est ce qui se développe à travers l'histoire ; c'est une entité, et le réel lui-même (« ce qui est réel est rationnel et ce qui est rationnel est réel »).

On le voit, et sans surprise, l'important n'est pas qu'il y ait réellement un sens à l'Histoire (il serait de toute façon impossible à percevoir : pourquoi d'ailleurs n'aurait-elle qu'un seul sens, et non plusieurs directions dues à des causalités multiples ?). Ce qui importe ici, c'est bien plutôt la croyance en l'existence de celui-ci. L'intérêt est en fait l'utilité sociale de cette croyance, qui peut être l'un des ciments de la cohésion d'un groupe, dont les membres partagent la même conception en la matière. Cet exemple montre alors un autre aspect des rapports entre loi et histoire, obligeant à approfondir encore un peu la notion.

2.2.2. Il y a des lois dans l'Histoire

La réflexion doit ici se faire ici à deux niveaux. D'une part, et si l'on revient sur l'unicité et la singularité des faits historiques, ainsi que sur le fait que toute explication historique doive nécessairement se référer à un contexte spatio-temporel précis, force est de noter que cela n'empêche nullement les généralisations fondées sur le caractère répétitif de certains phénomènes. Dès lors, une telle récurrence rend-elle possible d'énoncer des lois probabilistes ? Si tous les faits sont uniques, en ce sens qu'ils ne se produisent qu'une seule fois, l'historien peut tout de même déceler des similitudes entre les faits historiques et en tirer une intelligibilité supérieure, notamment par l'énonciation d'une loi générale probabiliste. En ce sens, employer des *lois* pour expliquer un phénomène historique reviendrait plutôt à énoncer une *proposition générale* pouvant être vérifiée par des cas précis. Cette proposition n'aurait pas une valeur causale *déterministe*, mais plutôt une valeur causale *probabiliste*.

D'autre part, l'emploi du terme de « loi » ne fait pas ici référence aux lois régissant le cours de l'Histoire, mais à celles auxquelles l'historien fait appel. Issues d'autres disciplines, elles sont nécessaires pour expliquer les faits historiques. Ainsi, les lois en Histoire ne sont pas des lois spécifiquement historiques, puisque ces lois que l'Histoire fait jouer dans une explication sont empruntées à d'autres sciences pour mieux éclairer l'enchaînement des faits.

C'est à deux niveaux que l'on peut percevoir l'emploi de ces lois. En premier lieu, dans l'examen pratique du matériau historique, l'historien utilise les lois issues des autres sciences : statistiques, radioactivité, science des blasons (héraldique), études des inscriptions (épigraphie), étude des écritures anciennes (paléographie), étude des œuvres d'art et des monuments anciens (archéologie)… Ensuite, pour exposer alors sa théorie, il va faire appel aux découvertes de disciplines-sœurs. Il s'agit des lois d'ordre sociologique, comme le processus général : à toute période d'anarchie, quelle qu'elle soit, succède une dictature restaurant l'autorité de l'État[1]. Il peut s'agir encore de lois d'ordre psychologique (notamment la constance de la nature humaine à travers le temps, l'analogie de l'homme présent avec l'homme passé, tous deux conduits par des mobiles semblables : intérêts, passions, idéal…), ou évidemment de lois d'ordre économique (ce que le marxisme a mis en lumière) ou géographique, puisque les facteurs proprement physiques jouent un rôle non négligeable (ainsi dans la vocation maritime d'un pays insulaire comme l'Angleterre), etc.

Conclusion

Au terme de cette étude, peut-on dire que, au-delà des lois tirées d'autres sciences et appelées à l'aide dans l'étude de l'Histoire, la seule « loi » puisée de celle-ci serait notre capacité à tirer des leçons de l'Histoire ? Le devoir de mémoire, autant que les lois mémorielles[2] semblent répondre positivement, et constituer l'illustration d'une volonté de mettre à profit des enseignements de l'Histoire. Paradoxalement, cette définition officielle du sens de l'Histoire et de son contenu est le propre des régimes totalitaires, alors même que la vision libérale va dans le sens d'une disparition du nombre de ces états (dont la forme politique est jugée contraire à l'évolution de l'Humanité).

Bref, de même que l'homme tire des leçons de ses expériences passées, le genre humain prend conscience des tâches qu'il lui reste à réaliser en tirant enseignement de sa propre histoire. La thèse selon laquelle de telles leçons existent permettrait de répondre à la question : comment les grands hommes de l'histoire ont-ils fait pour réussir les coups d'éclat que celle-ci retient d'eux et qui ont fait leur grandeur ? La réponse ordinaire consistait à affirmer qu'ils ont su tirer parti des leçons de l'histoire, par une lecture attentive de ses mécanismes et de ses enseignements. Machiavel en est une illustration, puisant dans le passé les sources des conseils donnés au Prince, parce qu'il postule des invariants dans l'histoire[3]. Or, ces exemples ne sont pas recevables, selon

---

[1] Voir, par exemple Bertrand de Jouvenel, *Du pouvoir, histoire naturelle de sa croissance* (1945).
[2] On citera entre autres les lois Pleven (1972), Gayssot (1990), Taubira (2001), le décret Bérégovoy (1993, modifié en 2005) ou la création de la Halde (loi n° 2004-1486 du 30 décembre 2004).
[3] "En réfléchissant sur la marche des choses humaines j'estime que le monde demeure dans le même état où il a été de tout temps; qu'il y a toujours la même

Hegel[1]. Pour lui, les leçons de l'Histoire sont abstraites et inefficaces, et il doute que les humains profitent des leçons de l'Histoire. En effet, pour que la leçon tirée du passé soit utilisable, il faudrait que le présent voie se reproduire exactement la même situation. Or, l'unicité de chaque période rend impossible de pouvoir prétendre tirer d'elle des leçons. Les situations précédentes ne peuvent donc servir de référence[2]. De plus, l'action est urgente, passionnelle et oppose la nécessité et la force du moment à un « pâle souvenir ». Dans l'urgence de l'instantané, une maxime générale est, non seulement une illusion, mais même un obstacle : elle propose, en effet, aux hommes politiques des solutions nécessairement inadaptées à la situation présente. Ce genre d'attitude puisant dans un passé inadapté paralyse, au contraire, l'action du Génie historique, en l'empêchant d'inventer des solutions nouvelles. Pour Hegel, les « grands caractères » sont donc ceux qui, à chaque fois, ont trouvé la solution appropriée à un problème donné, la solution originale à une difficulté nouvelle, création de leur génie et de leur inventivité.

En matière de comportement personnel comme pour l'Histoire, il semble donc bien que seules des *tendances* puissent être observées, et ce quel que soit le sens qu'on donne au concept de loi. Serait-ce finalement la seule loi historique universelle ?

---

somme de bien, la même somme de mal ; mais que ce mal et ce bien ne font que parcourir les divers lieux, les diverses contrées. D'après ce que nous connaissons des anciens empires, on les a tous vus déchoir les uns après les autres à mesure que s'altéraient leurs mœurs. Mais le monde était toujours le même", *Discours sur la première décade de Tite-Live*, Avant-Propos au livre second, Pléiade, p. 510-511.
[1] *La raison dans l'histoire, introduction à la philosophie de l'histoire, op. cit.,* p. 36 et s.
[2] « On recommande aux rois, aux hommes d'Etat, aux peuples de s'instruire principalement par l'expérience de l'histoire. Mais l'expérience et l'histoire nous enseignent que peuples et gouvernements n'ont jamais rien appris de l'histoire, qu'ils n'ont jamais agi suivant les maximes qu'on aurait pu en tirer. Chaque époque, chaque peuple se trouve dans des conditions si particulières, forme une situation si particulière, que c'est seulement en fonction de cette situation unique qu'il doit se décider : les grands caractères sont précisément ceux qui, chaque fois, ont trouvé la solution appropriée. Dans le tumulte des événements du monde, une maxime générale est d'aussi peu de secours que le souvenir des situations analogues qui ont pu se produire dans le passé, car un pâle souvenir est sans force dans la tempête qui souffle sur le présent; il n'a aucun pouvoir sur le monde libre et vivant de l'actualité. L'élément qui façonne l'histoire est d'une tout autre nature que les réflexions tirées de l'histoire. Nul cas ne ressemble exactement à un autre. Leur ressemblance fortuite n'autorise pas à croire que ce qui a été bien dans un cas pourrait l'être également dans un autre. Chaque peuple a sa propre situation, et pour savoir ce qui, à chaque fois, est juste, nul besoin de commencer par s'adresser à l'histoire », *ibid*.

La philosophie critique de l'histoire au cœur de la pensée de Raymond Aron

Stephen Launay
Maitre de conférences
à l'Université de Paris-Est

La philosophie de l'histoire apparaît à l'orée et à la fin de l'itinéraire d'Aron. On peut dire la même chose des relations internationales à condition de se placer à l'issue des études proprement universitaires de l'auteur, c'est-à-dire au moment où il se rend en Allemagne en 1930. L'inquiétude suscitée par la politique allemande l'amène à faire part en 1932 de ce qu'il a vu et de ce qu'il pense à un sous-secrétaire aux Affaires étrangères[1]. Il trouve là, comme il nous le dit dans ses *Mémoires,* l'occasion de recevoir sa première leçon de politique et, pour l'intellectuel qu'il est, sa première leçon de modestie intellectuelle devant les contraintes que la situation fait peser sur la décision gouvernementale. Malgré, cependant, l'attention qu'il porte à l'histoire se faisant dès son premier séjour en Allemagne, ce n'est qu'à l'occasion de la Seconde Guerre mondiale qu'il va développer ses connaissances et sa capacité de réflexion en matière de relations internationales et, d'abord, en matière d'analyse stratégique[2]. Les termes du questionnement aronien sont toutefois posés politiquement dès le début des années 30, et la thèse qu'il rédige pour l'obtention du doctorat va se trouver orientée non seulement par le problème des *limites de l'objectivité historique* sur un plan épistémologique et critique, mais aussi, en filigrane, par l'inquiétude apparue face aux événements politiques européens.

Le passage de la philosophie de l'histoire aux relations internationales se fait donc de façon assez naturelle, sans pour autant que l'on puisse lire dans les travaux d'Aron antérieurs à 1940 l'inscription structurelle de ce qu'il allait développer par la suite. Nous pouvons voir, d'ailleurs, à l'instar de Daniel J. Mahoney, une fusion de ces deux préoccupations dans l'essai intitulé : « L'aube de l'histoire universelle »[3]. Deux des principaux thèmes

---

[1] *Mémoires*, Paris, Julliard, 1983, p.59. Les titres sans nom d'auteur désignent les ouvrages d'Aron.
[2] *La Guerre des Cinq Continents*, par le critique militaire de la Revue *La France Libre*, Londres, Edition Française, Hamish Hamilton, 1943.
[3] Conférence de 1960 reproduite dans *Dimensions de la conscience historique*, Plon, 1961 et 1964 ; nous nous référons à l'édition Presses Pocket de 1985. Daniel J. Mahoney écrit exactement : « Selon moi, toute la science politique de Raymond

de la pensée d'Aron y sont abordés : la société industrielle (ou cette mutation de l'histoire universelle connue par l'humanité depuis deux siècles) et la guerre qui est à la fois un phénomène permanent des relations internationales et le contrecoup de la mutation industrielle. La perspective est celle de la philosophie *critique* d'Aron c'est-à-dire de son probabilisme historique. « Du même coup, écrit Aron, les idéologies sont dévalorisées »[1]. D'une part, le procès industriel rend les grandes visions englobantes de l'histoire « inutiles et incertaines » (Pascal à propos de Descartes), mais surtout, d'autre part, en perdant leur poids explicatif, elles révèlent leur caractère réductionniste de la réalité qu'elles arasent violemment.

La meilleure réponse à un tel danger repose dans le primat conféré à la politique : primat de méthode et primat d'action. Mais, l'itinéraire intellectuel qui amena Aron à cette affirmation passe par la reconnaissance d'une impasse inhérente à la philosophie de l'histoire qui trouve son expression dans le relativisme historique, l'une des pierres d'achoppement toujours prégnante au développement d'une authentique compréhension politique de la scène internationale[2].

1. De la relativité

Dans la thèse de doctorat qu'Aron de 1938, *Introduction à la philosophie de l'histoire*[3], outre les membres du jury, certains lecteurs ont pu déceler une

---

Aron se trouve résumée dans la conférence qu'il donna à Londres le 18 février 1960. » ; in *The Liberal Political Science of Raymond Aron,* Rowman and Littlefield Publishers, Lanham, Maryland, USA, 1992, traduction française de Laurent Bury, *Le Libéralisme de Raymond Aron*, Editions de Fallois, Paris, 1998, p. 35.

[1] « L'aube de l'histoire universelle », p. 247.

[2] Le très intéressant ouvrage de Samuel Hungtington (*The Clash of Civilizations and the Remaking of the World Order*, 1996, traduit en français sous le titre : *Le Choc des civilisations*, Odile Jacob, 1997) est typique à cet égard : il allie l'ampleur et les défauts d'une vision qui se veut à la fois englobante (puisque la « politique globale est son système d'intellection privilégié) puisque les civilisations (centrées sur les religions et considérées comme les unités de sens dans son étude) communiquent essentiellement par des conflits armés (ils constituent les fractures entre civilisations). La demande finale est alors logique : il faut que les Etats-Unis et l'Occident en général se retirent le plus possible du reste du monde. A ce propos : Stephen Launay, *La Guerre sans la guerre. Essai sur une querelle occidentale*, Paris, Descartes et Cie, 2003, chapitre I.

[3] Sous-titre : *Essai sur les limites de l'objectivité historique* (1938), Paris, Gallimard, 1986, nouvelle édition revue et annotée par Sylvie Mesure.

profession de foi relativiste[1]. Une pièce à conviction essentielle de ce procès tient dans le paragraphe suivant : « Une idée fondamentale se dégage, nous semble-t-il, des analyses précédentes : *la dissolution de l'objet*. Il n'existe pas une *réalité historique* toute faite, préexistant à la science qui en connaîtrait, et qu'il conviendrait simplement de reproduire avec fidélité. La réalité historique, parce qu'elle est humaine, est *équivoque et inépuisable*. Equivoque, la pluralité des univers spirituels à travers lesquels se déploie l'existence humaine, la diversité des ensembles dans lesquels prennent place les idées et les actes élémentaires. Inépuisable la signification de l'homme pour l'homme, de l'œuvre pour les interprètes, du passé pour les présents successifs [2].

Cette description d'une possible « dissolution de l'objet » (tel était le titre même de cette conclusion d'une partie intitulée : « Les univers spirituels et la pluralité des systèmes d'interprétation ») ne fut pas remise en cause par son auteur, mais l'expression de « dissolution de l'objet » fut jugée par le mémorialiste « gratuitement agressive, paradoxale »[3]. C'est qu'elle pouvait, en effet, cacher, et cacha effectivement parfois, le cœur de la conclusion qui était que la « dialectique du détachement et de l'appropriation tend à consacrer bien moins l'incertitude de l'interprétation que la liberté de l'esprit » et qui se continue avec le problème central de l'articulation de la théorie et de la pratique qui est à l'horizon de la pensée politique (« […] la fin authentique de la science historique […] comme [de] toute réflexion, est pour ainsi dire pratique autant que théorique »[4]). Nous pouvons donc dégager trois moments dans la discussion aronienne du relativisme : le moment de la connaissance, celui du jugement et celui de la décision qui est la limite positive du relativisme.

Le relativisme de la connaissance auquel parut sacrifier Aron choqua surtout par ce qu'il appelait lui-même son antipositivisme. Certains membres du jury, tel le durkheimien de stricte observance Paul Fauconnet, en furent particulièrement touchés. L'idée d'une « dissolution de l'objet » introduisait très visiblement le paradoxe, instrument de ce style de polémiste qu'il utilisa par la suite avec *maestria*. Mais, en l'occurrence, il était possible de penser qu'Aron adoptait l'idée selon laquelle la définition d'un thème de recherche n'était que la position d'une perspective, idée qui court de Nietzsche à Foucault, peut-être en passant par Valéry. Nietzsche a effectivement soumis

---

[1] Ainsi, par exemple, d'Henri-Irénée Marrou, *De La Connaissance historique*, Paris, Seuil, 1954, p. 52 et 59.
[2] *Introduction à la philosophie de l'histoire,* p. 147.
[3] *Mémoires*, p. 122.
[4] *Introduction à la philosophie de l'histoire,* p. 148.

l'utilité de l'histoire à ce qu'elle apportait à la vie (« Nous ne servirons l'histoire que dans la mesure où elle sert la vie »[1]).

Mais, lorsque, pour la *Chamber's Encyclopedia*, Aron présentera les phases de la naissance de la science historique, il distinguera celle de la mise en cause des mythes, celle de l'utilisation de la méthode scientifique et celle de la réflexion critique. A propos de cette dernière, il opposera l'auteur des *Considérations inactuelles* à la tradition kantienne[2] dont les représentants (Dilthey, Rickert, Simmel, Weber[3]) ne séparent pas comme le précédent le travail de l'historien qui rassemble les données de celui de qui s'efforce de réfléchir sur l'histoire. Comme pour Aron « le fait brut est impensable », la conciliation est possible entre la connaissance historique et l'existence humaine ; elle est même une condition de la connaissance et donc de la conscience historiques. C'est parce que l'historien est situé dans l'histoire et que la réalité est riche de multiples significations possibles que plusieurs systèmes d'interprétation sont envisageables. Ces raisons ne montrent-elles pas que l'histoire ne nous apprend rien et pourquoi, justement, elle ne nous apprend rien ? L'objection de Valéry n'est pas retenue. En même temps, l'inspiration antipositiviste est commune à Aron et à l'auteur des *Regards sur le monde actuel*. Ce qui rend d'autant plus déstabilisante la position aronienne d'une ambition d'objectivité accompagnée du sens du relatif. « Peut-être Valéry et Nietzsche, écrit Aron, ont-ils en commun une idée, qui n'est pas sans portée, au seuil de cet essai : pour les collectivités comme pour les individus, l'oubli n'est pas moins essentiel que la mémoire »[4]. Les « contradictions de la conscience historique » deviennent aiguës et désignent le caractère délicat de l'entreprise du philosophe : entre le relativisme, la critique nécessaire et l'apodicticité arbitraire, la raison cherche les motifs d'une connaissance qui doit jouer avec le hasard. Ce que nous appellerons alors plus volontiers la *relativité* de la connaissance reflète le contexte des années 30 (la soutenance de mars 1938 a lieu peu de temps après l'Anschluss), ainsi que la volonté de penser une modernité en pleine « crise de l'esprit » (Valéry) exprimée par un désarroi face à l'épuisement des vérités traditionnelles. Le sens aronien de la relativité est donc aussi une réaction contre le sentiment d'incompréhensibilité que porte en lui le désarroi face à la nouveauté historique. Aron est donc proche du Valéry qui

---

[1] Friedrich Nietzsche, *Considérations inactuelles*, I-II, trad. Geneviève Bianquis, Paris, Aubier-Montaigne, 1964, p. 197-389.
[2] Il s'agit d'un texte intitulé « La philosophie de l'histoire » de 1946, reproduit dans *Dimensions de la conscience historique,* p. 11-31.
[3] Voir à leur sujet la thèse secondaire d'Aron : *La Philosophie critique de l'histoire* (1938), Paris, Julliard, 1987, nouvelle édition par Sylvie Mesure.
[4] « De l'objet de l'histoire », *Encyclopédie française*, tome XX, Paris, 1959, reproduit dans *Dimensions de la conscience historique,* p.85-110, citation p. 86.

considère l'histoire comme un produit de l'imagination mais pour notre auteur l'imagination appuie l'objectivité plutôt qu'elle ne la mine.

Dans son dernier texte (inachevé), Aron précise qu'il veut « préparer une réédition de *Paix et guerre* » et mener « une analyse prospective de la fin du siècle » comme le fit Oswald Spengler, à sa manière, dans *Jahre der Entscheidung*[1].

Or la thématique spenglerienne est celle du relativisme historique : la pluralité irréductible des cultures rend impossible la communication entre elles. L'entreprise de Spengler se contredit elle-même. Mais elle rejoint les thèmes machiavéliens dont Aron commence l'étude avant la Seconde Guerre mondiale : irrationalisme, action apanage d'une élite, naturalisme, lutte permanente[2]. L'essentiel, pour cette tradition, est dans le commandement et « le génie politique d'une foule n'est que la confiance dans le commandement »[3]. Aron ne manque pas de rapprocher les machiavéliens, plus exactement leur auteur éponyme à Marx parce qu'ils participent de cette « famille de penseurs plus sensibles à ce qui divise les hommes qu'à ce qui les unit »[4]. Tradition machiavélienne et tradition marxiste conçoivent la structure sociale en termes de domination, la première comme un élément permanent, la seconde dans le cadre d'un processus de transformation vers la société communiste. Machiavel décèle la constance sous l'inconstance des hommes. Il ne discerne pas de progrès dans l'histoire qui est celle des situations extrêmes. Mais ici doit s'arrêter le rapprochement possible d'Aron avec Spengler, auteur faussement empirique selon Aron, et qui camoufle ses présupposés philosophiques[5]. Aron développe une analyse affinée de la théorie machiavélienne en en montrant les ramifications communistes[6], mais aussi l'étonnante résignation des pessimistes devant des régimes et une action qui les dépassent. Aron est loin de ce renoncement à soi par soumission à la force qui dirige la cité ; de même, il s'écarte avec détermination du prophétisme marxiste. Aron refuse la confusion de l'Idée et de l'action réelle que défend Spengler lorsqu'il voit dans « l'expansion des Etats » la manifestation d'« un conflit d'Idées historiques »[7]. Une commentatrice décèle un « argument ontologique subreptice » dans la

---

[1] *Les Dernières Années du siècle*, préface de Pierre Hassner, Paris, Commentaire / Julliard, 1984, p.13.
[2] *Machiavel et les tyrannies modernes*, textes datés de 1938 à 1982, réunis et présentés par Rémy Freymond, Editions de Fallois, 1993, Ière partie.
[3] Oswald Spengler, *Le Déclin de l'Occident* (1918), traduction de M. Tazerout, tome 1, Paris, Gallimard, 1948, p. 406-407.
[4] « Machiavel et Marx », conférence de 1969, reproduite dans *Etudes politiques*, Paris, Gallimard, 1972, p. 56-74, citation p. 61.
[5] « La philosophie de l'histoire », *op. cit.*, p. 25.
[6] « Machiavel et Marx », in *op. cit.*, p. 73-74.
[7] *Chroniques de guerre*, p. 447.

critique par Aron du « décret métaphysique » spenglérien, comme d'ailleurs dans celle qu'il adresse à la confusion marxiste du devenir réel et de l'idée téléologique qui lui est superposée[1]. Les actes deviennent en effet, dans de telles philosophies, inintelligibles parce qu'ils ne sont ni mis en perspective historique, ni compris dans leur originalité non miraculeuse. Mais ils sont, au contraire, insérés dans une structure d'intellection politique rigide et le devenir inéluctable qui lui est intrinsèquement lié dans la doctrine. En outre, le pessimisme historique est, pour Aron, aussi paralysant pour l'action raisonnable que l'optimisme peut se révéler catastrophique.

Un texte de 1957 est particulièrement intéressant pour la question du relativisme. Il porte sur la place du philosophe et le statut de la philosophie, comme le faisait à la même époque Leo Strauss mais avec une intention et des conséquences quelque peu différentes[2] (même si, dans les deux cas est analysé le changement de la place du philosophe dans la modernité). Nous constatons dans le texte d'Aron que l'antinomie centrale de la modernité n'est plus celle du relativisme intégral et de la vérité éternelle[3]. Aujourd'hui, le philosophe, le sophiste (ou l'idéologue), le technicien et le sociologue manifestent les divers rapports à l'histoire. Au centre se dresse le premier, qui « dialogue avec lui-même et avec les autres, afin de surmonter en acte cette oscillation » entre « le relativisme historique et l'attachement irraisonné et frénétique à une cause »[4]. Si la question du relativisme ne peut donc qu'être permanente pour le philosophe Aron, elle doit être placée dans son contexte moderne, c'est-à-dire celui d'un monde où « se perd la foi au transcendant »[5] et dont les acteurs individuels ou collectifs ont tendance à vouloir remplacer la foi évanouie par des antinomies rigides (droite-gauche par exemple) ou des vérités absolues. L'idéologue justifie sans nuance un régime politique au détriment d'une dialectique vraie, celle du dialogue, pour ériger sa propre dialectique en révélation d'une nécessité dont il est le technicien.

Pour Aron, la technique ne peut se passer de la réflexion du philosophe qui ne peut plus refuser la dimension historique, donc une certaine implication dans la vie sociale, et se voit par là confronté à des régimes qui

---

[1] Sylvie Mesure, *Raymond Aron et la raison historique*, p. 31-75.
[2] « La responsabilité sociale du philosophe », conférence à Varsovie de 1957, publiée dans *Preuves* en juin 1958, reproduite dans *Dimensions de la conscience historique, op. cit.*, p. 255-269. Leo Strauss, *What is PoliticalPhilosophy ?*, The Free Press, New York, 1959, traduction française de Olivier Sedeyn sous le titre *Qu'est-ce que la philosophie politique*, Paris, Presses Universitaires de France, 1992 ; voir en particulier p. 43 et p. 44-58 (de la traduction française), sur les trois vagues de la modernité (ou les « solutions modernes ») incarnées chacune par un philosophe.
[3] « La responsabilité sociale du philosophe », in *op. cité*, p. 261.
[4] *Ibid.*, p. 269.
[5] *Ibid.*, p. 268.

manifestent l'un « des caractères les plus troublants de notre époque [puisqu'ils] ne se satisfont pas de l'obéissance passive ou indifférente des masses. Ces régimes veulent être aimés, admirés, adorés par tous, par ceux-là mêmes qui ont de solides raisons de les détester. » Il est donc demandé au philosophe non plus « seulement d'obéir » mais « de justifier l'obéissance »[1]. L'esprit ne reste libre, en dépit des tyrannies, qu'à la condition de s'en donner les moyens, notamment ceux d'une authentique étude sociologique ou « étude comparée et objective des institutions ». A l'inverse, le philosophe devient sophiste (idéologue) s'il privilégie le « faux dilemme » (ou antinomie illusoire) du relativisme intégral (tout régime est l'instrument de domination d'une classe) ou de « la valeur absolue d'un régime »[2]. Pour éviter la réduction du problème politique à un problème technique ou à l'idéologie, il faut éviter les antinomies qui embrouillent les données de l'action et anéantissent la possibilité du jugement. Or le jugement a pour fondement un effort de réflexion philosophique qui ouvre sa carrière au sociologue en reconnaissant les traits spécifiques de l'idée démocratique (alliance de la croissance économique et de l'universalité de la citoyenneté) et en ne se laissant pas abuser par les injonctions qui se fondent sur l'invérifiable. Cet effort nous engage vers la constitution d'une science politique moderne qui soit « un jugement sur les faits et les relations causales » qui renouvelle historiquement les enquêtes menées par certains philosophes de l'antiquité et insiste sur le possible, l'impossible, le probable et l'improbable[3].

La prudence intellectuelle d'Aron part donc du pluralisme, mais pour réfuter avec une certaine impatience la confusion avec le relativisme radical[4]. Il réfute dans l'historisme ce qui pervertit le sens de l'historicité, voire le supprime et anéantit la possibilité de l'action libre : fatalisme, scepticisme et irrationalisme. La personne constitue son être spirituel en dehors de ces illusions. La réflexion postule l'universalité pour se développer et montrer « à l'homme à quoi l'engage sa décision »[5]. Elle révèle à la conscience la dialectique ambiguë de la décision, qui ne vaut que pour l'individu, et du jugement qu'il porte sur les autres et sur la société. Elle montre l'importance dans l'histoire-science de la recherche de la vérité qui est orientée vers l'avenir, cette « catégorie première » de l'individu et des collectivités que l'historisme radical vient à nier par l'impossibilité qu'il impose de la penser car il ne sait penser non plus le passé. Plus encore, le relativisme historique érige en philosophie ce qui ne peut pas l'être puisqu'il nie la raison législatrice ainsi que la science : je ne puis plus *penser* ma propre

---

[1] *Ibid.*, p. 268.
[2] *Ibid.*, p. 267 et 264.
[3] *Ibid.*, p. 266.
[4] *Introduction à la philosophie de l'histoire*, op. cit., p. 385.
[5] *Ibid.*, p. 380.

philosophie. Or c'est par ce redoublement de la réflexion que la raison se constitue comme critique. Il y a donc une vérité historique de la pensée qui n'est pas une vérité historiste mais « partielle et hypothétique »[1].

L'introduction dans la conscience historique de la compréhension politique se fait donc par la réflexion qui élabore une idée de la vérité : par l'acceptation de la particularité et du devenir, tout en se donnant les moyens du détachement réflexif, en insistant sur son caractère historique, et en étant attentif à ce qui rend la décision fondatrice d'une politique tout en la rapportant à des contraintes qui la rendent intelligible. La décision s'inscrit alors au cœur de l'antinomie qui fait la texture des rapports de l'homme et de l'histoire : l'antinomie de l'existence et de la vérité. La décision peut être vue comme une suspension du relativisme, sorte d'arrêt de l'histoire antérieure et de commencement d'une antihistoire car « la décision communique au choix son caractère inconditionnel ». Cette suspension du relativisme par la décision est toutefois limitée car « si la décision communique au choix son caractère inconditionnel, celui-ci en revanche communique à celle-là sa particularité »[2]. Sans doute existe-t-il des décisions aux fortes incidences (des décisions « décisives »), mais toute décision est *discutable* aussi bonne moralement et adéquate à la situation soit-elle. Or comme dans les périodes critiques « les choix politiques révèlent leur nature de choix historiques »[3], l'acteur doit donc « s'il veut être lucide, envisager les conséquences de sa décision »[4].

Le relativisme modéré d'Aron est donc *politique* : car la dimension de la décision n'est pas intellectuelle, elle est réelle. Elle implique certains aspects de l'existence individuelle et collective. Le relativisme historique de la philosophie aronienne ou ce que nous préférons appeler son *sens de la relativité historique* trouve son issue dans la politique – réflexion et réalité. Mais il ne s'agit pas pour autant d'une solution : l'aporie philosophique reste pendante. L'issue dont il est ici question est une invitation à poursuivre la discussion sur le plan des décisions qui concernent la vie commune. La relativité aronienne est la condition philosophique de la possibilité de discuter une décision et de la comprendre. Car il n'y a pas de compréhension sans discussion et pas de discussion sans le postulat d'une certaine liberté de choix *dans l'histoire*. La politique devient le domaine par excellence de l'acte libre donc discutable. La relativité débouche sur la liberté en acte et sur l'étude politique de cette liberté. D'où, par la suite, et en politique internationale tout particulièrement, la nécessité de reconstituer l'univers au

---

[1] *Ibid.*, p. 378.
[2] *Ibid.*, p. 421.
[3] *Ibid.*, p. 408.
[4] *Ibid.*, p. 418.

sein duquel apparaît la décision (conjoncture historique, constellation diplomatique, systèmes de valeurs ou idées historiques…).

Corrélativement, entre philosophie de l'histoire et science politique, il y a à la fois rupture et continuité. Rupture parce qu'un savoir politique se substitue à la recherche du sens de l'histoire. Continuité parce que la science politique aronienne conserve la conscience de la triple historicité exposée dans l'*Introduction à la philosophie de l'histoire* (section IV) : l'homme est dans l'histoire par son action ; il est historique par la décision qu'il prend en définitive sur soi ; il a une histoire dans la mesure où il recherche la vérité.

L'action peut donc être étudiée positivement dans une perspective historique. La sociologie de l'action est le centre de l'étude politique[1] et la notion de « vérité historique » traverse aussi bien la « théorie de la théorie politique » que la seule théorie politique, inquiète de ses limites. Le fait de soulever la question de la vérité historique de la théorie procède d'une volonté de « dépassement de l'historisme » qui montre l'importance qu'Aron confère à la réflexion par laquelle « l'esprit échappe aux limites de l'individualité »[2]. L'oubli de la réflexion ramène au positivisme ou élève à une universalité qui n'est pas sans problème lorsqu'elle s'affirme de fait et non seulement de droit. Car alors elle touche l'idéologie : une doctrine engagée qui ne reconnaît pas sa particularité et oublie son rapport à l'histoire.

2. De la politique internationale

Les relations internationales sont tout particulièrement concernées par cette conscience historique qui fait retrouver dans la « théorie de la pratique » (praxéologie) « les antinomies de l'existence humaine » : « Le cours des relations internationales reste suprêmement historique, en toutes les acceptions de ce terme : les changements y sont incessants, les systèmes, divers et fragiles, subissent les répercussions de toutes les transformations, économiques, techniques, morales ; les décisions prises par un ou quelques hommes mettent en mouvement des millions d'hommes et déclenchent des mutations irréversibles, dont les conséquences se prolongent à l'infini. Les acteurs, citoyens ou gouvernants, sont en permanence soumis à des obligations apparemment contradictoires »[3].

---

[1] « Sociologie de l'action », *Encyclopédie Clartés*, Ecole des Hautes Etudes en Sciences Sociales, fasc. 12040, 1964, p. 1-16.
[2] *Introduction à la philosophie de l'histoire*, p. 379.
[3] « Qu'est-ce qu'une théorie des relations internationales ? », en anglais dans le *Journal of International affairs*, XXXI, 2, 1967 ; et en français dans *Revue française*

La théorie aronienne des relations internationales reflète l'inquiétude philosophique. Cette théorie peut être définie en un sens étroit ou strict et en un sens large qui lui-même possède une portée philosophique inhérente à cette praxéologie que l'on trouve dans un texte comme *Le Fédéraliste* ou chez un libéral comme Benjamin Constant. Ce qui signifie qu'Aron ne se complet pas dans la théorie théorisante qui se prend elle-même pour fin ; que son problème de philosophe est l'articulation de la théorie et de la pratique; son problème de sociologue-observateur de la politique de définir les conditions de possibilité de l'action.

Doute méthodique, conceptualisation rigoureuse, faite de catégories simples ouvertes aux modifications du réel, esprit de distinction des ordres du réel[1] composent les éléments de l'étude aronienne des relations internationales. Pour confirmer cette présence toujours nécessaire de l'œuvre d'Aron, il pourrait suffire, en outre, de souligner qu'aucun ouvrage de l'ampleur de *Paix et guerre* n'a été écrit, en français, depuis 1962[2]. Comment se fait-il, alors, qu'il a largement été négligé par les spécialistes français des relations internationales[3]. Quelques réponses vont de soi dont la plus massive est la relative déconsidération d'un penseur qui a passé une bonne partie de sa vie à commenter l'actualité dans des journaux et hebdomadaires[4]. Qui plus est, Aron n'a pas choisi le chemin de la facilité puisqu'il a mené une critique sans concession des idéologies de son temps, au premier rang desquelles le marxisme et ses variantes. Libéral par tempérament, il fut donc classé à droite, ce qui ne pouvait guère améliorer sa réputation.

Plus profondément, cependant (même si ce genre de considérations d'histoire et de sociologie des intellectuels n'est pas à négliger), le type de question qu'il posait a paru décalé par rapport à l'évolution des relations internationales. La période de Guerre froide appartient au passé ou elle a pris une autre forme. Mais, reléguer un auteur au magasin des antiquités parce qu'il appartient à une époque révolue (encore faudrait-il apprécier exactement ce qui est révolu et ce qui reste présent de cette époque) revient à

---

de science politique, XVII, 5, 1967 ; repris dans *Etudes politiques*, Paris, Gallimard, 1972, p. 357-381, citations p. 379-380.

[1] On retrouve ces traits dans l'ouvrage magistral d'un disciple d'Aron : Jean-Pierre Derriennic, *Les Guerres civiles*, Presses de sciences po, 2001.

[2] *Paix et guerre entre les nations* (1962), Calmann-Lévy, 1984, 8ème éd.

[3] A quelques rares exceptions dont, cela va de soi, Pierre Hassner (*La Violence et la paix. De la bombe atomique au nettoyage ethnique*, Editions Esprit, 1995 ; nouvelle édition, Seuil, collection « points », 2000.) et, en dehors du cercle des aroniens, Guillaume Devin, *Sociologie des relations internationales*, La Découverte, 2002.

[4] Christian Bachelier, « Le journalisme de Raymond Aron », dans C. Bachelier et E. Dutartre (éd.), *Raymond Aron et la liberté politique*, Editions de Fallois, 2002, p. 59-69.

s'interdire la lecture des ouvrages qui ont plus de quelques années. Nous avons là un *travers actualiste qui promet surtout la disparition de la conscience historique*. S'ajouterait à cela la multiplicité exponentielle des phénomènes et des acteurs nouveaux de la scène internationale. Mais, prendre pour objet la société mondiale et ses multiples flux et phénomènes transnationaux ou supranationaux revient sûrement à vouloir trop embrasser et donc à mal étreindre. Il ne peut guère en ressortir une cartographie un tant soit peu claire de la politique internationale.

Or, l'originalité, et donc l'actualité toujours assurée de la réflexion aronienne, tient précisément à cette attention au politique qui oriente, façonne la vie internationale, et doit d'autant plus le faire que la violence est devenue polymorphe, selon l'expression qu'il employait lui-même en 1957[1]. Sa question est la suivante : qu'est-ce qui confère son caractère spécifique au *domaine d'action* que l'on nomme relations internationales ? Ou encore : en quoi l'*étude* des relations internationales recèle-t-elle quelque originalité selon Aron ? Comment penser les relations internationales ?

Il est manifeste que, pour Aron, penser les relations internationales c'est d'abord et avant tout *penser la guerre*, la forme dominante de conflit dans l'histoire des relations internationales, en en pensant les transformations, ce qu'il ne s'est pas fait faute d'étudier, non seulement dans l'essai sur la guerre contenu dans *Espoir et peur du siècle*, dans *Paix et guerre* mais aussi dans *Penser la Guerre, Clausewitz* en 1976[2], et jusqu'à ses derniers textes, ces considérations étant toujours replacées dans la configuration prédominante du rapport des forces. Penser la guerre revient à penser les rapports de la politique et de la guerre et à penser la subordination à la fois historique et nécessaire (au sens d'une déontologie interne au jugement politique) de la guerre à la politique. Non seulement tous les textes d'Aron consacrés aux relations internationales témoignent de cette orientation, mais lorsque nous relisons *Paix et guerre*, le mouvement de la Ière partie intitulée « Théorie. Concepts et systèmes » forme une totalité intellectuelle et rhétorique exemplaire. Elle s'ouvre sur un commentaire de Clausewitz et s'achève sur la « dialectique de la paix et de la guerre » qui montre l'étroite continuité d'un phénomène à l'autre, voir leur imbrication.

Notons quelques traits caractéristiques du raisonnement aronien. Il faut remarquer, d'abord, qu'il s'agit, dans cette première partie, de *théorie au sens strict*, précis ou étroit centrée sur l'exposé des concepts, des outils d'analyse, consacrés par plus de vingt ans d'étude de la politique internationale et de confrontation avec les événements majeurs du XXᵉ siècle. Théorie au sens strict parce qu'elle « part, pour citer Aron, de la

---

[1] Dans *Espoir et peur du siècle. Essais non partisans*, Paris, Calmann-Lévy, 1957.
[2] *Penser la Guerre, Clausewitz*, 2 volumes, Paris, Gallimard, 1976.

pluralité des centres autonomes de décision, donc du risque de guerre et, de ce risque, elle déduit la nécessité du calcul des moyens »[1]. Donc théorie au sens strict qui est *formelle* et *historique*. Elle formalise un domaine d'action en des termes abstraits et rationnels, cherchant à aboutir à une rationalisation du comportement qui s'exprime dans la « nécessité du calcul des moyens » par les acteurs. Elle est aussi historique parce qu'elle est immanente à la réalité événementielle qu'elle veut expliquer ; parce qu'elle apparaît comme le produit de l'expérience historique. *Dans l'histoire* et *historique*, cette théorie est donc aussi issue *d'une histoire*, celle du regard posé par Aron sur les situations auxquelles il a été confronté. De là vient l'insistance chez Aron sur l'événement, au moment où les produits dérivés de l'école des Annales, de l'histoire longue qu'elle privilégie, tiennent le haut du pavé en matière de connaissance historique. Le risque de cette dérive est très clair pour lui : l'oubli de la politique et l'impossibilité de comprendre l'histoire se faisant (*history on the move*), et l'impossibilité plus précisément encore de comprendre les décisions politiques, ainsi que les conditions dans lesquelles elles sont perpétrées. « Comme nous appelons politique l'action qui tend à unir, maintenir, conduire l'ensemble social, la conduite politique nous paraît immédiatement *événementielle* puisque les décisions qui affectent l'existence, la prospérité ou le déclin des collectivités sont prises par des individus et souvent ne peuvent pas être conçues identiques si on les suppose prises par d'autres. En ce sens, les grandes décisions qui bouleversent l'organisation économique sont, par définition, politiques puisqu'elles sont le fait d'individus capables, en raison de leur position, d'affecter la vie de leurs concitoyens »[2].

Nous ne saurions donc oublier le poids d'une existence dont la théorie est un aboutissement, provisoire sans doute, mais dont le caractère provisoire reflète le sens de la relativité qui s'exprime jusque dans la définition des « concepts et systèmes »[3]. Ce sens de la relativité rejaillit sur la dépendance de la stratégie à l'égard de la politique et de ce à quoi elle renvoie : le choix libre en contexte d'incertitude. Il n'existe pas de bonne stratégie en soi, mais seulement des stratégies politiquement définies et orientées. « Le choix d'une stratégie, écrit Aron, dépend à la fois des buts de guerre et des moyens disponibles »[4]. Or, les buts de guerre ne sont pas seulement les buts *dans* la guerre, définis par le chef militaire et qui relèvent de ce que Clausewitz

---

[1] *Paix et guerre*, p. 28.
[2] « Thucydide et le récit historique », dans *Dimensions de la conscience historique* (1961), p. 131.
[3] Le sens de la relativité est donc d'une tout autre texture que le relativisme qui, quant à lui, n'est pas loin philosophiquement du nihilisme. Voir sur ce point Daniel J. Mahoney, « Dépasser le nihilisme. Raymond Aron et la morale de la prudence », dans C. Bachelier et E. Dutartre (éd.), *op. cit.*, p. 133-147.
[4] *Paix et guerre*, p. 42.

appelait la « grammaire stratégique ou guerrière », mais ils sont aussi les objectifs posés par l'intelligence politique qui doit voir au-delà de la guerre lors même que le conflit armé se déroule. C'est pourquoi, comme l'avait fait de son côté Liddell Hart, Aron a contesté l'exigence de capitulation inconditionnelle posée par Roosevelt en janvier 1943. Parce que chercher à voir au-delà de la conduite des opérations revient à endosser la *responsabilité* de la manière dont la guerre est menée, ce qui conditionne la nature du régime des négociations et l'organisation de l'après-guerre.

Le stratège et le diplomate sont les deux figures indissociables de la politique internationale. Il n'y a pas de rupture absolue entre situation de guerre et situation de paix sinon, sans doute, en cas de guerre totale. Mais, il s'est vu ces derniers temps que, dans une situation aussi pacifiée que l'est celle des relations entre les pays européens, membres ou non de l'Union européenne, la guerre pouvait resurgir, sur les marges sans doute du cœur de l'Europe, mais guerre dont la gestion, diplomatique autant que militaire depuis ses débuts, conditionnait largement la capacité de l'Europe de passer du statut de « puissance civile » à celui de puissance à part entière.

La paix et la guerre, le stratège et le diplomate déclinent alors leur dialectique grâce au rapport entre les moyens et les fins. La guerre est l'instrument de la politique qui doit en connaître la nature et les possibilités, c'est-à-dire aussi qui doit en assumer le risque. L'articulation de la diplomatie et de la stratégie doit être maintenue précisément pour réduire le risque de « non politique » qui s'est manifesté par exemple en France entre 1919 et 1936, et en 1945 lorsque les Américains ont rapatrié les *boys* sans prendre en considération la nouvelle conjoncture qui s'ouvrait. Risque qui est celui de l'illusion du découplage gérable de la politique et de son instrument militaire, ou encore illusion de la gestion possible « de la rupture entre guerre et paix »[1].

L'articulation de la théorie et de la pratique est donc menée par Aron grâce au primat conféré à la politique. Il résume cette étape en ces termes : « La primauté de la politique (…) permet de freiner l'ascension aux extrêmes, d'éviter que l'animosité n'explose en passion pure et en brutalité sans restrictions. Plus les chefs d'Etat calculent en termes de coût et de profit et moins ils sont enclins à l'abandon de la plume pour l'épée, plus ils hésitent à se livrer au hasard des armes, plus ils se contentent de succès limités et renoncent à l'ivresse de triomphes éclatants. La conduite *raisonnable* de la politique est seule *rationnelle* si l'on donne pour fin au commerce des Etats la survie des uns et des autres, la prospérité commune et l'économie du sang des peuples »[2].

---

[1] *Ibid.*, p. 53. Sur le cas français, voir Marc Bloch, *L'Etrange Défaite*.
[2] *Paix et guerre*, p. 57.

Aron déploie son réalisme par l'alliance d'une constatation (importance de la guerre) et d'une exigence (mener une politique raisonnable)[1]. Quelques notions aujourd'hui trop éludées assoient d'ailleurs le réalisme aronien : la puissance, la force, la gloire et l'idée. Comme le terme de « souveraineté » - équivoque et pourtant toujours utile[2] - celui de puissance exige quelques précisions, mais demeure pertinent. La puissance recouvre la capacité d'action sur la scène internationale. Elle est réelle ou potentielle, guidée par une combinaison de volonté de dominer et de recherche de gloire, guidée aussi par des idées. La part de chaque aspect varie. Mais, trois déterminants viennent en cerner la facture : le milieu, les ressources et la capacité d'action collective[3]. La puissance n'est donc pas d'origine univoque ; elle ne s'exerce pas comme une « expression pure et simple de rapports de force »[4]. Selon une série abstraite, supra-historique, qui rassemble les objectifs que les unités politiques se donnent, Aron estime que « l'espace, les hommes et les âmes »[5] désignent assez bien ce qui les a toujours fait se mouvoir et exercer leur puissance. Ces finalités de la politique étrangère sont elles-mêmes dépendantes de « *l'état des techniques* (de combat et de production) », des « idées historiques » et des coutumes qui prévalent sur la scène internationale. C'est dire que l'on ne saurait dresser un tableau figé de la « diplomatie éternelle » et qu'il ne saurait y avoir un *homo diplomaticus* comparable à *l'homo oeconomicus* de la théorie économique. Et, de même que la puissance ne constitue pas une donnée immuable, l'intérêt national varie au gré des régimes politiques, des idées des populations et des élites politiques.

D'ailleurs, l'importance conférée par Aron aux régimes politiques est aussi l'un des traits distinctifs de sa théorie réaliste par rapport au réalisme des anglo-saxons tel que celui de Morgenthau ou celui, néo-réaliste ou réaliste structural, de Kenneth Waltz[6]. En prenant en considération les régimes politiques, Aron fait une distinction entre les systèmes internationaux homogènes, composés d'entités politiques relevant du même type de conception de la politique, et les systèmes hétérogènes où les unités obéissent à des principes et des valeurs autres. Cette bipartition est

---

[1] Pour une approche du réalisme aronien, voir Alessandro Campi, « Raymond Aron et la tradition du réalisme politique », dans C. Bachelier et E. Dutartre, *op. cit.*, p. 235-248.
[2] *Paix et guerre*, p. 724-734.
[3] *Ibid.*, p. 65.
[4] *Ibid.*, p. 79.
[5] *Ibid.*, p. 84.
[6] Voir à ce sujet, Daniel J. Mahoney, *Le Libéralisme de Raymond Aron*, chap. 5 ; et Stephen Launay, *La Pensée politique de Raymond Aron*, Paris, Presses Universitaires de France, 1995, p. 218 et s.

complétée par la description de systèmes pluripolaires et de systèmes bipolaires qui possède, elle aussi, une portée supra-historique.

Le retour au dialogue des acteurs est alors nécessaire car c'est lui « qui fixe le sens de l'action »[1]. La loi de l'antagonisme qui prévaut en permanence rend la paix précaire et d'une facture qui ressemble à la situation de la danseuse de Degas : en déséquilibre à la fois nécessaire et voulu. Des trois types de paix que l'auteur distingue (paix d'équilibre, paix de déséquilibre et paix d'empire)[2], celle d'équilibre n'en est pas moins en déséquilibre, un déséquilibre géré, pourrait-on dire, parce qu'elle promeut une *balance* des forces qui n'est pas acquise pour toujours. Ce qui se lit de manière manifeste si l'on considère qu'à côté de ces trois types de « paix de puissance » adviennent des « paix d'impuissance » dont la paix de terreur est une espèce : « *La paix de terreur est celle qui règne (ou règnerait) entre unités politiques dont chacune a (ou aurait) la capacité de porter à l'autre des coups mortels*. En ce sens, la paix de terreur pourrait être qualifiée aussi paix d'impuissance »[3]. La fragilité du déséquilibre permanent tient aux éléments d'incertitude qui nourrissent la situation respective des protagonistes et la perception que chacun a de l'autre. Enfin, la « paix de satisfaction », notion inspirée de Paul Valéry dans ses *Regards sur le monde actuel*, supposerait « satisfaction universelle et confiance mutuelle » qui reviendraient à « une révolution dans le train des relations internationales »[4] : un dépassement de la politique de puissance par l'empire ou la loi.

La théorie des relations internationales, théorie politique essentiellement, doit receler ce caractère de souplesse qui sied aux théories qui s'attachent aux objets en permanente évolution et aux soubresauts inattendus, soit parce que l'on ne peut anticiper la grandeur de la réponse à une situation, soit parce que la bêtise, cette catégorie politique à part entière selon Bertrand de Jouvenel, a fait son œuvre. Citons Aron, à cette étape : « Si, écrit Aron, la conduite diplomatique n'est jamais déterminée par le seul rapport des forces, si la puissance n'est pas l'enjeu de la diplomatie comme l'utilité celle de l'économie, alors la conclusion est légitime qu'*il n'y a pas de théorie générale des relations internationales, comparable à la théorie générale de l'économie*. La théorie que nous sommes en train d'esquisser tend à analyser le sens de la conduite diplomatique, à dégager les notions fondamentales, à préciser les variables qu'il faut passer en revue pour comprendre une constellation. Mais elle ne suggère pas une « diplomatie éternelle », elle ne prétend pas à la reconstitution d'un système clos »[5].

---

[1] *Paix et guerre*, p. 173.
[2] *Ibid.*, p. 159
[3] *Ibid.*, p. 166.
[4] *Ibid.*, p. 168.
[5] *Ibid.*, p. 102.

Cette distance prise par Aron à l'égard des prétentions scientifiques voire scientistes de certains théoriciens des relations internationales nous amène, pour finir avec ce point, à suggérer l'existence chez lui d'une théorie au sens large, qu'il baptise *praxéologie* et qui se lit dès la Ière partie de *Paix et guerre* et qui est tout particulièrement explicite dans sa « note finale »[1]. Cette critique relève donc plus de la praxéologie que de la théorie *stricto sensu* dans la mesure où elle est le produit de l'attention portée à l'histoire se faisant et à sa conceptualisation et non pas seulement le résultat de joutes épistémologiques ou de la pure conceptualisation. Cela ressort non seulement du fait que la conceptualisation de la Ière partie est toujours illustrée par des exemples historiques, mais que, de manière générale, la loi de l'antagonisme comprend une part de hasard irréductible ou qui fait partie des données de la conduite de la guerre. A l'économiste (Oskar Morgenstern) qui prétend que la science politique devrait formaliser, par exemple, « les conseils donnés par Machiavel, en vue de découvrir si un système cohérent de règles de comportement peut être construit sur cette base »[2], Aron rétorque en relevant « le mélange de rigueur et de confusion, de profondeur et de naïveté caractéristique de certains esprits scientifiques aux prises avec les problèmes extérieurs à leur discipline, surtout aux prises avec les problèmes politiques »[3]. Où l'on voit qu'il n'y a pas une méthode d'approche unique qui serait qualifiable de scientifique et, qui plus est, qui serait applicable uniformément à toutes les disciplines, mathématiques, physiques, économiques et politiques ou autres. Aron continue en ce sens ses réflexions initiées avec sa thèse de 1938, son *Introduction à la philosophie de l'histoire*. La science politique n'est donc pas opérationnelle comme le sont la physique ou l'économie. « Il reste à savoir, se demande Aron, si la faute en est à l'insuffisance du savoir et des savants ou à la structure même de l'objet et de l'activité »[4]. Si la première option contient une part de vérité, elle est intimement liée à la seconde.

La structure de l'activité ne laisse que peu de place à la mathématisation, même à celle de la théorie des jeux. « Pour qu'il y ait un jeu au sens rigoureux du terme, pour qu'une solution mathématique définissant la conduite rationnelle soit possible, il faut qu'il y ait un début et une fin, un nombre fini de démarches par chacun des joueurs, un résultat, susceptible d'une évaluation, cardinal ou ordinale, pour chacun des joueurs. Aucune de ces conditions n'est, à proprement parler, remplie dans le champ des

---

[1] Nous la nommons « théorie au sens large » plutôt que « théorie générale » puisque, comme il a été vu, cette dernière expression renvoie aux théories qui peuvent se prétendre scientifiques.
[2] Cité dans *Paix et guerre*, p. 752.
[3] *Ibid.*
[4] *Ibid.*, p. 752.

relations internationales »¹. La raison de cette situation tient au fait que le « jeu stratégico-diplomatique réel [...] a pour caractéristique essentielle l'éventuel recours aux armes et que ce recours, dans la majorité des cas, comporte tout à la fois les aléas incalculables du déroulement des opérations et les transformations éventuelles des utilités et même des hiérarchies de préférences, par suite du caractère militaire revêtu par l'antagonisme »².

Par ailleurs, le scientisme de la modélisation résout à bon compte les antinomies de l'action politique et la distinction de la morale et de la politique. Il les résout en les éludant. Or, il existe une formulation de la morale propre à la politique internationale qui ne relève ni de la pure éthique de la conviction (qui appartient, à la rigueur, au seul individu qui ne tient pas compte des résultats), ni de la pure éthique de la responsabilité (qui, par obsession des seules conséquences, devient ou deviendrait immorale à force d'irréalisme : parce qu'elle négligerait les jugements moraux des hommes sur leurs élites politiques)³. Sur cette antinomie du problème machiavélien (les moyens légitimes) et du problème kantien (la paix universelle)⁴, Aron introduit un aspect un peu oublié de la doctrine de Proudhon. Dans *La Guerre et la paix. Recherches sur le principe et la constitution du droit des gens*, Proudhon reconnaît un certain droit subjectif de la force exercée par les hommes en groupes les uns contre les autres. Elle élève l'humanité au-dessus de la bestialité et lui donne « sa faculté révolutionnaire, la plus merveilleuse de toutes et la plus féconde »⁵. N'importe quel recours à la force n'est pas justifié. Mais si l'on fait de l'antinomie du droit et de la force une opposition irréductible, aucune norme juridique internationale n'est juste puisque son origine dans le travail des Etats est largement due à l'emploi de la force. L'appréciation que l'on porte sur les actions de politique étrangère ne saurait donc faire l'objet, le plus souvent, d'un jugement sans nuances. « En bref, conclut Aron, le jugement *éthique* sur les conduites diplomatico-stratégiques n'est pas séparable du jugement *historique* sur les buts des acteurs et les conséquences de leur succès ou de leur échec. S'en tenir à l'alternative du droit et de la force, c'est mettre ensemble et condamner en bloc toutes les tentatives révolutionnaires. Que ce jugement historique soit incertain (nul ne connaît l'avenir), souvent partisan, sans doute, ce n'est pas un motif valable de renoncer à toute discrimination »⁶.

---

¹ *Ibid.*, p. 756-757.
² *Ibid.*, p. 758.
³ On se souvient qu'il s'agit des deux types-idéaux développés par Max Weber dans sa conférence de 1919, *PolitikalsBeruf*. Pour le passage ci-dessus, voir « Qu'est-ce qu'une théorie des relations internationales ? », p. 379.
⁴ *Paix et guerre*, p. 565.
⁵ Cité dans *ibid.*, p. 591.
⁶ *Ibid.*, p. 592

L'espérance inhérente au jugement éthique, l'espérance kantienne est donc maintenue en même temps que sont maintenus les réquisits du jugement de fait. Le jugement politique ne saurait se déployer dans l'abstrait sans risquer l'aveuglement d'une logique folle qui amène à condamner les situations et régimes, toujours imparfaits, mais garants d'une liberté certaine tandis que l'on soutien des régimes qui nient les plus élémentaires des droits dont on réclame une réalisation plus entière dans les premiers. Cette morale de l'analyse aronienne avait été défendue dans *L'Opium des intellectuels* en 1955. Elle continue de valoir si l'on considère une partie des manifestations anti-américaines qui eurent lieu en France le 15 février 2003 : l'opposition à la volonté américaine d'intervention contre le régime irakien de Saddam Hussein se transforma parfois en soutien au dictateur de Bagdad.

Loin de tout moralisme comme de tout machiavélisme, la morale politique que prône Aron s'adresse aussi bien à l'homme d'Etat qu'à l'observateur. Tous deux impliqués dans l'histoire se faisant, ils doivent savoir prendre, chacun dans son style propre, la mesure des exigences de leur activité face aux exigences de l'action en situation de risque et d'incertitude. Cette morale, Aron la nomme « morale de la sagesse ». Les « arguments de principe et d'opportunité » forment la texture complexe, mais indépassable du « jugement de sagesse » qui en découle, jamais définitif, mais toujours fondé sur la connaissance la plus exacte des questions discutées. Le lecteur subodore, en filigrane, l'appel renouvelé d'Aron aux intellectuels « ivres de concepts » et surtout de jugements à l'emporte-pièce contre lesquels il a si souvent bataillé, qui tranchent de matières dont ils n'ont, au mieux, qu'une connaissance approximative qu'ils ne cherchent pas à préciser.

Le prosaïsme de la connaissance portant sur la politique doit être assumé par l'écrivain politique digne de ce nom ; ce qui ne veut pas dire qu'il abandonne pour autant les principes qui guident son regard. Et Aron de conclure : « La morale de la sagesse, la meilleure à la fois sur le plan des faits et sur celui des valeurs, ne résout pas les antinomies de la conduite stratégico-diplomatique, elle s'efforce de trouver en chaque cas le compromis le plus acceptable. Mais si la procession des cités et des empires se prolonge sans terme, les compromis historiques entre la violence et les aspirations morales sont-ils mieux que des expédients ? A l'âge thermonucléaire, suffit-il d'une politique qui réduise le volume et la fréquence de la violence ? Proudhon proclamait le droit de la force, mais il annonçait aussi une ère de paix. Maintenant que l'humanité possède les moyens de se détruire, les guerres ont-elles un sens si elles ne conduisent pas à la paix ? »[1].

---

[1] *Ibid*, p. 596.

Deuxième partie

L'évolution comme développement dans l'histoire avant Darwin

Histoire et évolution selon Kant

Laurent Gallois
Professeur de philosophie au Centre Sèvres

Histoire et évolution. La philosophie kantienne permet de réfléchir sur ces deux notions et ce qu'elles recoupent, tant du point de vue de leur domaine propre que d'une relation entre elles. Ces deux notions s'imposent très tôt, en effet, comme objets de la philosophie à l'esprit de Kant mais – il faut l'indiquer d'emblée – elles ne tiennent ce qu'elles sont, du point de vue de leur signification et de leur fonction, que de la présence de l'homme dans le monde, de son besoin de le connaître et de sa tâche d'y agir, vivre et habiter selon une existence sensée. Cette existence sensée répond, en particulier pour Kant, de l'idée de l'évolution de l'humanité selon une fin cosmopolitique : évolution envisagée d'un point de vue cosmopolitique et saisie comme histoire dans la forme du récit.

Comment l'histoire et l'évolution s'imposent-elles, toutefois, comme domaines qui relèvent de la philosophie pour Kant ? Comment l'histoire et l'évolution s'informent-elles mutuellement dans la philosophie kantienne ? Selon quelle approche et quelle forme ? Répondre à ces questions requiert de s'intéresser à un problème philosophique tôt travaillé par Kant : celui de l'histoire en tant que science.

1. Le problème de l'histoire en tant que science

Ce problème se pose explicitement dans l'*Histoire universelle de la nature et théorie du ciel* (1755), où Kant veut présenter « le grand développement du grand ordre de la nature », du système du monde qui s'offre à nos sens, en appliquant les lois « d'attraction et de répulsion », toutes deux empruntées à la « science de Newton ». Kant s'appuie alors sur la suffisance de la causalité mécanique newtonienne pour rendre compte de la formation de l'univers et de sa figure actuelle. Sa tentative s'inscrit dans la perspective de constituer et de présenter une histoire de la nature sans en appeler à une finalité divine : « je cherche à développer la constitution de l'univers à partir de l'état le plus simple de la nature par les seules lois mécaniques »"[1]. Il y a aussi une tonalité propre à cet ouvrage : le monde tel qu'il est n'a de sens que d'être habité par l'homme et d'être connu par lui. Pour mener à bien sa tâche, Kant situe le principe d'une histoire de la nature à même une théorie de la science de la nature comme système de lois : un système de lois produisant une série cohérente des événements du passé, s'enchaînant et se saisissant en tant qu'histoire – une histoire qui se prolongera et se transmettra comme savoir. L'histoire s'adosse ainsi à une théorie de la science de la nature comme système quand, dans le même temps, une réflexion méthodique sur la notion d'histoire fait défaut à Kant.

La question du statut de l'histoire, de son approche conceptuelle, reste également en suspens dans les écrits de Kant sur les tremblements de terre, rédigés en 1756 après celui de Lisbonne en 1755. Dans sa première publication relative à cet événement, intitulée *Des causes des tremblements de terre*, Kant prend le soin de préciser que son « dessein n'est pas de livrer une histoire (*Historie*) des tremblements de terre »[2]. Conduire un tel projet demanderait en effet de « remonter dans l'histoire (*Geschichte*) de la terre jusqu'au chaos » des commencements du monde pour pouvoir « dire quelque chose d'intelligent à propos de la cause » qui se situe « à l'origine des cavités au moment de la formation de la terre ». Or de « telles explications ont beaucoup trop l'apparence de contes quand on ne peut les présenter dans un ensemble entier de principes qui contient ce qui les rend dignes d'être crues (*ihre Glaubwürdigkeit*) »[3]. S'il ne peut être question de restituer une histoire des tremblements de terre, qui devrait avoir partie liée avec l'histoire de la terre elle-même, en remontant au moment originaire de sa formation (le chaos), il faut alors se contenter de l'événement qui vient de se produire, en sa particularité, pour « communiquer au public dans un essai détaillé une

---

[1] *Histoire universelle de la nature et théorie du ciel* (par la suite *Histoire*), Préface, Ak I 234, OP I p. 51-52
[2] *Des causes des tremblements de terre* [1756], Ak I 420.
[3] *Des causes des tremblements de terre*, Ak I 420. Avec *Glaubwürdigkeit*, c'est de la qualité du contenu communiqué dans la forme d'un récit et donc de l'authenticité et de la validité de ce contenu communiqué qu'il s'agit. Dans son cours de *Logique* dit *Philippi*, daté de 1772, Kant énoncé quatre critères pour que le contenu mis en récit par le témoin d'un évènement ou par un homme d'expérience ait dignité à être cru : ce témoin ou cet homme « doit avoir des connaissances suffisantes pour organiser des expériences. Il doit avoir consigné ce qui a été expérimenté », c'est-à-dire avoir rédigé un compte rendu d'expérience, faite selon un protocole. En outre, « il doit avoir la faculté de s'exprimer clairement et intelligiblement » : cela regarde la qualité même de l'acte de communication. Enfin, « il doit avoir une bonne volonté pour dire la vérité et aucun intérêt à dire ce qui est faux » (*Logique Philippi*, Ak XXIV 1.1 449-450). On le voit, en ce qui concerne une *histoire des tremblements de terre*, remonter à l'*origine des cavités au moment de la formation de la terre* se heurte au premier critère : une telle histoire est tout simplement impossible et, corrélativement, le savoir historique délivré par cet histoire.

histoire fouillée de ce tremblement de terre, son extension aux pays de l'Europe, ce qu'il a de remarquable et les considérations »[1] auxquelles il se prête. Le terme *histoire* y est employé, mais dans le sens de description. Il n'y a aucune référence explicite au temps, à une dimension temporelle. L'histoire prend la forme d'un essai (un écrit) destiné à un public, pour l'informer : le savoir qu'il en tirera sera à dire historique pour lui – en tant qu'il sera un savoir descriptif qui lui aura été communiqué[2].

Kant publie la même année *Histoire et description naturelle du tremblement de terre à la fin de 1755*. Il y marque la distinction entre le « récit » comme « histoire des malheurs que les hommes ont subis » par cet événement et la description « du travail de la nature, des circonstances naturelles remarquables qui ont abouti à cet événement terrible, et de ses causes ». L'histoire comme récit des malheurs provoqués par cette secousse tellurique pourra certes avoir « un effet sur le cœur », peut-être même un effet « sur l'amélioration du cœur »[3], qui puisse pousser l'homme à reconsidérer son rapport aux choses et aux biens devant une mort certaine toujours à craindre et à prendre le chemin d'une amélioration morale. Mais telle n'est pas la visée avec cet écrit. L'histoire dont il s'agit n'y gagne aucune facture propre qui dépasse la qualité d'un simple récit descriptif de ce qui s'est passé. Le simple fait de décrire l'événement, de raconter une juxtaposition de faits produits sur une période limitée, suffit pour définir ce qu'est l'histoire. L'histoire s'entend comme description de faits liés à un événement, description limitée à une période : la fin de l'année 1755.

Un premier pas vers une clarification du statut de l'histoire s'effectue dans l'*Annonce du cours de géographie physique* en 1757. Kant y situe physique et histoire de la nature dans un même plan de rigueur : cette rigueur doit être celle d'un système de savoir, d'une science. Il rattache en outre l'histoire de la nature au travail de la philosophie, le modèle restant toutefois celui d'une théorie newtonienne de la science de la nature : la tonalité de son *Histoire universelle de la nature et théorie du ciel* demeure attachée à ce sujet. En outre, Kant ne semble pas tenir de séparation entre géographie physique et histoire. Le terme *histoire* (*Geschichte*) figure en effet dans l'intitulé même de cinq sections présentant ce qu'elles développeront. Mais

---

[1] *Des causes des tremblements de terre*, Ak I 427.
[2] Pour reprendre les développements de Kant dans l'*Architectonique de la raison pure* de la *Méthodologie* de la *Critique de la raison pure*, d'une part ; dans la *Logique* (*Jäsche*), d'autre part.
[3] *Histoire et description naturelle du tremblement de terre à la fin de 1755*, Ak II 434. Cet effet aura rapport, plus tard dans le développement de la philosophie kantienne, avec l'expérience du sublime où l'homme est replacé devant sa destination suprasensible – en termes kantiens : sa détermination morale, d'où son existence peut se signifier comme existence sensée s'il vit selon cette détermination.

Kant le cantonne au registre de la description des éléments de la nature. La dimension temporelle en est encore absente[1]. En revanche l'avant dernière section de cette annonce de cours se réfère à l'histoire comme reconstruction et restitution du passé. Elle intègre la dimension du temps puisqu'elle s'intéresse « aux changements que la terre a subis jusqu'ici »[2], prévoyant de remonter pour cela « aux temps les plus reculés »[3] afin de développer une « théorie de la terre » en exhumant les « fondements de l'histoire ancienne »[4]. Ces fondements de l'histoire ancienne, qui doivent être portés au jour pour expliquer les changements de la terre, sont à assembler dans une théorie dont le modèle emprunte de nouveau à celui des sciences de la nature. Il n'y a toujours pas d'autonomie, en quelque sorte, de l'histoire, telle que Kant l'entend quand il l'applique à la nature, par rapport à ce à quoi il l'adosse : le modèle newtonien des sciences. Aucune séparation ne semble en outre s'établir entre géographie physique et histoire, toutes deux de fonction et de portée descriptives.

Toutefois, entre les années 1770 et 1780, c'est-à-dire dans la période de maturation et de composition de la *Critique de la raison pure*, Kant s'efforce de marquer une distinction entre ce qui relève proprement de la géographie et ce qui relève proprement de l'histoire en général, d'une part, de réviser le rapport entre simple description de la nature et histoire de la nature, d'autre part. Les indices en sont livrés tant dans les *Reflexionen* de Kant que dans les rares opuscules publiés durant cette période.

Ainsi, pour ce qui est de la distinction entre géographie et histoire : « en géographie, il y a quelque chose de permanent, dont le concept sert à ordonner le divers de l'observation selon ce qui suit, à savoir les surfaces de la terre divisées en climats, terres et mers. Rien ne demeure en histoire (*Historie*) qui puisse mettre en main une idée de ce qui varie. Il n'y a rien que l'idée de l'évolution de l'humanité et, assurément, selon ce qui constitue la plus grande unification de ses forces, à savoir l'unité civile et l'unité des peuples et certes, comment elles se perpétuent avec tous leurs moyens et leurs effets (sciences, religion et même histoire des peuples), par quoi les

---

[1] Histoire de la terre ferme et des îles (Ak II 5) ; Histoire des sources et des fontaines ; Histoire des fleuves et des ruisseaux ; Histoire des masses d'air (Ak II 6) ; Histoire des vents (Ak II 7).
[2] *Annonce*, Ak II 7, 26-27.
[3] *Annonce*, Ak II 8, 7.
[4] *Annonce*, Ak II 8, 21. Cette section s'attardera sur les hypothèses de différents auteurs mentionnés par Kant (Woodward, Burnet, Whiston, Leibiz, Buffon), les jugera et se risquera à la formulation de résultats. Ce travail de mise en histoire des changements passe ainsi par l'analyse critique d'autres théories de la formation et de l'évolution de la terre. L'intérêt porté aux changements que la terre a subis intègre par ailleurs au travail de mise en histoire la dimension temporelle.

hommes peu à peu viennent à la lumière (*aufgeklärt*) »[1]. La différence entre géographie et histoire, au sens le plus général des termes, va à ce qui demeure de façon permanente en sa donnée brute – terres, mers, montagnes, fleuves, l'homme comme homme, les vivants, les plantes – et ce qui varie, explicitement rattaché à l'évolution de l'humanité, évolution dont il faut pouvoir se faire une idée – ce qui implique très exactement le travail de la raison pour Kant –, une idée de nature politique et cosmopolitique – il est question de l'unité des peuples. Or, avant de traiter de l'évolution de l'humanité d'un point de vue politique et cosmopolitique, Kant entend aussi aborder, en cette même période, la question de l'évolution de l'humanité du point de vue des races qui sont apparues dans le temps et en différents lieux de la terre, à partir d'une souche humaine unique : ce qu'il entreprend dans *Des différentes races humaines* (1777)

Dans cet opuscule, Kant rejette la classification scolastique des vivants en genres et espèces, non seulement parce qu'elle est purement descriptive, mais encore parce qu'elle est erronée dans la mesure où, assimilant les races à des espèces, elle introduit, au sein de la famille humaine des différences de nature entre les diverses races : « les hommes appartiennent non seulement à un seul et même genre, mais encore à une même famille (...) Un genre animal qui possède en même temps une même souche, ne groupe pas en son sein différentes espèces (car celles-ci expriment précisément la différence d'origine). Les formes variées qui en sont issues s'appellent des dérivations, si elles sont héréditaires » : dérivations qui pour Kant, quand elles traversent les temps et les générations en s'adaptant naturellement aux lieux, aux terres, aux climats, sont à désigner par le terme « *races* »[2]. Par ailleurs, Kant réfute que l'on puisse agir sur les différentes races humaines, afin de favoriser le développement de « certaines lignées humaines chez qui intelligence, habileté, droiture seraient héréditaires »[3]. Il faut au contraire laisser les noyaux germinatifs et les dispositions originaires de l'homme, présentes dès la souche commune de l'humanité, se développer naturellement au fil des générations, selon les circonstances.

C'est dans un passage relatif au développement des noyaux germinatifs et des dispositions naturelles de l'homme que Kant révise le rapport entre *description de la nature* et *histoire de la nature*. Ainsi, « nous prenons habituellement dans un même sens les dénominations *Description de la nature* et *Histoire de la nature*. Mais il est clair que la connaissance des choses de la nature, telles qu'elles sont maintenant, nous fait toujours désirer la connaissance de ce qu'elles ont été auparavant, quelle série de changements elles ont traversé pour en arriver en tout lieu à leur état présent.

---

[1] *Reflexion* 1404 (années 1772-1777), Ak XV 612.
[2] *Des différentes races humaines* [1777], Ak II 430, Flammarion p. 48-49.
[3] Ibid. Ak II 431, Flammarion p. 50.

L'*Histoire de la nature*, qui nous fait presque entièrement défaut, nous enseignerait le changement de la forme terrestre avec celui des créatures (plantes et animaux) qu'elles ont subi par évolution naturelle et les dérivations qui en sont issues à partir du modèle de souche originaire (…) [Elle] transformerait le système scolastique si diffus de la description de la nature en un système physique pour l'entendement »[1]. Ce que la description de la nature n'intègre pas mais qui serait présent à la tâche d'une histoire de la nature, si elle existait, c'est la notion de changement pour la nature elle-même et celle d'évolution pour les êtres vivants de la nature : évolution que les lois de formes newtoniennes échouent à expliquer mais qui peut seulement se réfléchir, comme on le verra plus loin, en recourant au principe de finalité, naturelle aussi bien que morale en ce qui concerne l'homme. Au terme de l'opuscule, Kant souligne de nouveau l'insuffisance de la description de la nature, qu'elle soit scolastique ou non, d'ailleurs, quand il s'agit de comprendre et de présenter l'évolution des êtres vivants au fil des âges. Ainsi, « la description de la nature (l'état actuel de la nature) est loin de suffire pour donner la raison d'être de la diversité des dérivations. On doit, aussi adversaire qu'on soit, certes à bon droit, de la témérité des opinions, faire l'essai d'une histoire de la nature, qui est une science séparée qui pourrait peu à peu progresser des opinions aux vues de la connaissance »[2]. Dans une note qui figure dans la première édition de cet opuscule mais est retirée de la seconde, Kant rattache, sans s'en expliquer d'ailleurs, cette histoire de la nature à la géographie physique comme ce dont cet écrit *Des différentes races humaines*, avec l'objet qu'il traite, à savoir l'évolution des êtres vivants dans le temps et au fil des âges jusqu'à leur état présent, fait partie en même temps qu'il l'annonce : « la *Géographie physique* que j'annonce par là appartient à une idée que je me fais d'un enseignement académique utile et que je peux désigner comme exercice préalable à la connaissance du monde »[3].

Le cours de *Géographie physique*, publié en 1802 par Rink[4] à la demande de Kant, précisera clairement le rapport entre histoire et géographie physique en leur distinction, mais aussi en leur nécessaire relation. Il intègre les dimensions temporelle et spatiale à chacune d'elles.

---

[1] Ibid. Ak II 434*, Flammarion p. 55.
[2] Ibid. Ak II 443, Flammarion p. 67.
[3] Ibid. Ak II 443. Cet enseignement est utile car il prépare les étudiants qui seront les adultes de demain à entrer sur la scène du monde. Cette scène est, pour Kant, celle de leur détermination morale, c'est-à-dire de la détermination de la volonté selon la loi morale, dont la raison pratique pure est unique source pour Kant – il donne, dans le temps même où il rédige cet opuscule, des *Leçons de philosophie morale* parallèlement à ses cours de *Géographie physique*.
[4] Il fut donné 49 fois entre 1756 et 1796. Il sera lu, ici, sur fond des acquis de la période critique.

2. Histoire et géographie physique

L'histoire et la géographie ont en commun d'être toutes les deux appelées « description (*Beschreibung*) ». Mais leur différence tient à ce que l'histoire est une « description selon le temps », tandis que la géographie, « une description selon l'espace ». Ainsi « l'histoire concerne les événements qui, du point de vue du temps, ont eu lieu les uns après les autres » : c'est de successivité selon le temps qu'il est alors question. De son côté, « la géographie concerne des phénomènes qui, du point de vue de l'espace, ont lieu en même temps »[1]. Histoire et géographie partagent ainsi le fait de pouvoir être désignées comme descriptions, selon les formes pures de la sensibilité, le temps pour la première, l'espace pour la seconde : formes respectives du sens interne et du sens externe selon lesquelles les objets du monde sont donnés au pouvoir de connaître, conformément aux développements et aux acquis de l'*Esthétique transcendantale* et de l'*Analytique transcendantale* de la *Critique de la raison pure*.

Si histoire et géographie s'entendent comme description, l'une selon le temps, l'autre selon l'espace, ceci ne signifie en aucune manière que le temps est absent du travail de la géographie. Celle-ci considère en effet des phénomènes, qu'elle a certes charge de décrire, mais en tant qu'ils surviennent en même temps. Avec la notion de phénomènes qui se produisent en même temps selon l'espace et que la géographie s'emploie à décrire, c'est aussi la question de l'existence elle-même de ces phénomènes qui se pose ainsi que celle du rapport entre eux (rapport de simultanéité) : ce qui appelle en arrière-fond, toujours selon les acquis de la *Critique de la raison pure*, l'emploi des concepts de l'entendement relativement à ce donné phénoménal – emploi réglé par les principes de l'entendement (en particulier les analogies de l'expérience pour le rapport entre existants)[2] – pour qu'une connaissance (empirique) puisse se constituer. Avec le temps et l'espace, formes pures de la sensibilité selon lesquelles les objets sont donnés au pouvoir de connaître, c'est en effet de connaissances empiriques qu'il est question : connaissances dont « l'histoire et la géographie élargissent (*erweitern*) »[3] le champ. Pourquoi et comment cela ?

---

[1] *Géographie physique* (par la suite *Géo*), Ak IX 160.
[2] Les concepts de l'entendement n'ont d'usage légitime que dans les limites d'une expérience possible du monde sensible. Un objet donné selon les formes de la sensibilité – l'espace et le temps – y est alors constitué en objet de connaissance. Les idées de la raison règlent, quant à elle, cet usage en cherchant à le conduire le plus loin possible dans les limites du monde sensible, vers un système final et intégré du tout de la connaissance.
[3] *Géo*, Ak IX 160.

Histoire et géographie élargissent le champ de la connaissance dans la mesure où chaque être raisonnable se heurte à sa propre finitude relativement à ce qu'il peut connaître par expérience propre (immédiate) d'une part, dans la mesure où elles sont, d'autre part, marquées du caractère de communicabilité quant à ce qu'elles exposent. Ce qu'elles communiquent en effet, c'est la connaissance qu'autrui acquiert par expérience propre : c'est l'expérience d'autrui comme connaissance. Certes, « nous devrions (*sollten*) nous occuper seulement de notre propre expérience ». Or, « parce que celle-ci ne suffit pas pour tout connaître », compte tenu d'une durée de vie limitée dans le temps, d'une part, quand bien même seraient effectués durant cette vie de nombreux voyages dans le monde, d'autre part, « nous devons (*müssen*) nécessairement nous servir aussi de l'expérience étrangère », de l'expérience d'autrui. Ce qui requiert alors de ces expériences qu'elles soient communicables – l'écrit étant plus fiable que la transmission orale – comme « informations » grâce auxquelles « nous élargissons nos connaissances comme si nous avions nous-mêmes traversé par la vie la totalité du monde compris jusqu'ici » : la communication de ces informations devant prendre forme soit de « l'histoire » comme « récit (*Erzählung*) », soit de la « géographie » comme « description (*Beschreibung*) »[1].

Un double accent se porte donc sur la notion d'histoire (*Geschichte*) : celui du récit, comme forme que la communication d'informations ou d'expériences étrangères à autrui doit revêtir ; comme description d'événements qui se succèdent dans le temps, comme description selon le temps. Récit et description selon le temps font couple pour définir ce qu'est l'histoire : la temporalité du récit s'adossant à la successivité des événements dans le temps. Quant à la distinction entre histoire et géographie que Kant marque dans ce cours, elle procède, non des domaines d'objets propres à chacune d'elles, c'est-à-dire non des contenus qu'elles exposent et communiquent, mais des seules formes de la sensibilité selon lesquelles les objets sont donnés au pouvoir de connaître : le temps et l'espace.

Pour signifier cette distinction, Kant introduit en effet un autre terme, *Historie*, pour laquelle interviennent le temps, où se succèdent des événements dont elle livre le récit, mais aussi l'espace : « l'histoire (*Geschichte*) de ce qui arrive (*geschieht*) en des temps différents, et qui est l'histoire (*Historie*) proprement dite, n'est rien d'autre qu'une géographie continue ». Pour Kant en effet, le lieu et les circonstances saisis selon la forme de l'espace sont indispensables pour la perfection de l'information (*Nachricht*) communiquée, pour la perfection de la transmission de la connaissance (qui, reçue par le destinataire, est à dire historique) : « c'est une des plus grandes imperfections historiques quand on ne sait pas en quel endroit quelque chose est arrivé et en quelle circonstance elle a eu lieu » – le

---

[1] *Géo*, Ak IX 159.

lieu engageant avec lui l'espace. Que l'histoire (*Geschichte*) s'identifie comme *Historie* à une géographie continue n'annule cependant pas leur différence : « l'histoire (*Historie*) est différente de la géographie seulement du point de vue de l'espace et du point de vue du temps ». L'histoire opère comme « information sur des événements qui se succèdent et a rapport au temps ». Mais la « géographie est une information sur des événements qui se produisent les uns à côté des autres dans l'espace ». Dans les deux cas, l'information se communique selon une forme qui est celle, encore une fois, du « récit » pour l'histoire, de la « description »[1] pour la géographie. Ce n'est donc pas le domaine des objets, des événements comme contenus de savoir, qui marque la différence entre histoire et géographie, mais bien les formes pures de la sensibilité, selon lesquelles les événements du monde se donnent comme phénomènes au pouvoir de connaître d'une part, pour être restitués dans un récit ou une description, comme histoire ou comme géographie d'autre part. Dans la différence entre histoire comme récit (description selon le temps) et géographie comme description selon l'espace doit néanmoins jouer le rapport lui-même entre temps et espace : entre forme du sens interne, milieu de la synthèse de ce qui est donné selon les formes de la sensibilité et de ce qui est pensé selon les concepts de l'entendement, synthèse selon laquelle un objet de connaissance se constitue, et forme du sens externe, selon laquelle ce qui est donné dans le monde sensible est reçu par le pouvoir de connaître pour qu'il le constitue alors en objet de connaissance[2].

---

[1] *Géo*, Ak IX 161.
[2] Dans le rapport entre temps et espace, le temps est milieu de la synthèse entre ce qui est donné au pouvoir de connaître selon les formes de la sensibilité et ce qui est pensé selon les concepts de l'entendement, l'unité de cette synthèse s'adossant à l'unité de la conscience originaire de soi selon le sens interne. Or la conscience interne de soi fait couple avec la conscience immédiate d'autres existences hors de soi, c'est-à-dire des existences perçues selon la forme du sens externe, c'est-à-dire selon l'espace : l'expérience, que l'homme fait de son auto-affection dans la perception de l'unité de la conscience originaire de soi, suppose toujours le rapport présent à l'espace – dans la conscience originaire de soi, c'est la dimension corporelle de l'homme qui est impliquée, corps existant parmi d'autres existences. De même, l'histoire comme récit (comme description selon le temps d'événements qui se succèdent) doit impliquer un rapport toujours présent à la géographie (description selon l'espace d'événements ayant lieu en même temps). Mais parce que l'histoire s'entend comme géographie continue, le *continu* qui qualifie la géographie pour qu'il y ait histoire désigne une fonction du récit où doit s'effectuer l'analogue d'une synthèse. Ce que le temps comme milieu de la synthèse entre ce qui est donné et ce qui est pensé est à l'espace pour que se constituent des connaissances, l'histoire comme récit selon le temps doit l'être à la géographie pour qu'une connaissance (la moins imparfaite possible) puisse être communiquée et reçue en tant que connaissance alors dite historique (elle est *ex datis*). Et ce que le temps et l'espace sont à l'entendement dans son rapport à la sensibilité pour que se

La distinction établie entre histoire et géographie physique permet à Kant de revenir sur la question d'une histoire, possible, de la nature : « nous pouvons avoir une description de la nature mais non une histoire de la nature »[1]. Ce problème tient aux termes mêmes qui se mettent en présence : histoire et nature. Ce qui est en effet requis pour une histoire de la nature « rigoureusement nommée », c'est d'embrasser la série du temps depuis qu'il est possible de parler de nature, pensée et connue comme telle : « l'histoire de la nature n'est pas plus récente que le monde lui-même »[2] offert selon les formes de la sensibilité au pouvoir de connaître. Cette série du temps, à saisir dans sa totalité jusqu'ici devrait alors l'être en ayant partie liée avec la question d'un commencement du monde dans le temps. Or la *Critique de la raison pure* montre dans la première antinomie que la raison, eu égard à sa propre nature dialectique, s'embarrasse dans des contradictions quand elle essaie de penser le « commencement (*Anfang*) » du monde « dans le temps » et ce monde comme étant « renfermé dans des limites quant à l'espace »[3]. A cette thèse s'oppose en effet immédiatement une antithèse, selon laquelle « le monde n'a ni commencement ni limites dans l'espace,

---

constituent synthétiquement en objets de connaissance les objets donnés dans le sensible, l'histoire et la géographie le sont à la raison dans son rapport au monde observé et réfléchi. L'histoire comme récit selon le temps exerce en effet une fonction d'unité en tant qu'elle opère l'analogue d'une synthèse ou d'une unification des éléments reçus de la géographie. Or pour Kant, cette fonction d'unité implique l'idée de l'unité elle-même de ce qui doit, de la géographie, être réuni, en tant que « l'unité de l'histoire à partir de cette idée est systématique », c'est-à-dire, « fait un système à partir de cette idée » (*Reflexion* 1420, années 1772-1778 ?, Ak XV 618). C'est exactement de mise en système conduite par la raison selon les termes de la *Critique de la raison pure* qu'il s'agit, puisque toute idée est la règle et l'orientation que la raison se fabrique pour conduire son œuvre de d'unification systématique des connaissances : l'histoire comme récit selon le temps étant cette forme que la raison se donne pour effectuer sa tâche de systématisation, au fil du temps, de ce qu'elle reçoit, en différents moments du temps, par la géographie, forme que la raison se donne aussi. A l'histoire, comme géographie continue, revient alors la charge de lier les différentes géographies élaborées (comme descriptions selon l'espace) au fil du temps. Il y a donc pour l'histoire une fonction de liaison entre différents donnés, comme il y a une fonction de liaison synthétique pour le temps (forme du sens interne) entre ce qui est pensé et ce qui est donné au pouvoir de connaître selon les formes de la sensibilité. Mais le temps ne peut être milieu de la synthèse du pensé et du donné que dans la mesure où quelque chose est effectivement donné : ce qui suppose l'espace. De même, l'histoire ne peut donner lieu à un récit faisant liaison que dans la mesure où il y a pour elle un donné : un « substrat », c'est-à-dire la « géographie » (Ak IX 163), pour Kant.

[1] *Géo*, Ak IX 161.
[2] *Géo*, Ak IX 162.
[3] *CRPu*, *Antinomie de la raison pure*, *Premier conflit*, Ak III 294.

mais il est infini aussi bien par rapport au temps que par rapport à l'espace »[1] – thèse et antithèse étant toutes les deux fausses. Il ne peut donc pas y avoir d'histoire de la nature proprement dite parce qu'il ne peut pas y avoir un commencement du monde dans le temps qui serait isolable et observable en tant que tel : parler de commencement du monde dans le temps n'a pas de sens. En outre, pour constituer une histoire de la nature, il faut aussi pouvoir disposer d'informations fiables, transmises dans le temps. Ce qui suppose un support de ces informations et de cette transmission : ce support étant, pour le plus sûr, « l'écriture ». Or « nous ne pouvons même pas garantir l'exactitude de nos informations depuis la naissance de l'écriture », qui, de plus, est probablement précédée par « un espace immense de temps, vraisemblablement sans comparaison plus grand qu'on ne l'indique dans l'histoire »[2] relative à cette invention.

Pour bien faire sentir les difficultés qu'il y a à vouloir élaborer une histoire de la nature, Kant mentionne celles que l'on rencontrerait si l'on cherchait à livrer, par exemple, une histoire naturelle des chiens, rendant compte des différentes races existantes : c'est retrouver le problème de l'évolution du vivant. Il faudrait pour cela partir d'une « souche (*Stamme*) » unique dont les dispositions se déploieraient en des directions différentes, donnant lieu à des « transformations à travers toutes les époques sous l'effet de la différence des pays, des climats, de la reproduction etc. », aboutissant aux races que l'on dénombre. Mais une telle histoire procéderait plus de « conjectures » risquées à partir de « l'expérience » qu'elle ne prendrait appui sur « une information exacte »[3]. En particulier, la souche n'est pas déterminable comme telle, comme objet d'une expérience. Elle est seulement une idée, permettant de réfléchir sur des transformations, des évolutions ; une idée qui doit relever, quant à son emploi, d'un principe téléologique.

S'il faut renoncer à atteindre une histoire de la nature comme description selon le temps de tout ce qui a pu se passer depuis les commencements du monde, particulièrement en ce qui concerne l'évolution des êtres vivants, ce renoncement ne ferme pour autant pas les portes à une pensée de l'histoire. La philosophie doit en effet traiter cette question de l'histoire. Mais il faut pour cela cerner en quel plan se situer, rechercher selon quelle manière légitime procéder. En d'autres termes : discerner selon quel usage la raison doit s'exercer pour suivre la diversité et la variété de toutes choses à travers le temps.

---

[1] Ibid., Ak III 295.
[2] *Géo*, Ak IX 162.
[3] *Géo*, Ak IX 162.

3. Evolution de l'humanité et histoire de l'humanité

Histoire et géographie se distinguent dans le cours de *Géographie physique*, en tant qu'une géographie, comme description de la nature selon l'espace est possible, et peut être exposée, alors même qu'une histoire de la nature comme description de la nature selon le temps ne fait pas sens. En revanche, la question de l'histoire est digne d'attention en philosophie, à condition de ne plus travailler à une histoire de la nature qui partirait du commencement ou de l'origine des choses dans le monde mais à une histoire qui propose un récit de leur évolution dans le temps, en particulier quand ces choses sont des êtres vivants observés du point de vue de leur variété et de leur diversité. S'investir sur cette évolution, c'est alors pour l'histoire remplir sa fonction de liaison par le récit (description selon le temps) des différentes géographies établies à des époques différentes et obéissant à une subdivision en géographie physique, morale et politique, tenue par Kant dès les années 1765-1766 : cette fonction de liaison par le récit étant celle du *continu* (l'histoire est une géographie continue). La téléologie s'offre pour réfléchir sur l'évolution des êtres et des choses.

Le principe de téléologie – finalité – vaut en particulier quand il s'agit de réfléchir, pour en juger, sur la notion de races humaines rattachée à la question de l'évolution de l'humanité que l'on voudrait saisir et présenter dans une histoire de la nature. Ainsi, pour Kant dans *Sur l'usage des principes téléologiques en philosophie*, publié en 1788, « sans un principe conducteur d'après lequel il faudrait chercher, rien qui soit conforme à une finalité n'aurait jamais été découvert »[1]. L'usage, toutefois, de la téléologie dans une enquête sur l'évolution de l'humanité du point de vue des races humaines n'annule pas la différence entre histoire de la nature et description de la nature. Elle a été affirmée dans *Des différentes races humaines*. Elle est maintenue dans l'opuscule de 1788.

Annuler la distinction entre description de la nature et histoire de la nature, « entendre » sous cette dernière expression « un récit des événements naturels, ce à quoi aucune raison humaine ne parvient, par exemple, parvenir à la première origine des plantes et des animaux », ceci reviendrait à faire « à vrai dire » d'une telle histoire « une science pour les dieux qui étaient présents » à cette émergence du vivant, ou « même en étaient les auteurs », mais non une « science pour les hommes ». Envisager ainsi l'histoire de la nature conduirait à sortir des limites de la raison, alors même qu'elle a appris à critiquer son propre pouvoir de connaître en ces limites mêmes. L'histoire de la nature comme science pour les hommes doit au contraire viser à « remonter l'enchaînement de certaines propriétés actuelles des choses de la

---

[1] *Sur l'usage des principes téléologiques en philosophie* (*Téléologie*), Ak VIII 161, OP II p. 563-564.

nature avec leurs causes en des temps les plus reculés selon des lois de causalité »[1] : les lois naturelles de causalité définissant les limites de cette remontée. Une telle entreprise « entièrement hétérogène » à une « description de la nature », ne peut toutefois contenir et « exhiber que des fragments et des hypothèses chancelantes ». Comme « science », l'histoire de la nature présente alors plus l'allure « d'une esquisse » que d'une « œuvre ». Elle prend même la forme d'un ensemble de connaissances dans lequel « on pourrait bien trouver pour la plupart des questions un blanc »[2]. Dans cette entreprise, il faut de toute façon conserver le terme « histoire (*Geschichte*) dans la signification » héritée du « grec *Historia* (récit, description) », sans l'identifier à la « recherche de l'origine »[3], recherche que l'on prétendrait conduire sous le mode d'une investigation de la nature (*Naturforschung*).

En se contentant de remonter du présent aux temps seulement *les plus reculés* et non à une origine ou à un commencement des choses dans la nature ou du monde lui-même[4], en appuyant cette entreprise sur les lois naturelles de causalité qui existent de fait, en demeurant conscient par ailleurs des blancs et des questions en suspens qu'une telle entreprise laisse, en tenant fermement la séparation entre description de la nature (selon l'espace) et histoire de la nature (récit, description selon le temps), en faisant enfin de l'évolution subie par les êtres vivants dans le temps ce sur quoi cette histoire doit porter son attention : alors il est permis d'espérer que « l'on apprenne à connaître de manière déterminée l'étendue (*Umfang*) des connaissances réelles dans l'histoire de la nature (car on en possède bien quelques-unes), et en même temps aussi les bornes inhérentes à la raison elle-même aussi bien que les principes selon lesquels elle serait à étendre (*erweitern*) de la meilleure manière possible »[5]. Ces bornes sont celles assignées à son usage spéculatif : la raison seulement spéculative ne peut prétendre déterminer quelque origine que ce soit des choses de la nature dans l'histoire, comme la souche originaire de l'humanité, ou quelque commencement que ce soit du monde dans le temps. Mais l'extension la meilleure possible de la raison implique les différents usages selon lesquels elle s'exerce légitimement ainsi que les principes liés à ces usages, la *Critique de la raison pure* comme la *Critique de la raison pratique* ayant établi comment les usages de la raison doivent se rapporter les uns aux autres

---

[1] *Téléologie*, Ak VIII 161-162, OP II p. 564.
[2] *Téléologie*, Ak VIII 162, OP II 565.
[3] *Téléologie*, Ak VIII 162-163, OP II 565-566.
[4] On se heurterait, de toute façon, à la première antinomie de la raison pure. Voir les notes 60 et 61, supra.
[5] *Téléologie*, Ak VIII 162, OP II 564.

pour qu'ils soient légitimement exercés, comment les principes liés à ces usages doivent être engagés, selon quelle primauté[1].

L'usage pratique pur a primauté sur les autres usages[2], la « *Critique de la raison pratique* » ayant montré, comme Kant le rappelle dans *Sur l'usage des principes téléologiques en philosophie*, « qu'il y a des principes pratiques purs » par lesquels la raison se détermine et « qui lui indiquent (*angeben*) a priori sa fin »[3]. Cette fin est « donnée a priori de façon déterminée par la raison pratique », ceci « dans l'idée de souverain bien »[4], c'est-à-dire dans l'idée d'un « monde conforme à toutes les lois morales »,

---

[1] La raison, chez Kant, n'est pas un instrument, au sens de *Werkzeug*, dont on use extérieurement selon des règles logiques pour qu'elle remplisse au mieux sa fonction de pouvoir de connaître. La raison est aussi cette instance qui s'autorise d'elle-même selon des principes et des formes qu'elle se donne pour réaliser un dessein et s'impliquer dans ce dessein comme maîtresse d'œuvre (*Ausrichterin*). Elle est, à ce titre, une raison vivante, mais une raison qui, dans son rapport à elle-même et aux connaissances qu'elle atteint, est insatisfaite. Pour Kant, comme il le développe devant ses étudiants dans ses *Leçons de métaphysique*, contemporaines de la maturation et de la rédaction de la *Critique de la raison pure*, la raison ne peut pas se suffire de connaissances limitées au monde sensible. Elle fait alors œuvre métaphysique et se tourne – c'est de l'ordre d'un besoin – vers les objets traditionnels de la métaphysique – l'âme, le monde comme Tout, Dieu – dont elle se fabrique les idées. Mais elle risque de le faire, si elle n'y prend pas garde, selon un usage à dire seulement spéculatif : un usage source d'illusion quand elle utilise ces idées en appliquant aux objets qu'elles contiennent les concepts de l'entendement, oubliant que les objets de la métaphysique sont hors du sensible tandis que les objets sensibles sont ceux auxquels les concepts de l'entendement n'ont de sens et de raison d'être que de leur être appliqués. La raison s'exerce aussi selon un usage théorique, empirique et pratique, comme Kant l'expose, aussi bien dans la *Critique de la raison pure* que dans la *Critique de la raison pratique*. L'usage théorique est l'usage selon lequel la raison fait connaître a priori ce qui est : les lois universelles de la nature selon leur forme universelle et leur nécessité. L'usage pratique est l'usage selon lequel la raison détermine la volonté et la liberté humaine en vue de ce qui doit arriver : un agir technique, selon des règles de l'habileté ; un agir pragmatique dans la quête du bonheur, selon des règles de prudence ; un agir moralement déterminé, selon les lois morales, lois dont la raison pratique pure est unique source, l'usage étant à dire pratique pur en ce dernier cas. Enfin, l'usage empirique est celui où la raison guide l'entendement dans le champ des expériences vers la plus grande extension possible des connaissances, la raison faisant de ses idées et du principe de finalité naturelle un usage régulateur, l'usage spéculatif de la raison se couplant en ce cas à son usage empirique en le servant.

[2] Affirmée dès la *Critique de la raison pure*, établie dans la *Critique de la raison pratique*).

[3] *Téléologie*, Ak VIII 182, OP II 590-591.

[4] *Téléologie*, Ak VIII 159, OP II 561.

dans l'idée « d'un monde moral »[1], d'un « monde meilleur » dont l'homme peut développer en lui « l'aptitude » à en « devenir le citoyen » s'il décide de vivre selon les lois morales que la raison, en tant que « pouvoir pratique en elle-même »[2], lui présente comme « fin ultime de l'existence d'un monde »[3] : la valeur du monde tenant au sens de l'agir de l'homme en son aptitude à se déterminer moralement, y compris pour cet agir particulier qui est celui de l'homme de science, que cet homme cherche à connaître les lois naturelles du monde ou qu'il réfléchisse sur l'évolution de l'humanité du point de vue des races humaines pour la présenter dans une histoire de la nature, comme c'est le cas dans *Sur l'usage des principes téléologiques en philosophie*. Ce que Kant est en train d'écrire, c'est que la raison, selon son usage pratique pur, se rapporte par la loi morale, dont elle est l'unique source originaire, « à la totalité de toutes les fins »[4] – qu'elles soient naturelles pour réfléchir sur le divers et sur l'évolution des êtres et des choses[5] ou morales pour s'approcher de la réalisation du souverain bien – unifiée en un système des fins. Et c'est bien selon cet usage pratique pur de la raison que doit être aussi conduite l'enquête de la raison sur l'évolution de l'humanité du point de vue des races humaines pour la présenter dans une histoire de la nature : histoire alors rattachée à l'œuvre de systématisation et d'extension la raison, une œuvre qui sera sensée si elle n'est non seulement conduite selon un usage théorique ou spéculatif, mais encore selon un usage pratique pur, seul à même d'assigner un sens à cette histoire. C'est pour cela, comme Kant le pressentait en pleine période critique, qu'avec « l'histoire physique » présentant « l'évolution non volontaire dans les différentes générations », il doit aussi y avoir « une histoire pragmatique du genre humain à partir de la disposition de sa nature », une histoire qui « présuppose une idée »[6] ou un « plan en vue de l'amélioration morale du monde »[7]. Cette histoire se lit et se saisit d'un point de vue cosmopolitique. L'*insociable sociabilité* de l'homme[8] ou la guerre[9] en est comme le ressort pour Kant, l'avènement du

---

[1] *CRpu, Canon de la raison pure*, Ak III 526, OP I 1369.
[2] *CRPu, Paralogismes*, 2ème édition (1787), III 527, OP I p. 1064-1065. De fait, le pouvoir pratique pur.
[3] CFJu, Ak V 449, OP II p. 1256.
[4] *Téléologie*, Ak VIII 182-183, OP II 590-591
[5] *Téléologie*, Ak VIII 169, OP II 574.
[6] *Reflexion* 1467 (années 1783- 1788), Ak XV 645-646.
[7] *Reflexion* 1438 (années 1772-1778 ?), Ak XV 628.
[8] Voir *Idée d'une histoire universelle d'un point de vue cosmopolitique* (1784), Ak VIII 20, OP II 192. Unique emploi, dans toute l'œuvre de Kant, publiée ou non, qui, de fait, cède la place, d'une part à la corruptibilité de l'homme par l'homme dès qu'il est en société (*Religion dans les limites de la simple raison*), à la notion de *guerre* (*Critique de la faculté de juger*).
[9] *CFJu*, § 84, Ak V 433, OP II 1236. Il faut relever le ''comme'' : il implique un jugement réfléchissant.

droit s'imposant comme unique façon de mettre un terme à la guerre[1] : charge à une histoire de présenter alors, dans la forme du récit, le progrès de l'humanité en matière de droit en en déchiffrant les signes historiques[2], humanité alors vouée à une existence sensée.

Une telle histoire n'a pas le statut de science mais elle a une fonction critique : étendre les connaissances de l'homme le plus loin possible sur ce qui lui échappe le plus, le temps ; permettre à la raison de s'exercer, conformément à sa nature portée au jour dans la *Critique de la raison pure*, comme fonction d'unité complète, c'est-à-dire comme exigence d'une intégration systématique du tout des connaissances poussée le plus loin possible ; communiquer, par la forme du récit, les connaissances constituées ou collectées. Or l'histoire accède à ce statut critique dans la philosophie de Kant grâce au problème auquel Kant a été confronté : celui de l'évolution de l'homme dans le temps, de l'homme comme vivant, évolution dont la raison échoue à établir une histoire naturelle depuis les origines. De la question de l'évolution de l'humanité comme évolution de la famille humaine dans le temps, la raison passe à celle de l'histoire politique et cosmopolitique de l'humanité, donnant à cette histoire la forme du récit.

---

[1] *Doctrine du droit, Métaphysique des mœurs* (1797), Ak VI 354, OP III 628.
[2] *CF, Le conflit de la faculté de philosophie avec la faculté du droit* (1798), Ak VII 82, OP III 894. Pour ces questions, voir Laurent Gallois, *Le souverain bien chez Kant*, Vrin 2008, chapitre V.

Histoire et évolution dans la perspective d'Auguste Comte

Angèle Kremer-Marietti
Maitre de conférences honoraire,
Groupe d'Études
et de Recherches Épistémologiques

1. Une épistémologie anthropologique

On peut taxer l'épistémologie d'Auguste Comte d'anthropologique, puisqu'elle met en avant les hommes et non plus le monde. Elle a son effet propre sur la hiérarchie des sciences positives qu'elle renverse après l'avoir instaurée : Mathématiques, Astronomie, Physique, Chimie et Biologie, auxquelles il a ajouté la Sociologie ; cette classification soumise fondamentalement à la nécessaire présidence des Mathématiques, modèle de toutes les sciences positives, est ensuite mise sous la présidence de la Sociologie que Comte instaure comme la sixième science de la classification, une science sociale embrassant « l'ordre humanitaire » dans son intégralité, à la fois « dans tous ses principes et dans l'intégralité de son exigence », ainsi que l'exprimait également Proudhon[1].

Cette classification des sciences assujettit la fonction conceptuelle à l'histoire de l'esprit humain liée à celle de la société, sans qu'interviennent de quelconques catégories a priori. Il en est ainsi parce que, pour Comte, l'esprit n'est autre que le développement des relations de l'homme avec son milieu, un schéma structurel, tantôt mythique, tantôt scientifique. De plus, la pensée de la science sociale ne provient pas de l'évidence, mais de l'objectivité historiquement relative. Dans cette perspective est envisagée une éventuelle Anthropologie[2] qui comprendrait toutes les sciences, une science qui, à la différence de celle de Hegel montrant que ce qui s'affirme finit par se nier et mourir, considère au contraire que ce qui se

---

[1] Voir Pierre-Joseph Proudhon, « Système des contradictions économiques ou Philosophie de la misère », in Proudhon, *Justice et Liberté*, textes choisis par J. Muglioni, Paris, PUF, 1962, p. 109.
[2] Voir Auguste Comte, *Catéchisme positiviste* (1852), Paris, Garnier-Flammarion, 1966, p. 96 : « Quand le mot Anthropologie sera plus et mieux usité, il deviendra préférable pour cette destination collective, puisqu'il signifie littéralement Etude de l'homme ».

trouve d'abord figé et aliéné de l'histoire générale est lui-même transfiguré positivement et intégré à cette histoire générale. Dès lors, on peut constater que la réflexion de Comte table sur l'histoire, implique la réalité permanente de cette discipline.

Auguste Comte a mis au centre de sa philosophie les concepts d'histoire et d'évolution sous la forme de deux conceptions essentielles qui ordonnent tout son système : la loi des trois états et la notion de progrès. D'une part, la loi des trois états est un véritable paradigme historique, elle montre dans l'Histoire une évolution systématique fondée sur la considération des croyances ou mentalités humaines. L'histoire des croyances débute toujours par l'état théologique avec ses sous-états: d'abord le fétichisme, avec une évolution vers le polythéisme, pour s'épurer dans le monothéisme. Puis vient le second état, l'état métaphysique illustré par ses concepts abstraits. Enfin s'instaure le troisième et dernier état, l'état positif axé sur la découverte des lois de la nature. D'autre part, l'autre conception comtienne traitant de l'histoire et de l'évolution est la notion de progrès se développant à partir d'un certain ordre : ce qui veut dire qu'il ne peut y avoir progrès qu'à partir d'un certain ordre qui n'est autre qu'un état de fait à connaître. D'où la devise comtienne : « Ordre et Progrès », formule qui apparaît dans le « Discours préliminaire » du *Système de politique positive* et qui n'est pas une incitation à l'ordre, mais une prise de conscience du progrès à partir d'un ordre de fait, le progrès étant avant tout le progrès de l'esprit humain, c'est-à-dire le progrès des relations de l'homme avec son milieu.

Après la nécessité de la Sociologie, Auguste Comte a ultérieurement discerné la nécessité d'instaurer une science concernant l'individu, et qu'il appelle la Morale. Ce point de vue part d'une considération liée à la série des ordres scientifiques concernant l'humain : à savoir que l'ordre individuel, concerné par la morale abstraite, est au cœur de la sociologie où il se trouve subordonné à l'ordre social, tout comme l'ordre social est subordonné à l'ordre vital, comme ce dernier est subordonné à l'ordre matériel. Ces successives subordinations n'excluent pas la spécificité ni l'originalité propres à ces différents ordres ni aux sciences concernées. Le septième degré de la série des sciences « aboutit, écrit Comte, à l'homme envisagé de la manière la plus précise »[1]. En effet, le double poids de l'ordre matériel et de l'ordre vital est réellement supporté par l'individu à travers l'ordre social qui contribue à les modifier ; aussi, du point de vue de cette septième science, l'ordre individuel devient « le régulateur immédiat de nos destinées »[2], en même temps qu'il éprouve la pression de tous les ordres à travers l'ordre social auquel il est subordonné.

---

[1] Voir Auguste Comte, *Système de politique positive*, IV tomes, 1851-1854, sigle SPP, voir SPP, II, p.55.
[2] Ibid.

2. Science et société, théorie et pratique

Science et société, comme théorie et pratique ont partie liée : Comte relie les travaux théoriques à une réorganisation sociale. En effet, Auguste Comte a toujours résolument tenu à relier les travaux théoriques à la finalité pratique de la réorganisation sociale ; depuis son adolescence comme élève de l'Ecole Polytechnique, jusque dans l'opuscule fondamental de 1822, le fameux *Plan des travaux scientifiques nécessaires pour réorganiser la société*, comme ensuite dans le dernier tome du *Cours de philosophie positive* en 1842, comme dans le *Discours sur l'ensemble du positivisme* en 1848, ainsi que dans le *Système de politique positive* de 1851 à 1854, et surtout enfin dans ses derniers écrits jusqu'à sa mort en 1857, il a observé que le développement de l'intelligence humaine est solidairement impliqué dans l'histoire des sociétés, et que l'intelligence est même d'autant plus développée que l'altruisme est plus prononcé[1].

Considérant la scientificité comme « sociale », inversement Comte pensait la société comme devant être résolument « scientifique », du moins comme reconnue conforme à son degré propre de scientificité. Ce qui veut dire que la scientificité est sociale, d'abord du point de vue d'un principe sémiotique abstrait, parce que la société relève de la constitution des différents systèmes de signes et des langages qui lui sont propres, sans en être ni la cause ni l'effet, mais selon une réciprocité d'action jouant entre société et systèmes de signes : la « vraie définition » des signes de tout langage étant de « concevoir tout signe proprement dit comme résulté d'une certaine liaison habituelle, d'ailleurs volontaire ou involontaire, entre un mouvement et une sensation »[2]. La scientificité obéirait également à un principe d'homologie qui règne dans le positivisme : même si le principe d'homologie appartient logiquement à une thèse épistémologique générale qui ne sera formulée que plus tard par Henri Poincaré, et selon laquelle aucune hypothèse isolée ne peut être légitimement prise en considération pour être contrôlée[3], car seul l'ensemble des hypothèses est habilité à subir le contrôle de l'expérience. On peut néanmoins observer que, chez Comte, l'homologie des concepts est à l'œuvre pour correspondre strictement à l'homologie de structure et de processus qu'il observe entre le monde et l'homme. La loi des trois états permet d'appliquer la norme scientifique d'unification théorique, qui sera également repérable chez Poincaré si l'on se réfère à son ouvrage *La science et l'hypothèse* ; la loi des trois états est une constatation universelle en même temps qu'une norme d'unification qui, à elle-seule, pourrait justifier un troisième principe, le principe même de la

---

[1] SPP, I, 693
[2] SPP, II, 220-221.
[3] Principe connu sous le nom de « thèse de Duhem », également sous le nom de « thèse de Duhem-Quine ».

classification pratiqué par Comte, principe que, d'ailleurs, Duhem[1] reconnaîtra lui-même. Pour Comte, il existe une continuité essentielle et fondamentale entre le monde et l'homme.

3. Progrès, histoire et évolution

Si nous rapprochons les notions de progrès, d'histoire et d'évolution, telles qu'elles apparaissent liées chez Comte, nous constatons que le progrès est à lui seul la manifestation de l'histoire et de l'évolution humaine. Dans ces considérations qui lui sont propres, Comte va bien au-delà de son époque tout en la continuant. A commencer par la signification du terme ' progrès' dans l'*Encyclopédie* (1751-1772), nous lisons « marche en avant », l'idée de marche historique de l'humanité y est absente. Cependant, on sait que Turgot avait déjà produit en 1750 un discours intitulé *Les progrès successifs de l'esprit humain*, dont l'idée principale a été reprise par Condorcet en 1794 dans son *Esquisse d'un tableau historique de l'esprit humain*. Notons que Comte signale Fontenelle, mort en 1757 comme précurseur relativement à l'idée de progrès[2]. Comte écrit dans le *Système de politique positive* : « La notion fondamentale du progrès continu subit une première préparation d'après la grande controverse qui dut inaugurer la troisième phase, sous l'impulsion scientifique, dignement représentée par Fontenelle, sentant déjà la possibilité de vraies prévisions envers le mouvement théorique ». En effet, des fragments posthumes des œuvres de Fontenelle ont été retrouvés concernant d'éventuels ouvrages, l'un intitulé *Traité de la raison humaine*, l'autre *De la connaissance de l'esprit humain*. On a vu, entre autres, dans Fontenelle un « transformateur du cartésianisme en positivisme »[3]. D'après Laborde-Milaa, Fontenelle a découvert et propagé trois grandes idées qui sont : « d'abord cette idée que dans la nature tout est soumis à des lois ; puis cette autre que toutes les sciences se tiennent et se pénètrent, n'étant respectivement que les cas particuliers d'une science unique ; que celle-ci enfin ne doit être et ne sera pas autre chose que la coordination de tous les phénomènes par des rapports mathématiques »[4]. En outre, avant même Turgot, citons Vico qui, dès 1725, avait déjà conçu, trois âges de l'histoire cyclique de chaque peuple avec trois âges successifs de l'esprit humain :

---

[1] Pierre Duhem, *La théorie physique*. Son objet. Sa structure (1905). 2è édition revue et augmentée, Paris, Marcel Rivière, 1914.
[2] SPP, III, p. 589.
[3] Jean Raoul Carré, *La philosophie de Fontenelle ou le sourire de la raison*, Slatkine, 1970, 707 pages ; voir p. 4-5.
[4] Voir Laborde-Milaa, *Les grands écrivains français. Fontenelle*, Paris, Hachette, 1903, p. 135-136, cité par Jean Raoul Carré, op.cit., p. 5, note 6.

l'âge divin selon une nature poétique et créatrice, l'âge et une nature héroïques, enfin l'âge humain selon une nature humaine et intelligente.

Il est clair, progrès, histoire et évolution inspirent essentiellement à la fois la loi des trois états et la classification des sciences de Comte ; cette dernière diffère des classifications précédentes, par exemple celle de d'Alembert, inspirée de Bacon et fondée sur les facultés et donc n'indiquant point la relation existant entre les sciences. Avec sa classification des sciences, Comte établit un ordre de relation historique par rapport à l'état de positivité, acquis par chacune des sciences, ainsi qu'un ordre de relation logique par rapport au mouvement décroissant de la généralité et au mouvement croissant de la complexité. Et on ne peut dire que la classification de Comte soit contredite par celle de Piaget en 1967 : sciences logico-mathématiques, physiques, biologiques, psychosociologiques[1], la logique et la psychologie n'étant pas encore développées à l'époque de Comte. En fait, c'est en scrutant l'histoire que Comte a affronté la « science positive » dont déjà il donne la définition, dans l'opuscule de 1820 nommé *Sommaire appréciation de l'ensemble du passé moderne*[2], la science positive consistant essentiellement dans « la coordination des faits » ; c'est pourquoi Comte voit déjà que la science sociale coordonnera les différentes coordinations scientifiques ; ce qu'il confirmera en 1851 dans le « Discours préliminaire » du *Système de politique positive*[3]. Comte situe l'ensemble de nos connaissances du monde dans un juste milieu entre deux excès, l'objectivisme et le subjectivisme, parce que le premier exagère l'indépendance du monde naturel, c'est le fait du scientisme, tandis que le second pose un sujet sans aucun égard à la société, c'est l'attitude des métaphysiciens.

Conjuguant l'histoire naturelle et l'histoire humaine, Comte reconnaît la suprême conséquence de l'instauration de la sociologie et de son point de vue d'ensemble. En subordonnant les constructions subjectives aux matériaux objectifs, Comte réduit les principes kantiens a priori de la possibilité de l'expérience à une théorie statique de l'entendement. Et il complète cette théorie statique par une théorie dynamique de l'entendement selon laquelle l'histoire humaine entraîne l'acceptation d'un mode de pensée nouveau dépendant du système historiquement prévalent[4]. Pour Comte, loin d'exclure l'historique, le sociologique implique l'historique dont il procède. En conclusion, l'intervention de la sociologie dans le concert des sciences

---

[1] Voir Jean Piaget, *Logique et connaissance scientifique*, Encyclopédie de la Pléiade, 1967.
[2] *Sommaire appréciation de l'ensemble du passé moderne*, Présentation et notes par Angèle Kremer-Marietti, Paris, Aubier, 1971, réédition L'Harmattan, 2006.
[3] SPP, I, p. 2.
[4] SPP, IV, p. 177.

positives remplace définitivement la généralité de l'esprit théologique par « l'inévitable systématisation totale de l'esprit positif »[1].

La loi des trois états est une loi dynamique qui montre qu'au cœur de l'évolution de la phase théologique, on peut distinguer la première transition du fétichisme en polythéisme, préparé par l'astrolâtrie – l'astrolâtrie constituant alors une révolution avec un certain esprit métaphysique recouvrant une certaine manifestation de l'esprit scientifique réduit à sa plus simple expression. Il faut noter que Claude Lévi-Strauss a reconnu la justesse de l'interprétation comtienne de la pensée spontanée ou « sauvage ». Mais, par ailleurs, contrairement à l'affirmation de C. Lévi-Strauss, Comte a su voir autant l'orientation analytique (ou scientifique) de la pensée sauvage que son orientation synthétique[2], car elle était pour lui essentiellement esthétique donc synthétique : c'est ce qu'il affirme dans la 53ème leçon du *Cours de philosophie positive*[3].

Reprenant une idée kantienne, Comte ne croit pas à une existence en soi des concepts, puisqu'il les conçoit comme relatifs à l'organisation de l'intelligence et à l'état de la société dans son histoire. Donc, tout en rejetant aussi bien la distinction kantienne entre connaissance rationnelle a priori et connaissance empirique, que l'équation hégélienne du réel et du rationnel, la perspective positiviste regarde, je cite Comte, « tous les phénomènes comme assujettis à des lois naturelles invariables, dont la découverte précise et la réduction au moindre nombre sont le but de tous nos efforts »[4]. Tandis que les lois ne sont que des « faits généraux », les faits concrets ne deviennent des « phénomènes scientifiques » que lorsqu'ils sont observés à la faveur d'un principe ou d'une théorie. C'est ainsi que le point de vue historique de Comte l'éloigne de prendre les faits comme « donnés » (contrairement à une interprétation hâtive du comtisme). Les différentes sciences pratiquent un langage qui « change » d'une science à l'autre selon l'approche mise en œuvre, au point qu'une même science comme la chimie peut donner lieu à des langages différents selon des approches différentes : ainsi Comte évoque la traduction éventuelle du langage chimique en langage « électrique » de la représentation des phénomènes de composition et de décomposition[5], de même qu'il évoque qu'une définition de la chimie en langage mathématique est possible[6].

---

[1] *Cours de philosophie positive*, 5ème éd. identique à la première. Au siège de la Société positiviste, 1892-1894. Voir tome IV, p. 561. Sigle CPP.
[2] Voir Claude Lévi-Strauss, *La pensée sauvage*, Paris, Plon, 1962, p. 290.
[3] CPP, V, p. 121, 53è leçon.
[4] CPP, I, pp. 11-12.
[5] CPP, III, p. 9, note 1.
[6] CPP, III, p. 15.

Etant donné le caractère récent de la sociologie instaurée par Comte, et puisque l'observation dépend de la théorie, d'après lui, il n'y a pas encore eu d'observations positives dans ce domaine ; d'où la nécessité d'avoir recours aux abstractions des notions de statique sociale et de dynamique sociale. C'est pourquoi, pour être observés, les faits sociaux doivent être explorés selon le double point de vue de la solidarité et de la succession[1]. Pour Comte, la force scientifique des démonstrations sociologiques dépend de l' « exacte harmonie continue entre les conclusions directes de l'analyse historique et les notions préalables de la théorie biologique de l'homme »[2], étant donné la subordination générale de l'ordre social à l'ordre vital.

Comte présente le positivisme en tant qu'obéissant à un principe affectif, avec une base rationnelle et tendant vers un but actif, c'est ce qu'il affirme dans la Conclusion générale du « Discours préliminaire » du *Système de politique positive*[3]. Il en est ainsi parce que l'Humanité condense trois caractères : un moteur subjectif, un dogme objectif, et un but actif. Et, surtout, l'être humain « résume en lui toutes les lois du monde »[4], tout en manifestant la plus grande indivisibilité qui, pour Comte, se confirme dans la « suprême unité » réalisée dans l'Humanité. L'extension de l'indivisibilité humaine à la suprême unité sera jugée accomplie par Comte relativement à l'Humanité comprise comme Être suprême, selon la Religion de l'Humanité, conçue par Comte comme une sur-théorie de l'unité immédiatement applicable. Par la reconstruction universelle de l'unité humaine, qu'il accomplit par l'intermédiaire de la Religion positive, Comte renouvelle en 1854 le refus d'une pseudo-sociologie fondée sur les races, et en particulier dans les formes qu'elle a prises dans l'histoire et manifestées par l'évangélisation, la colonisation et la traite[5]. Comte voit les trois facultés humaines (affectivité, spéculation et action) symboliser les trois moments de la philosophie de l'histoire humaine comprise comme histoire générale : avec le fétichisme ou l'affectivité, le polythéisme ou l'activité, et le monothéisme ou la spéculation. Comte ramenait ainsi le schématisme des trois races physiques aux trois moments de la philosophie de l'histoire théologique, chacune des races ayant développé au maximum chacune des trois facultés grâce au concours de circonstances matérielles et sociologiques : ces étapes matérialisant du temps historique figé auquel ne manque que la dynamique de l'esprit positif. Car, en fait, pour Comte,

---

[1] CPP, IV, p. 341.
[2] CPP, IV, p. 373.
[3] SPP, I, p. 29.
[4] SPP, IV, p. 181.
[5] A ce propos, Comte dénonce le « crime occidental » perpétré par les catholiques et les protestants à l'endroit des « fétichistes américains » et présente le positivisme comme capable de réparer ces aberrations ; SPP, IV, p. 520.

l'universalité humaine n'est pas hétérogène, mais homogène, et chaque moment y participe selon un dynamisme commun à tous.

Comte explique comment le théologisme s'est transformé en positivisme en intégrant le fétichisme par « l'assimilation fictive de l'ordre extérieur à l'ordre humain »[1]. Il s'est donc produit une évolution à partir du fétichisme pour donner la « transition universelle », c'est–à–dire le « début commun de la recherche des causes et de l'étude des lois »[2]. On constate alors la médiation de la réaction de l'activité polythéiste sur la spéculation monothéiste, et pour ainsi dire « se déthéologisant » dans ce que Comte nomme la « dégénération métaphysique ». C'est ainsi que l'évolution atteint l'état positif en réalisant l'histoire de l'universalisation des trois paliers théologiques. Finalement, les anciennes différences raciales liées aux paliers théologiques s'harmonisent comme autant de forces réelles dans le bien commun de l'Humanité. Le théologisme a donc permis l'éducation de l'Humanité et il a entraîné la réalisation du positivisme. On peut mieux saisir ensuite les deux tâches qui incombent désormais au positivisme et qui ne dépassent pas la sphère de l'expérience humaine : « déterminer le type fondamental de l'existence humaine et ensuite son essor nécessaire »[3].

4. La promotion indirecte de l'histoire comme science

La double promotion de la science sociale et de l'esprit positif tient au fait de l'aptitude de la pensée comtienne à repérer les séries dans l'histoire en les reliant à la notion de progrès. En faisant de la science positive le produit de l'histoire, Comte, annonce qu'il n'y a pas de différence entre l'histoire de l'esprit humain et l'histoire de la société humaine, à partir d'une division en périodes qui définissent autant le mode de penser que l'activité d'une société, c'est-à-dire autant l'état intellectuel que l'état social proprement dit. Pour penser le prévisible développement historique de l'homme, il a fallu d'abord supposer en contrepartie un ordre fondamental du côté de la nature avec la possibilité de découvrir les lois de la nature, donc l'instauration de la science positive. Notons, à cet égard, l'importance de Gassendi donnant la voie au sensualisme et au relativisme : c'est dans cette lumière que Comte présente l'esprit positif en subordonnant l'imagination à l'observation, et surtout en relativisant l'étude des

---

[1] SPP, IV, p. 517.
[2] Ibid.
[3] SPP, II, p. 469.

phénomènes « à notre organisation et à notre situation »[1], tout en étendant le dogme fondamental de l'invariabilité des lois naturelles aux phénomènes encore inconnus.

Etant donné que, pour Comte, la notion de progrès est incompatible avec l'absolu, et qu'elle est, en outre, affranchie de l'erreur sur l'origine et sur la finalité, c'est sur fond de progrès des relations de l'homme avec son milieu, c'est-à-dire ce qui constitue l'esprit positif, que s'impose une science qu'il n'a pas classée dans sa classification des sciences et qui joue le rôle essentiel d'articuler tout son système positif : et cette science est l'histoire ! Le *Discours sur l'esprit positif* est la plate-forme des conditions de possibilité du concept de progrès. Ce discours précède le *Traité philosophique d'astronomie populaire* (1844), et souligne le caractère subjectif, au sens large, de l'humain, du fait que toute unité scientifique se rapporte « non à l'univers, mais à l'homme, ou plutôt à l'Humanité »[2]. Ce discours est comme un guide pour lire le *Cours de philosophie positive* en même temps qu'il annonce le *Système de politique positive* : on y retrouve la loi des trois états, l'idée de substitution du point de vue relatif au point de vue absolu, la distinction entre statique et dynamique, l'assimilation de la science au bon sens universel, la critique des écoles liées aux états successifs de l'évolution : l'école théologique ou rétrograde, l'école métaphysique ou révolutionnaire, et l'école stationnaire à combattre à l'intérieur de l'état positif. De même, y sont exprimés la distinction essentielle entre pouvoir spirituel et pouvoir temporel, l'énoncé de la classification des sciences et enfin les principes sur lesquels celle-ci repose. Surtout, mention y est faite de la « science unique de l'humanité » qui n'est apparue clairement qu'à la 58è leçon du Cours, où, explicitement, l'unité scientifique se rapporte « non à l'univers, mais à l'homme, ou plutôt à l'Humanité »[3]. Dans ce « discours sur l'esprit scientifique », Comte théorise le concept de progrès sur la base de l'observation historique : on découvre alors que le cours de l'histoire a conduit à la « positivité rationnelle », avec la possibilité de la « prévision rationnelle », principe de la philosophie positive. Relatif à notre organisation du point de vue statique, l'esprit positif est, du point de vue dynamique, lié à notre évolution et donc à notre histoire, dont on peut dire qu'elle a un sens.

Toutefois, ce « progrès », que Comte montre sensible à travers l'histoire de l'humanité, devrait faire face à un seuil infranchissable. En effet, il existe, selon Comte, une limite à l'historicité inhérente à l'homme, c'est-à-dire, en quelque sorte, une sorte de « fin de l'histoire ». Comte n'admet pas la perfectibilité indéfinie, défendue par Condorcet dans son *Esquisse d'un*

---

[1] Voir *Discours sur l'esprit positif*, Ed. classique, Paris, Société Positiviste Internationale, 21ème mille, 1923, p. 20. Sigle DEP.
[2] DEP, p.38.
[3] Ibid.

tableau historique des progrès de l'esprit humain. Car, qui dit 'progrès' dit 'progrès de l'esprit humain'. Et l'esprit positif n'est qu'une explicitation du concept de progrès, le résultat d'un devenir, le produit de l'histoire. L'intervention humaine dans la nature est une nécessité qui s'actualise dans la vie industrielle. Alors que l'époque théologique est caractérisée par la vie militaire, l'époque du régime positif permet le plein essor de la sociabilité. Une coexistence de l'esprit théologique et de l'esprit positif a pu se faire jusqu'à l'éclatement à propos de l'astronomie et des condamnations de Giordano Bruno et de Galilée[1]. Dès lors, se trouvent réunies les préoccupations humaines de la science et de l'industrie dans la notion de 'civilisation', en combinant tout ce que l'homme réunit de théorique et de pratique.

Comte définit la civilisation comme « l'ensemble de l'essor humain »[2] et ne dissocie pas la civilisation de l'histoire qui n'est autre que la « marche générale de la civilisation »[3]. Au regard de la civilisation occidentale, l'esprit positif en est l'état prépondérant, étant 'réel', opposé à chimérique, 'utile', opposé à oiseux, 'certain', opposé à indécis, 'précis', opposé à vague, visant à affirmer plutôt qu'à détruire, 'relatif', opposé à absolu. Politiquement, le « travail positif » consistera donc à substituer « l'association universelle à la société civique »[4], c'est-à-dire l'Humanité à la Patrie. La dynamique de l'esprit humain et la dynamique de l'action de l'homme sur la nature se combinent pour former une double dynamique déterminant, à chaque étape et dans toute civilisation, l'état de l'organisation sociale. C'est pourquoi Comte pense l'éventualité d'une limite du progrès dans une sorte d'apothéose qui est la réalisation de la « synthèse sympathique », obtenue en refusant tout à la fois la « synthèse purement scientifique » des théoriciens comme la « discipline purement industrielle » des praticiens[5]. Cette décision n'exclut pas l'évolution indéfinie de l'histoire des sciences ni même l'évolution indéfinie de l'industrie, mais ni la synthèse scientifique ni la discipline industrielle ne représentent une fin souhaitable exclusivement : Comte les subordonne à une fin supérieure qui n'est autre que la « synthèse sympathique », en référence à l'Humanité. Finalement, l'amélioration politique obéit à l'esprit positif, qui privilégie l'art compris comme technique et comme poétique, puisque, comme l'écrit Comte, « la poésie accomplit déjà une amélioration indirecte, mais capitale, en modifiant nos

---

[1] Voir Emile Namer, *L'affaire Galilée*, Gallimard Julliard, 1975.
[2] SPP, III, p. 67.
[3] Voir : *Plan des travaux scientifiques nécessaires pour réorganiser la société*, Présentation et notes par Angèle Kremer-Marietti, Aubier, Paris, 1970, p. 55. Réédition L'Harmattan, 2001, même pagination.
[4] SPP, IV, p. 325.
[5] SPP, IV, p. 324.

sentiments »[1]. Finalement, la définition du terme 'civilisation' comme « développement de l'esprit humain » et « développement de l'action de l'homme sur la nature »[2] s'élargit à englober « l'organisation sociale »[3] ; cette dernière n'est pas purement pratique, mais fondamentalement théorique.

Par la loi des trois états, Comte entre à la fois dans le domaine des sciences et dans le domaine des sociétés ; et cette loi indique l'unité de la nature humaine en même temps que son histoire qui en est la base. Elle est en somme le modèle de l'évolution et elle peut se concilier avec les métamorphoses, les mutations, les innovations, et les crises, comme l'a vu Michel Serres[4]. Il ne s'agit pas d'un modèle biologique mais mathématique, puisque, comme le précise Serres, « la pratique du calcul infinitésimal a sans doute appris à l'auteur qu'un processus continu pouvait rencontrer, dans son cours, des caractéristiques différentes, opposées, exclusives »[5]. L'histoire que pratique Comte est bien l'histoire récurrente, à partir d'une définition généralement admise de la science positive :

« Pour établir une loi, il ne suffit pas d'un terme, car il faut au moins en avoir trois, afin que la liaison, découverte par la comparaison des deux premiers et vérifiée par le troisième puisse servir à trouver le suivant, ce qui est le but de toute loi »[6].

5. L'histoire profonde et l'histoire sérielle

Son analyse historique a permis à Auguste Comte de découvrir très tôt les deux notions d'histoire profonde et d'histoire sérielle : pour comprendre ces deux notions, il suffit de lire la *Sommaire appréciation de l'ensemble du passé moderne*, opuscule qui parut en 1820 dans *L'Organisateur*, sous la signature de Saint-Simon dont Comte était alors le secrétaire. Dans l'histoire de longue durée ou « marche de la civilisation », d'après Comte les historiens n'ont pas vu quelles étaient les véritables causes tant qu'ils n'ont vu que l'action pure et simple des hommes et il insiste sur le fait de reconnaître « l'influence prépondérante de la civilisation »[7]. L'histoire

---

[1] SPP, I, p. 286.
[2] Plan, p. 105.
[3] Plan, p. 109.
[4] Voir le premier volume du *Cours de philosophie positive*, intitulé *Philosophie première*, Paris, Hermann, 1975, p. 21, note 1.
[5] Ibid.
[6] Plan, p. 121-122.
[7] Plan, p. 115.

profonde ne s'en tient pas à l'histoire politique, puisque l'ordre politique est l'expression de l'ordre social, lui-même une organisation de « forces sociales » tendant à devenir prépondérantes[1].

Ainsi, entre le XIe et XIVe siècle, Comte prend pour exemple l'affranchissement des communes qui est né d'une plus grande activité industrielle et commerciale et de l'action corrélative des corporations : l'argent des bourgeois favorise le mouvement dans la mesure où ils peuvent obtenir des chartes des seigneurs en les payant. De leur côté, les savants emploient la langue théologique pour exposer leurs découvertes et les philosophes iront même jusqu'à rapprocher la raison et la foi (aux XVIe et XVIIe siècles Bruno et Gassendi, aux XVIIe et XVIIIe siècles Malebranche). Les nouvelles capacités, industrielle et scientifique, ont mené leur combat contre les anciens pouvoirs, spirituel et temporel. Ensuite, l'affranchissement des communes a été facilité par le rapprochement des savants et des artisans, ces derniers appliquant la connaissance à des « objets nécessaires, utiles ou agréables »[2]. Les « communes », qui deviendront plus tard deux classes en opposition (la « bourgeoisie » et le « prolétariat ») sont alors en lutte ouverte contre une autre formation ; à cette opposition se conjugue celle qui sépare virtuellement la science et le clergé. A travers une rythmique qu'il a mise en évidence, Comte permet de percevoir le début du mouvement conciliateur de l'histoire générale vers un devenir positif de l'humanité.

A côté de l'effectivité d'une histoire profonde à deux pôles, Comte discerne une histoire sérielle, fondée sur la notion de série qui suppose une méthode générale et comparative, synthétique, allant du général au particulier[3], propre à lier les faits et permettant la prévision en histoire. Comte applique cette méthode liée à la précédente dans la *Sommaire appréciation* évoquant la série des étapes assurant, en premier lieu, l'instauration du christianisme en Europe dès l'édit de Milan (313), accordant la liberté religieuse aux chrétiens et leur restituant leurs biens confisqués, suivie de l'étape du premier concile œcuménique de Nicée (325), avec enfin, troisièmement, le passage, sous l'empereur Théodose 1er (379-395), de religion tolérée à religion d'Etat. A ces mêmes étapes du pouvoir spirituel, il faut associer celles du pouvoir temporel : 1° l'invasion du nord de l'Italie en 402 par le Goth Alaric, 2° l'achèvement de l'empire d'occident par Odoacre en 476, enfin 3° le baptême de Clovis en 496. Comte observe que les deux pouvoirs, spirituel et temporel, sont dans un rapport nécessaire, quant à leur origine et quant à leur constitution définitive.

---

[1] Plan, p. 107.
[2] Sommaire, p. 223.
[3] Plan, p. 165.

6. Le statut de l'histoire selon Comte

On peut affirmer que l'esprit positif est le produit de l'histoire et que les trois lois sociologiques exprimées par Comte sont en fait historiques. Je m'explique, il s'agit 1° de la loi des trois états ; 2° de la loi du classement qui règle la hiérarchie, historique et dogmatique, et qui, comme l'écrit Comte, concerne « nos diverses conceptions abstraites d'après la généralité décroissante et la complexité croissante des phénomènes correspondants » ; 3° de la loi de l'activité (d'abord conquérante, puis défensive, et enfin industrielle).

D'une manière générale, Auguste Comte a mis en évidence l'existence d'une histoire des logiques humaines en soulignant le lien nécessaire et réciproque des systèmes et des institutions de signes que sont les langues et les sciences, avec les systèmes de société. L'histoire humaine globale étant déjà pour Comte essentiellement une histoire sociale sur laquelle il voit agir l'impact des logiques humaines fondamentales, logiques ou systèmes, qu'il reconnaissait pour être la logique des sentiments, la logique des images, et la logique des signes[1]. Et toute « civilisation réelle »[2] comporte selon Comte deux conditions élémentaires ; ce sont les deux lois économiques selon lesquelles 1° chaque homme peut produire au-delà de ce qu'il consomme » ; 2° « les matériaux obtenus peuvent se conserver au-delà du temps qu'exige leur reproduction »[3].

En ce qui concerne le statut proprement dit de l'histoire, Humboldt avait publié en 1822 une conférence intitulée « La tâche de l'historien », et Ranke publie en 1824 un appendice à sa grande œuvre (*Histoire des peuples romains et germains*), et qui est intitulé « Contribution à la critique des nouveaux historiens ». Comte, de son côté, publie en 1822 son *Plan des travaux scientifiques nécessaires pour réorganiser la société*, c'est-à-dire pour réorganiser scientifiquement la politique. Pour Humboldt, l'imagination et l'observation contribuent à la tâche de l'historien et Ranke était influencé par les idées de Humboldt. Chez Comte on retrouve les mêmes idées de Humboldt et de Ranke, à savoir que l'observation du passé est l'un des caractères de l'histoire puisque « l'observation a dominé l'imagination »[4]. Mais, comme science de l'observation, l'histoire doit permettre d'imaginer l'avenir. Dans sa grande œuvre historique, *Histoire des peuples romains et germains*, Ranke expose sa méthode historique, fondée sur l'examen critique et philologique des documents ; mais Ranke se refusait toute vue d'ensemble

---

[1] SPP, I, p. 625-627.
[2] Voir mon ouvrage, *Le kaléidoscope épistémologique d'Auguste Comte. Sentiments, Images, Signes*, Paris, L'Harmattan, 2007.
[3] SPP, II, p. 150.
[4] Plan, p. 140.

comme celle de Hegel. Comte, qui encourage l'observation globale et synthétique, préconise une méthode différente de celle de Ranke aux opinions nettement conservatrices, sans qu'il ait été lui-même totalement progressiste, comme Marx et Engels. La conception d'une histoire sérielle le situe plus proche de nous, comme sa conception que l'on peut dire structuraliste, et qui tendrait, pour l'époque positive, à immobiliser l'histoire générale. Le mouvement rythmique concerne surtout le passé et tendrait à s'atténuer au fur et à mesure que nous allons vers la réalisation de la positivité finale. On peut dire que l'histoire conçue par Comte a un sens, puisque l'humanité tendrait vers cette positivité finale.

Au-delà d'une recherche des causes, l'histoire comtienne voit dans les événements historiques des signes à décrypter et intelligibles seulement dans l'explicitation de séries repérables. A la connaissance du « mode de production des phénomènes », vue comme impossible, Comte substitue l'observation des lois effectives conçues selon la succession et la similitude. La loi des trois états est alors la série historique type, avec un état théologique provisoire, un état métaphysique transitoire et un état positif définitif. Comme Comte, Humboldt conçoit une identique similitude des sciences naturelles et de l'histoire. C'est aussi ce qui mettra Ranke à la recherche d'une histoire scientifique. Pour Comte, l'histoire est une « nouvelle science physique »[1]. C'est une théorie d'ensemble déterminant effectivement la pratique.

---

[1] Voir *Considérations philosophiques sur les sciences et les savants,* voir *Ecrits de jeunesse,* textes établis et présentés par Paulo E. de BerrédoCarneiro et Pierre Arnaud, Mouton, Paris, 1970, p. 335.

Troisième partie
L'évolution

Les modèles de développement et les histoires d'évolution à l'épreuve de l'incertitude radicale et de l'irréversibilité

Bruno Kestemont
Agronome et docteur en science,
collaborateur scientifique
à l'Université libre de Bruxelles

Les théories du développement économique et de l'évolution biologique reposent sur une série de conditions fondamentales communes, comme la réversibilité (ou le déterminisme) et la mesurabilité. La réversibilité suppose une régularité minimale des phénomènes (comme la course cyclique des planètes dans le ciel). Sauf accident ou vieillissement, il y a moyen de prédire, calculer et optimiser le déplacement d'un train sur les rails ou la course d'une fusée dans l'espace. En science humaine, le corpus normatif et institutionnel passé a un impact sur les décisions présentes, mais les normes futures n'ont pas d'impact sur le passé. Cette irréversibilité de la capitalisation normative empêche de prédire le comportement ou les aspirations des générations futures. La mesurabilité permet de connaître et d'élaborer des outils d'optimisation ou de prévision. L'incertitude probabiliste (erreurs de mesure ou phénomènes peu fréquents) permet de gérer le risque sans sortir des « lois » déterministes. C'est ce à quoi s'attachent les scientifiques qui évaluent le risque climatique. Nous montrons en quoi la flèche du temps et l'incertitude radicale (non probabilisable) peuvent mettre à mal des théories aussi affirmées que la théorie économique et la théorie de l'évolution. En prenant des exemples dans le champ de la biologie, de l'économie et de leurs modèles, nous allons montrer en quoi « la réponse est dans la question » ou comment des hypothèses et des théories se renforcent mutuellement pour ne décrire in fine qu'un monde fictif. Dans ce monde fictif, malheureusement éloigné de la réalité, il y a des lois physiques, des lois naturelles et des lois historiques. Dans le monde réel, des savants se basent sur ces lois pour nous dire ce qu'il faut faire afin d'éviter le chaos, lequel continue, malgré cette belle assurance, à inquiéter le commun des mortels.

1. Histoires d'évolution et de développement

1859. L'idée de sélection naturelle en biologie est venue à Darwin (1859) dans le cadre culturel de l'Angleterre victorienne, au travers des écrits de l'économiste Malthus (1826) sur la pression de la population sur des ressources naturelles limitées (Gowdy and Seidl, 2004). Les conclusions de Darwin furent popularisées notamment par Herbert Spencer comme « la survie du plus fort », terme que reprendra Darwin (citant Spencer) à partir de sa $5^{\text{ème}}$ édition de 1869 (Darwin, 1869: 72). Cette notion est foncièrement utilitariste: seuls les individus qui maximisent leur rapport coût-bénéfice à l'environnement ont plus de chance de survie et finissent statistiquement par s'imposer.

1954. Cherchant quelles seraient les conditions les moins restrictives pour obtenir un équilibre général compétitif en économie, Arrow et Debreu créent une « économie abstraite », relativement « proche de la réalité » et comportant une série la plus limitée possible d'hypothèses (Arrow and Debreu, 1954). Cette « économie abstraite » mène *automatiquement* à l'optimum de développement pour le plus grand nombre. En pleine guerre froide, elle attribue l'échec du libéralisme non pas au « laisser-faire » lui-même (comme le pensent les keynésiens et les marxistes), mais à son imperfection (notamment à la trop grande implication de l'Etat). L'article d'Arrow et Debreu jeta les bases de la théorie économique dominante aujourd'hui : la théorie néoclassique. L'acteur central du « marché parfait » de Debreu et consorts est l'*homo oeconomicus*, un être parfaitement égoïste et rationnel.

Pendant près d'un siècle, la « démonstration » de la naissance biologique de l'*homo oeconomicus* a conforté l'idée que les penchants sociaux de l'être humain et autres espèces sociales, notamment leur propension à coopérer, n'était qu'une expression complexe d'un utilitarisme sous-jacent, par exemple celui des « gènes égoïstes » (Dawkins, 1976). En y regardant de plus près, on constate que ces démonstrations, en particulier les modèles évolutionnistes dérivés de la théorie des jeux, reposent sur des hypothèses d'un monde ressemblant en tous points à l'économie abstraite des néoclassiques : substituabilité parfaite, fluidité des échanges, efficience informationnelle, infinité d'acteurs parfaitement rationnels et égoïstes (« loi du plus fort »), ressources illimitées, réversibilité, etc. (Kestemont, 2010). A partir des années 1990, les chercheurs en psychologie comportementale réalisèrent une série d'expériences pour comprendre les fondements de comportement humains inexplicables par l'utilitarisme direct ou indirect (Fehr and Fischbacher, 2003). Parallèlement, les biologistes entreprirent de faire tourner des modèles d'évolution pour voir s'il était possible que des gènes de coopération apparaissent ou survivent dans un processus de sélection naturelle (Nowak and May, 1992 ; Nowak, Asaki et al., 2004). Les uns comme les autres finirent par trouver non pas une, mais plusieurs origines biologiques et évolutionnistes possibles à la coopération (Kestemont, 2007). Par exemple, en cas de *viscosité du milieu* (l'inverse d'un substrat uniforme et instantané) ou en cas d'irréversibilité du temps, des comportements (ou mutations) altruistes non seulement peuvent apparaître, mais peuvent en outre se développer et envahir un groupe d'égoïstes primaires (Van Baalen and Rand, 1998).

Chez les bactéries, le substrat visqueux (versus fluide) joue un rôle favorable au développement de capacités altruistes comme la production (à perte) de toxines contre les bactéries étrangères non résistantes. La production de toxines se fait au détriment de la vitesse de reproduction et n'est favorable que si la colonie de clones résistants reste géographiquement soudée, par exemple, sur du agar agar. En solution liquide agitée, cette caractéristique est rapidement supplantée par les bactéries qui utilisent toutes leurs ressources à la simple reproduction et colonisent donc plus vite le milieu. Sur la Figure 1, une colonie de bactérie (*Escherishia coli*) colicinogénique se développe librement (tache noire au centre) dans une zone d'inhibition permise par sa toxine antibactérienne (elle fait le vide autour d'elle), malgré une vitesse de reproduction plus petite à cause de l'énergie perdue pour la production de cette toxine. Les colonies (*E. coli*) sensibles avoisinantes (toutes les autres taches noires en périphérie de la photo) se développent plus vite initialement, mais périssent les premières et n'ont jamais accès aux ressources que se réserve la colonie centrale. La souche qui survit à cette compétition est la souche colicinogénique centrale. Dans un système à fluidité parfaite, par exemple, en solution liquide qui permet une « concurrence parfaite entre toutes les bactéries », ce sont les bactéries sensibles, les plus efficaces, qui supplantent rapidement les bactéries colicinogéniques.

Figure 1: Développement d'une colonie de bactéries colicinogéniques dans un univers de bactéries « égoïstes » en substrat structuré (échelle = 500 μm).

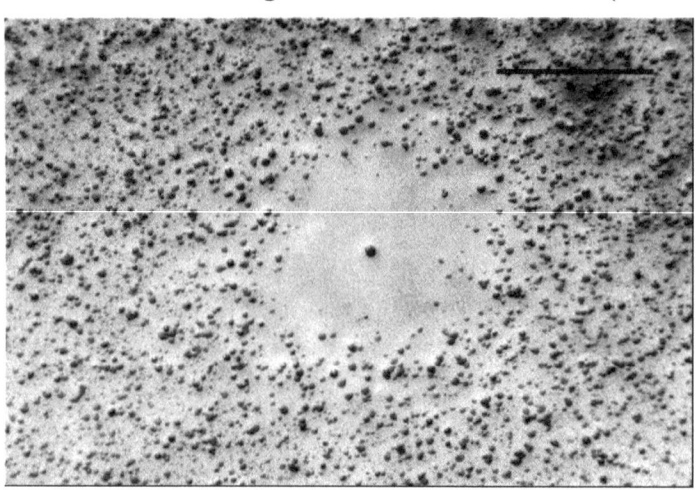

Source: Chao and Levin, 1981.

La viscosité du milieu n'est pas une condition indispensable à l'apparition de la coopération. L'application de modèles probabilistes plutôt que déterministes arrive au même résultat (Sanchez and Cuesta, 2005).

On peut faire le rapprochement avec l'apparition de la vie, de l'ordre dans l'entropie croissante de l'univers qui devient possible loin de l'équilibre en univers visqueux (Prigogine and Stengers, 1979).

Il n'y a aujourd'hui pour les biologistes plus aucun mystère à ce que la cellule la plus élémentaire soit un lieu de coopération entre organites d'origine diverses protégés par des membranes catalysant très efficacement une série de réactions chimiques par ailleurs hautement improbables et inefficaces en milieu fluide. La vie est dès l'origine un monde de coopération, de complémentarité et d'attirances autant que de compétition. Les quelque 14 millions d'espèces (PNUE, 2002) qui ont coexisté jusqu'ici n'ont épuisé ni leurs ressources, ni leurs « ennemis ».

Les histoires parallèles des théories économiques et des théories de l'évolution illustrent le va-et-vient entre science et justification idéologique. Un ensemble de modèles basés sur les mêmes hypothèses fondamentales arrivent à un renforcement mutuel de ces hypothèses et des théories qui en découlent. La science arrive ainsi à des quasi-certitudes qui peuvent biaiser l'avancement des connaissances pendant des décennies.

2. Réversibilité, irréversibilité

L'une de ces quasi-certitudes, non des moindres, est l'impression de la capacité prédictive de la science : il y aurait moyen, en affinant les modèles et les données de base, de prédire l'avenir des hommes et de la vie. Ceci suppose une réversibilité des équations : s'il existe une loi, celle-ci se reproduit du passé au futur et l'on peut donc savoir ce qui va se passer en prolongeant simplement les courbes vers le futur.

La réversibilité suppose une régularité minimum des phénomènes (comme la course cyclique des planètes dans le ciel). Sauf accident ou vieillissement, il y a moyen de prédire, calculer et optimiser le déplacement d'un train sur les rails ou la course d'une fusée dans l'espace. De même, en économétrie, on utilise les modèles d'équilibre général pour tenter des prévisions et des plans sur plusieurs années.

La réversibilité des calculs néoclassiques nie la flèche du temps et les lois de la thermodynamique (conservation de la matière et dissipation de l'énergie). Ces constats, initialement posés par Georgescu-Roegen (Georgescu-Roegen, 1971), sont une des hypothèses fondatrices de l'économie écologique, en rupture avec la théorie néoclassique. Quand il y a consommation de matière ou d'énergie, il y a forcément à la clé production de déchets et d'entropie. La quantité de « déchets » produits par l'activité économique est aujourd'hui telle qu'elle est à même de perturber les cycles du carbone et de l'azote, mettant en péril la capacité de la biosphère à se régénérer (Vitousek, Mooney et al., 1997; Rockström, 2009).

Les lois de la théorie de l'évolution impliquent-elles la réversibilité ? Si cela était le cas, on pourrait prédire, moyennant une connaissance suffisante du passé et du présent, quelles espèces vont apparaître, et dans le domaine économique, quelles entreprises vont se développer ou disparaître. La première démonstration de Darwin a été d'expliquer la diversité des espèces (avant d'en expliquer les mécanismes par la combinaison de la sélection naturelle et de la sélection sexuelle) en proposant ce qui sera appelé plus tard un arbre phylogénétique (figure 2).

Figure 2 : Le premier arbre phylogénétique de la vie dans la 1ère édition US (1860) de l'œuvre de Darwin

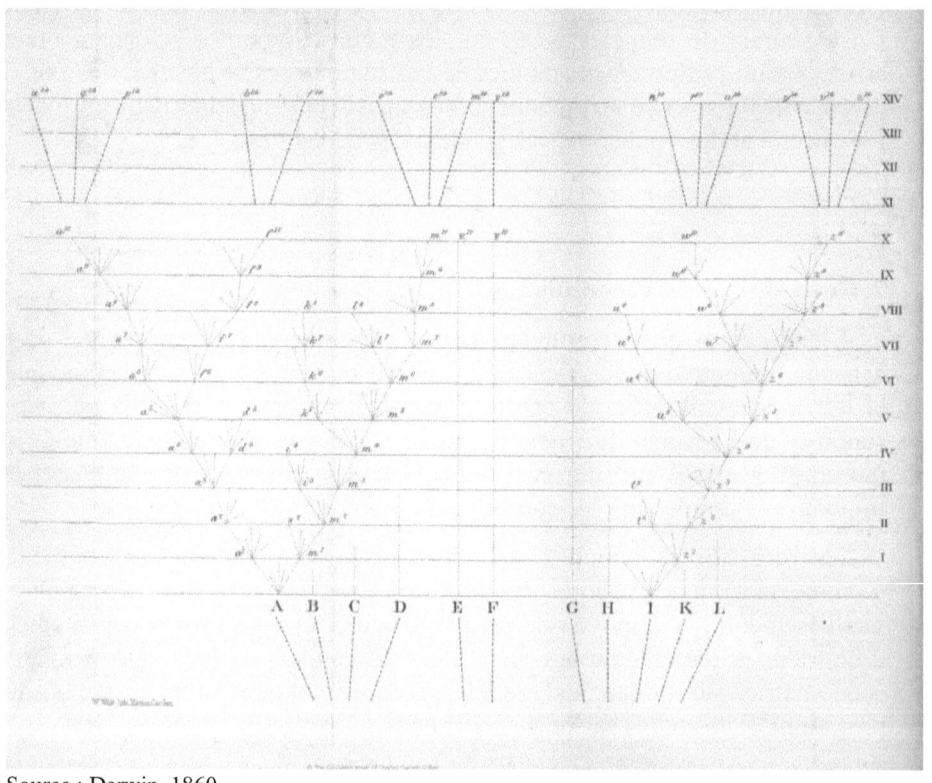

Source : Darwin, 1860.

La théorie de l'évolution incluait explicitement la flèche du temps : Darwin se basait sur la succession des dépôts géologiques pour déterminer le sens de l'évolution des fossiles observés. Le chemin de l'évolution fut plus tard confirmé par l'embryologie et la biochimie. Si les mammifères ont quatre membres, cela est dû à un chemin qu'a pris l'évolution chez nos ancêtres amphibiens il y a des millions d'années. De même, la chiralité de tous les glucides naturels est D (« droite ») et non L (« gauche ») alors que la probabilité est initialement de 50-50, comme en cas de synthèse. La vie a choisi d'assimiler le D-saccharose et non le L-saccharose. Une fois qu'un chemin d'évolution est pris au hasard ou par accident, l'éventail des futurs possibles peut s'en trouver modifié radicalement.

En économie, la mouvance de l'économie évolutionniste explique le phénomène du « lock in » technologique ou comportemental (Boschma and Lambooy, 2009 ; Maréchal, 2010). Ainsi, de par le monde, toutes les vis et tous les écrous sont de pas droit ce qui permet une importante économie de moyens, et ainsi de suite pour nombre de standards, à commencer par le langage.

Dans le domaine social, l'approche mécaniste de l'économie néoclassique nie l'Histoire et le poids des institutions et du corpus normatif repris sous la culture, les valeurs culturelles partagées, l'éducation, etc. (Archer, 1995). Ces normes écrites ou orales évoluent et s'influencent les unes les autres (Axelrod, 1986). Nyborg (Nyborg, 2003) l'a par exemple observé dans le cas de l'interdiction du tabac dans les lieux publics : le message véhiculé par la loi a une influence sur les comportements dans la sphère privée, où il devient plus difficile de fumer librement qu'avant.

Le corpus normatif et institutionnel passé a un impact sur les décisions présentes, mais les normes futures n'ont pas d'impact sur le passé.

3. Mesurabilité, risque probabiliste et incertitude radicale

La mesurabilité permet en principe de connaître et, ensuite, d'élaborer des outils d'optimisation ou de prévision. Certains phénomènes sont mesurables, d'autres ne le sont pas. L'incertitude vient d'une part de l'existence ou non de données (avec leur marge d'erreur), d'autre part du caractère intrinsèquement mesurable ou non du phénomène observé. On distingue le risque (incertitude probabilisable) (Keynes, 1921), l'incertain (incertitude non-probabilisable) et l'incertitude radicale.

3.1. Le risque

Le risque probabiliste (erreurs de mesure ou phénomènes échantillonnés) permet d'envisager une connaissance de plus en plus précise (de moins en moins floue) et des modèles déterministes comme en rêvait Laplace (1840). La figure 3 montre à partir des années 1960 une courbe d'épisodes de contamination nucléaire du lait de vache en Belgique. L'abondance de données (hebdomadaires) permettait de calculer un risque, même sans connaître l'origine des contaminations (ici, en l'occurrence, les contaminations provenaient des nombreux essais de bombes atomiques un peu partout dans le monde). L'incertitude probabilisable (le risque) peut découler soit de l'absence de données suffisantes (échantillon trop petit ou erreurs de mesures trop grandes), soit d'une trop grande sensibilité à la connaissance imparfaite des conditions initiales (effet papillon ou chaos déterministe) comme dans le cas de la prévision climatique (Lorenz, 1963), soit à la trop forte variabilité aléatoire (absence de loi préétablie). Un exemple d'absence de loi : un vendeur peut prévoir empiriquement le comportement moyen des gens dans une situation donnée, mais nul ne peut prédire le comportement d'un client particulier, car celui-ci ne se comporte pas suivant une loi.

3.2. L'incertain

L'incertain (non probabilisable) découle d'une occurrence trop minime pour qu'il soit possible de générer une quelconque probabilité, comme dans le cas de l'accident nucléaire de Tchernobyl visible sur la figure 3 en 1986-87. Le trop petit nombre d'occurrences empêche d'élaborer une assurance contre les risques nucléaires vu que le risque est incalculable tant que l'on ne dispose pas de plusieurs points d'observation. Notons que l'incertain est envisageable, c'est-à-dire que l'on a une connaissance de sa possibilité (à la différence de l'incertitude radicale). Par exemple, on sait qu'on va finir par mourir, mais on ne sait ni quand ni comment. On peut gérer le risque par la prudence, alors que seule la prévention (voire la précaution) peut gérer l'incertain. Une erreur fréquente est d'assimiler une incertitude à un risque nul (Thiry, 2012).

Les économistes pensent souvent que la science et l'expérience pourront lever les incertitudes. Cela équivaut à considérer que l'incertain n'est pas dans l'objet, mais dans le sujet connaissant (Dupuy, 2002). Notre incertitude ne viendrait que de notre mauvaise connaissance, mais il suffirait d'améliorer la récolte de données pour mieux connaître.

3.3. L'incertitude radicale

Or, pour de nombreux objets d'étude, la certitude est intrinsèque à l'objet, quelles que soient les capacités d'observation. Il en est ainsi pour la plupart des phénomènes complexes, discontinus. L'incertitude radicale a deux origines (Levrel, 2008). La première est extérieure à l'individu : les agents ne connaissent ni tous les états de la nature susceptibles de se réaliser, ni la liste des actions qu'ils peuvent entreprendre et de leur résultats possibles. La seconde est intérieure à l'individu : les agents sont incapables de faire des choix optimaux, sans compter que leurs préférences et connaissances individuelles évoluent dans le temps tout comme l'environnement social et naturel.

Figure 3 : De l'imprévisibilité des accidents nucléaires dans le lait de vache à Dessel (Belgique)

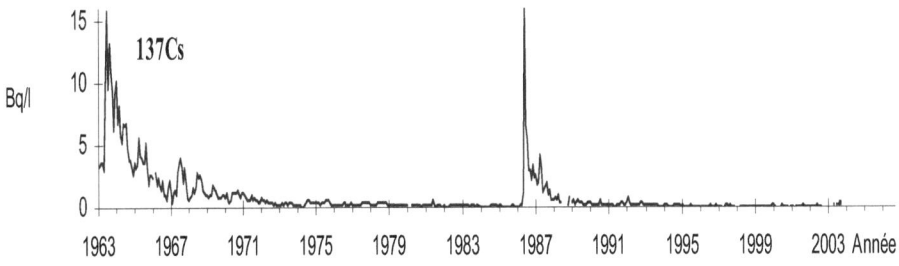

Source : Statistics Belgium (2012) d'après SCK.

La reconnaissance de l'incertitude radicale oblige à un changement de paradigme de la science (Ravtez, 2004). Puisqu'il n'est pas possible dans la plupart des cas de connaître et de prévoir, il est préférable d'agir en fonction du scénario du pire (Dupuy, 2002). Pour Dupuy, on a en effet une *obligation morale* de l'action par précaution (l'incertitude ne devant pas nous porter à ne rien faire). Un tel impératif étant potentiellement sujet à de nombreux conflits de valeurs, son opérationnalisation implique nécessairement de reconnaitre la pluralité des perspectives légitimes (Thiry, 2012). On veillera notamment à assurer une *diversité de possibles*. Maintenir un minimum de diversité sous toutes ses formes (biodiversité, diversité de cultures, expérimentation, « ne pas mettre tous ses œufs dans le même panier ») permet en effet d'augmenter la résilience d'un système.

Pour Thiry (2012), les actions devraient répondre à un principe de distanciation (prendre de la hauteur, penser au nom de valeurs supérieures de l'humanité) en admettant de tomber sous le joug de l'*anticipation de la rétroactivité du jugement* (Dupuy, 2002) et en choisissant des voies conformes à la *cohérence performative*, c'est-à-dire que les voies et indicateurs ne peuvent pas être en contradiction avec la finalité recherchée (on ne soignera pas le mal par le mal, on ne sacrifiera pas une génération ou l'environnement au nom du développement durable, etc.).

Les théories économiques « hétérodoxes », notamment l'économie écologique (*ecological economics*) et l'économie institutionnelle (par exemple économie des conventions) sont susceptibles d'être en cohérence performative avec le développement durable. Il n'est plus question de prédire ou de modéliser, mais d'agir en fonction de principes moraux actuels comme le principe de précaution.

4. Le présent

4.1. La statistique officielle

Beaucoup de chiffres utilisés par les modèles économétriques se basent sur les sources officielles les plus fiables, en particulier les instituts nationaux de statistique. La pratique de la statistique publique consiste à construire, à partir d'enquêtes et de données administratives, des statistiques standards répondant à une série de normes scientifiques quant aux définitions utilisées, à l'univers étudié et à la fréquence des observations. Les bases de données administratives sont par exemple le registre des personnes physiques ou la déclaration à l'impôt. C'est dans ces sources de données « exhaustives » que l'on tire des échantillons « représentatifs » dont les résultats seront ensuite extrapolés au total.

4.2. Erreur d'univers

Bien entendu, si le total de la population officiellement enregistrée est sous-estimé, toutes les statistiques extrapolées sur cette base seront sous-estimées dans la même proportion. Il en va de même pour la valeur ajoutée totale. L'économie informelle (*shadow economy*) représenterait à elle seule entre 8.6% du PIB aux USA et 67.1% en Bolivie, et dans l'UE entre 10.8% en Autriche et 28.3% en Grèce, avec une moyenne de 17% dans les pays de l'OCDE, 18.3% pour la Belgique et 11.8% pour la France (Schneider, 2005 ; Schneider, 2011). Des pans entiers de l'économie (entraide, dons, travail domestique, loisirs gratuits, dons de la nature) n'étant pas enregistrés, on a pu estimer que le PIB ne représentait pas plus du tiers des flux de biens et services en Belgique (Kestemont, 2011). Bien entendu, ces estimations de l'économie « cachée » sont d'autant moins fiables *a priori* qu'elles ne font pas l'objet de fichiers administratifs officiels. Mais elles donnent une idée de l'ampleur de l'erreur sur toutes les statistiques dérivées.

4.3. Erreurs probabilistes et non probabilistes

D'autres erreurs interviennent tout au long du processus d'élaboration des statistiques. L'erreur statistique (due à la petite taille d'un échantillon) est purement probabiliste, déterministe. Ce n'est cependant pas l'erreur principale. En cas d'enquête auprès d'êtres humains, les erreurs de mesure peuvent découler d'erreurs de compréhension entre enquêteurs et enquêtés. Il peut alors y avoir un biais systématique (par exemple, mauvaise formulation des questions) ou d'autres biais non probabilistes liés à la méconnaissance par les répondants de la situation qu'on leur demande de décrire, à leur manque de rigueur, etc. Par exemple, demander aux entreprises quelles sont leurs investissements pour la préservation des sols pollués fait intervenir différents concepts que le répondant concret (souvent le comptable de l'entreprise ou le responsable environnemental) ne maîtrise pas totalement (Kestemont, 2002). La non-réponse (à tout ou partie d'un questionnaire) est un problème bien connu des statisticiens. Peut-on faire l'hypothèse que les non répondants ont les mêmes caractéristiques que les répondants (et donc extrapoler comme s'ils n'avaient pas fait partie de l'échantillon) ? Le plus souvent non. Mais c'est ce que font beaucoup de statisticiens et chercheurs, par manque de moyen ou de possibilité de sous-enquêter chez des personnes qui refusent de répondre. En cas de non réponse, soit les enquêteurs vont « éditer » la réponse (répondre à la place de l'enquêté), soit le statisticien va « imputer » des réponses « prédites » issues de modèles standard plus ou moins élaborés. Les méthodes d'imputation se basent sur des corrélations observées par ailleurs dans l'univers d'enquête, ou sur un simple « bon sens » issu d'hypothèses implicites. Cette estimation du présent (*nowcasting*) peut par la suite entraîner des fausses certitudes scientifiques, comme nous l'illustrons ci-dessous.

4.4. L'enfermement scientifique

Nous avons pendant quatre ans travaillé sur les disparités régionales de productivité du travail en Belgique (Kestemont and Dupierreux, 1992). Il s'agit de la valeur ajoutée divisée par le nombre de personnes employées. Or, il s'est avéré qu'une partie des statistiques de valeur ajoutée (connues au seul niveau national) avaient été régionalisées sur base du fichier d'emploi salarié. L'hypothèse implicite de cette régionalisation était une productivité constante entre les régions pour chaque secteur économique. Le résultat de l'étude était bien entendu une faible disparité de la productivité du travail entre les régions, ce qui revenait à conforter une hypothèse de départ des statisticiens. Les scientifiques, de fil en aiguille, peuvent en arriver à « prouver scientifiquement » ce qui, au départ n'était qu'une hypothèse pragmatique. Les statisticiens pourraient ensuite continuer à utiliser en toute confiance la même méthode dans le futur. L'hypothèse pragmatique du premier statisticien devient une « méthode robuste » chez son successeur car il est en pratique impossible de documenter suffisamment toutes les étapes de la production scientifique. Il y a un phénomène typique de propagation des erreurs dans le monde de la statistique publique. Il peut y avoir aussi, dans la production scientifique en général, une propagation d'erreurs, un *enfermement scientifique.*

Pour diminuer le risque de propagation d'erreur, les statisticiens essaient d'identifier les plus grandes erreurs possibles au plus tôt. Ils recourent par exemple à l'identification de valeurs extrêmes (*outliers*). Dans le meilleur des cas, on vérifie ces outliers en téléphonant ou en allant voir sur le terrain s'il ne s'agit pas d'une erreur de réponse (par exemple, une erreur d'unité de mesure, répondre en kilos au lieu de tonnes). Les outliers vers le haut (grandes valeurs) sont plus faciles à repérer que les outliers vers le bas (petites valeurs) dans la mesure où les distributions de mesures partent le plus souvent de zéro. Les chiffres trop grands apparaissent plus facilement que les chiffres trop petits qui passent inaperçus. Les erreurs sur les chiffres intermédiaires sont pratiquement indétectables de même que les erreurs systématiques (par exemple, erreur du statisticien lui-même au moment de la dernière agrégation des résultats). Dans le pire des cas (le plus fréquent), le statisticien élimine les valeurs extrêmes sans avoir eu les moyens de vérifier. Or, c'est parfois la valeur extrême qui est la plus significative. Imaginez que, dans la courbe de la figure 3, le statisticien ait décidé de supprimer la valeur aberrante liée à l'explosion de Tchernobyl. Il ne l'a probablement pas fait car l'accident de Tchernobyl était de notoriété publique, et que le sens de ce relevé est de détecter des accidents dans la centrale de Mol la plus proche. Mais si l'enjeu avait été moins évident pour l'expérimentateur, par exemple si son but était de mesurer la radioactivité naturelle, il y a fort à parier que l'outlier aurait été éliminé comme valeur aberrante, reléguant à l'oubli une valeur importante pour la société.

Pour diminuer la charge des enquêtes, on recourt de moins en moins à des enquêtes exhaustives, de plus en plus à des échantillons stratifiés. Par exemple, dans l'enquête structurelle sur les entreprises, les grosses entreprises sont toutes interrogées, les plus petites le sont à raison d'un échantillon de 1 sur 100. Les enquêteurs débutants ont tendance à porter plus d'attention à la justesse des réponses des grosses entreprises. Or la moindre erreur de réponse d'une petite entreprise peut avoir un impact aussi important sur le résultat final, car sa réponse est multipliée par 100. A cela s'ajoute un effet aléatoire. Une petite entreprise de collecte de déchets avait une année reçu un subside important pour la construction d'un des 5 incinérateurs de déchets ménagers construits cette année en Belgique. Le poids de l'entreprise en question étant dans l'échantillon de 36, l'extrapolation faisait monter les investissements belges pour l'incinération de déchets à l'équivalent de 36 incinérateurs. Même les données statistiques actuelles officielles sont influencées par les modèles utilisés pour leur élaboration. C'est sur base de ces statistiques que l'on va élaborer des modèles pour le futur.

Il faut parfois plusieurs années pour élaborer et publier des statistiques « présentes ». Or les utilisateurs s'intéressent surtout à des chiffres rapides. Les statisticiens sont de plus en plus poussés à publier des « chiffres provisoires » dans un délai raisonnable. Pour ces chiffres provisoires, ils utilisent par exemple 60% des réponses pour faire une première estimation (nowcasting) sur base de modèles. L'estimation est grossière, mais les chiffres provisoires sont souvent les plus utilisés pour entrer en cascade dans des modèles d'utilisateurs. Ces chiffres provisoires, de proche en proche, influencent probablement le plus les fluctuations de la bourse, les décisions politiques, l'opinion publique et l'attitude des consommateurs. N'arrivant jamais à l'optimum de 100% de réponses sans erreurs, les statisticiens décident à un moment de « figer » leurs résultats. Ils publient alors des « chiffres définitifs » dans lesquels figurent encore des approximations qui ne seront jamais corrigées par la suite.

Une petite erreur dans les statistiques actuelles peut s'amplifier dans les modèles de prévision. La magie du chiffre ne doit pas faire penser qu'une statistique est beaucoup plus précise que toute autre connaissance que nous pouvons avoir du présent : ces connaissances sont très partielles et entachées d'erreurs systématiques. En cas de statistique et autres relevés de données de base, ces erreurs peuvent diffuser de manière invisible dans les modèles pendant des décennies.

5. Le passé

Si l'horizon du futur est de plus en plus flou à mesure que l'on s'éloigne du temps présent, la situation n'est pas toujours meilleure pour le passé. Les chercheurs demandent de plus en plus de chiffres du passé, pour affiner leurs modèles dans l'espoir de mieux prévoir le futur. C'est le cas pour le changement climatique par exemple. Une des sources les plus utilisées pour estimer les émissions anthropiques de CO_2 sur le long terme est la base du CDIAC (Marland, Boden et al., 2001). Ces chiffres ont été construits par leurs auteurs sur base des seules statistiques (bonnes ou mauvaises) existant à l'époque : la production (ou la vente, ce n'est pas précisé) de charbon, de pétrole et de ciment. La vente de charbon en Belgique était-elle estimée à partir de la production dans les seules grandes mines belges sans tenir compte des imports et exports ? Nous ne le saurons sans doute jamais, car les métadonnées (détails méthodologiques, notes et mises en garde) disparaissent plus rapidement que les chiffres. A l'époque, tout était calculé à la main, et les comptabilités étaient moins harmonisées qu'aujourd'hui.

Les concepts et définitions évoluent. Dans le pire des cas, cela entraîne dans les statistiques officielles des « ruptures de séries » signalées par une note de bas de page (notes qui disparaissent rapidement lors des réutilisations de ces chiffres). Dans le « meilleur » des cas, afin de pouvoir continuer à fournir aux utilisateurs des longues séries statistiques sans « rupture », les instituts de statistiques procèdent à une mise en conformité ou rétropolation (*backcasting*). Au mieux, c'est sur la base d'un modèle ou parfois de manière arbitraire (le bon sens) que l'on reclasse, par exemple, les entreprises du passé dans des secteurs économiques suivant la définition actuelle avant de ré-agréger les données individuelles pour reconstituer une série cohérente. Dans le pire des cas (le plus fréquent), la rétropolation ne porte que sur des résultats agrégés pour une année charnière où l'on dispose des résultats suivant les deux méthodes. Imaginons par exemple que nous ne commencions à distinguer la population par classe d'âge qu'à partir d'aujourd'hui, et que, dans le passé, nous ne disposions que du total de la population. Dans ce cas, la rétropolation construirait une série statistique qui garderait, pour toute la période, la même pyramide des âges qu'actuellement. De même pour la plupart des longues séries statistiques, une situation à un moment de changement de méthode peut se retrouver figée jusqu'à la nuit des temps. Or, les données passées sont utilisées pour estimer le présent (chiffres provisoires, *nowcasting*) et le futur (*forecasting*) …

Conclusion

L'analyse des rapports entre théories de l'évolution et théories du développement économique suggère qu'il existe, dans le processus de construction de la connaissance :

- un phénomène d'enfermement scientifique

- des illusions scientifiques qui peuvent faire prendre la théorie pour une réalité et la réalité pour une fiction

- une sous-estimation de l'incertitude radicale et de l'impossibilité de la connaissance parfaite, tant pour le présent que pour le passé et le futur.

L'enfermement scientifique se caractérise par une rétroaction auto-renforçante entre théorie et expérimentation. Un optimum théorique est trouvé, mais il reste éloigné de la réalité. Cette solution est prise pour la réalité au point qu'on enseigne dans les écoles que la réalité n'est que fiction et qu'il faut écouter les recommandations des scientifiques plutôt que, par exemple, délibérer démocratiquement sur base des intuitions de chacun. Pour donner une image, prenons un montagnard cherchant à vérifier une hypothèse qui dit que plus on monte, plus on s'approche de l'océan. Il arrive à un lac de montagne et déclare la théorie valide. D'autres chercheurs le rejoignent et élaborent une théorie de plus en plus précise sur l'origine des espèces à partir de ce lac. Si un enfant curieux monte sur la montagne voisine et voit, au loin, l'océan, on lui enseignera que ce n'est qu'un mirage et qu'il ferait mieux d'étudier ses leçons au lieu de faire l'école buissonnière.

C'est en toute bonne foi que des économistes et des experts croient, sur base d'un grand nombre de cas particuliers, détenir la clé de l'évolution et pensent pouvoir donner des conseils aux décideurs pour infléchir le cours de l'histoire dans un sens voulu par tous, par exemple, le développement durable. Or, l'impossibilité de prédire l'avenir d'un système complexe est une « loi » fondamentale découlant de la flèche du temps découverte en biologie, en physique et dans les sciences sociales. Cette impossibilité découle aussi de l'impossibilité de la connaissance parfaite pour de très nombreux phénomènes pour lesquels il existe une incertitude radicale, non probabilisable. Une incertitude de même nature existe aussi pour le présent et pour le passé, de sorte qu'il n'est possible de lire « parfaitement » ni le présent, ni le passé.

Références bibliographiques

Archer M. S. [1995], Entre la structure et l'action, le temps. *Realist Social theory: The Morphogenetic Approach*, Cambridge University Press, p. 65-92.

Arrow K. J. and Debreu G. [1954], Existence of an Equilibrium for a Competitive Economy, *Econometrica*, 22 (3), p. 265-290.

Axelrod R. [1986], An Evolutionary Approach to Norms, *The American Political Science Review*, 80 (4), p. 1095-1111.

Boschma R. A. and Lambooy J. G. [2009], Evolutionary economics and economic geography, *Journal of Evolutionary Economics*, 9, p. 411-429.

Chao L. and Levin B. R. [1981], Structured Habitats and the Evolution of Anticompetitor Toxins in Bacteria, *Proceedings of the National Academy of Sciences of the United States of America*, 78 (10), p. 6324-6328.

Darwin C. R. [1859], *On the origin of species by means of natural selection, or the preservation of favoured races in the struggle for life*, London, John Murray.

Darwin C. R. [1860], *On the origin of species by means of natural selection, or the preservation of favoured races in the struggle for life*, New York, D. Appleton.

Darwin C. R. [1869], *On the origin of species by means of natural selection, or the preservation of favoured races in the struggle for life*, 5th edition. London, John Murray.

Dawkins R. [1976], *The selfish gene*, Oxford University Press.

Dupuy J.-P. [2002], *Pour un catastrophisme éclairé. L'impossible est certain*, Paris, Seuil.

Fehr E. and Fischbacher U. [2003], The nature of human altruism, *Nature*, 425 (23), p. 785-791.

Georgescu-Roegen N. [1971], *The Entropy Law and the Economic Process*, Cambridge Mass., Harvard University Press.

Gowdy J. and Seidl I. [2004], Economic man and selfish genes: the implications of group selection for economic valuation and policy, *Journal of Socio-Economics*, 33 (3), p. 343-358.

Kestemont B. [2002], Factors Affecting Quality of Statistics on Environmental Expenditures by Companies in Belgium. Current environmental protection expenditure by the Belgian industry (1999), INS. Brussels, Institut national de statistique, 7, p. 89-97.

Kestemont B. [2007], Les fondements utilitariste et anti-utilitariste de la coopération en biologie, *Revue du M.A.U.S.S. permanente*, La Découverte.

Kestemont B. [2011], La place du marché dans l'économie belge (croissance et décroissance). *Autour de Tim Jackson. Inventer la prospérité sans croissance*, Première partie, Etopia. Namur, Les éditions namuroises, 8, p. 123-139.

Kestemont B. and Dupierreux J-M. [1992], La croissance de la productivité du travail. *Etude macroéconomique des disparités de développement des provinces et régions belges*, B. Kestemont, J.-M. Dupierreux, D. Guillaume, C. Leclerc and H. Vander Eycken, Bruxelles, ULB/FNRS, 3, p. 101.

Keynes J. M. [1921], *A Treatise on Probability*, McMillan.

Laplace P.-S. [1840], *Essai philosophique sur les probabilités*, Paris, Maison d'édition Bachelier.

Levrel H. [2008], Les indicateurs de développement durable : proposition de critères d'évaluation au regard d'une approche évolutionniste de la décision, *Revue Française de Socio-Economie*, 2008/2 (2), p. 199-222.

Lorenz E. N. [1963], Deterministic Nonperiodic Flow, *Journal of the Atmospheric Sciences*, 20, p. 130-141.

Malthus T. R. [1826], *An Essay on the Principle of Population*, 6th edition, Library of Economics and Liberty, 14 September 2012.

Maréchal K. [2010], Not irrational but habitual: The importance of "behavioural lock-in" in energy consumption, *Ecological Economics*, 69 (5), p. 1104-1114.

Marland G., Boden T. A, et al. [2001], *Global, Regional and National Fossil Fuel CO2 Emissions, US department of Energy*, Carbone Dioxide Information Analysis Center, 2007.

Nowak M. A., Asaki, A. et al. [2004], Emergence of cooperation and evolutionary stability in finite populations, *Nature*, 428, p. 646-650.

Nowak M. A. and May R. M. [1992], Evolutionary games and spatial chaos, *Nature*, 359, p. 826-829.

Nyborg K. [2003], The impact of public policy on social and moral norms: some examples, *Journal of Consumer Policy*, 26, p. 258-277.

PNUE [2002], *L'avenir de l'environnement mondial 3. GEO-3*, Paris-Bruxelles, de boeck.

Prigogine I. and Stengers I. [1979], *La Nouvelle Alliance*, Paris, Gallimard.

Ravtez J. [2004], The post-normal science of precaution, *Futures*, 36, p. 347-357.

Rockström J. [2009], A safe operating space for humanity, *Nature*, 461 (7263), p. 472-475.

Sanchez A. and Cuesta J. A. [2005], Altruism may arise from individual selection, *Journal of Theoretical Biology*, 235 (2), p. 233-240.

Schneider F. [2005], Shadow economies around the world: what do we really know?, *European Journal of Political Economy*, 21, p. 598-642.

Schneider F. [2011], The Shadow Economy and Shadow Economy Labor Force: What Do We (Not) Know?, Discussion Paper. Bonn, Institute for the Study of Labor, I5769: 68.

Thiry G. [2012], *Au-delà du PIB : un tournant historique. Enjeux méthodologiques, théoriques et épistémologiques de la quantification*, Louvain-La-Neuve, Université catholique de Louvain.

Van Baalen M. and Rand D. A. [1998], The Unit of Selection in Viscous Populations and the Evolution of Altruism, *Journal of Theoretical Biology*, 193(4), p. 631-648.

Vitousek P. M., Mooney H. A., et al. [1997], Human domination on Earth's Ecosystems", *Science*, 277, p. 494-499

L'enjeu de l'évolution biologique

Francis Kaplan
Professeur émérite de l'Université de Tours

Le problème de l'évolution biologique a son intérêt en lui-même. Après tout, il est intéressant de savoir, pour le dire grossièrement, si l'homme descend du singe. Mais, tout compte fait, c'est surtout anecdotique et le problème de l'évolution a un intérêt plus fondamental si on le considère comme un sous-problème, c'est-à-dire élément du problème général, celui de la vie. Celle-ci nous apparaît comme caractérisée par la finalité, c'est-à-dire le fait d'utiliser des moyens en vue d'une fin.

Considérons un phénomène aussi général que la circulation du sang : elle correspond à une fin, c'est-à-dire à un besoin ; son arrêt entraîne immédiatement la mort ; elle est assurée par un système complexe de pompe – le cœur. De même, le maintien d'une quantité constante de glucose dans le sang est un besoin : un écart supérieur à 0,20 gramme par litre est pathologique. Ce maintien constitue donc une fin. Pour se réaliser, elle exige un système complexe de moyens. En effet, la nourriture ne fournit pas suffisamment de glucose. Pour obtenir le glucose manquant, l'organisme transforme certains aliments – les glucides – soit dans le tube digestif, soit dans le foie, soit dans le sang même. Par ailleurs, le glucose fourni directement ou indirectement par la nourriture, ne l'est pas d'une façon constante puisque ni la quantité ni la qualité de la nourriture n'est constante ; de plus, le glucose dans le sang disparaît d'une manière non constante, suivant en particulier l'importance des efforts musculaires, lesquels varient au cours de la journée. Il faut donc réguler la quantité de glucose dans le sang soit en stockant le glucose excédentaire, par exemple, dans le foie, sous l'action du pancréas, soit en libérant le glucose stocké sous l'action de l'hormone des glandes surrénales ; il faut par conséquent que le pancréas sécrète de l'insuline ou les glandes surrénales de l'adrénaline dès que le taux de glucose s'écarte de la norme. Tel est effectivement le cas. Il est clair qu'il serait facile de multiplier de tels exemples et qu'on peut mettre en évidence systématiquement dans tous les phénomènes vivants des moyens en vue d'une fin. « Tout *se* passe comme si les êtres vivants étaient structurés, organisés et conditionnés en vue d'une fin »[1]. Ils ont des mécanismes au sens

---

[1] Jacques Monod, « Leçon inaugurale au Collège de France » in *Le Monde*, 30 novembre 1967.

où l'on parle des mécanismes d'une machine. L'être vivant est donc non seulement une totalité, mais aussi une machine[1].

De fait, quand l'anatomiste décrit une structure, le physiologiste se demande : « À quoi ça sert ? » : « Le fait d'avoir défini l'activité d'organes restés longtemps énigmatiques comme l'hypophyse, l'appareil thyroïdien, les îlots de Langerhans, le tissu interstitiel du testicule, le corps jaune ovarien, etc., tient à cette conviction instinctive, d'inspiration finaliste, que tout organe doit avoir sa fonction »[2]. D'où « le principe […] de séparer ou de modifier certaines parties de la machine vivante afin de [...] juger ainsi de leur usage et de leur utilité »[2]. De fait, pour Descartes – et déjà avant, pour Mersenne – les êtres vivants ne sont que des machines : « Je ne reconnais aucune différence entre les machines que font les artisans et les divers corps que la nature seule compose, sinon que les effets des machines ne dépendent que de l'agencement de certains tuyaux ou ressorts ou autres instruments qui sont toujours si grands que leurs figures ou mouvements se peuvent voir – au lieu que les tuyaux ou ressorts qui causent les effets des corps naturels sont ordinairement trop petits pour être aperçus de nos sens »[3].

Mais des machines supposent un constructeur et, comme les machines vivantes sont des machines très complexes, aucun homme n'est capable de les construire, il faut que ce constructeur soit au-delà de l'intelligence humaine et tout puissant, et quel autre être pourrait-il être que Dieu ? D'où la popularité de l'explication de la vie par Dieu qu'on trouve déjà chez Anaxagore, Socrate, Platon, les Stoïciens ou saint Thomas.

Mais l'explication de la vie par Dieu, c'est-à-dire par un être infiniment intelligent, tout puissant et toute bonté est incompatible avec les très nombreuses imperfections des êtres vivants. Les moignons griffus du fourmilier rendent sa marche difficile ; les énormes griffes du paresseux l'empêchent complètement de marcher et l'obligent à demeurer accroché aux branches arbres ; les dents médianes recourbées du mésoplodon lui ferment quasiment la bouche ; les cétoines crématoschilides et les clarigirides ont aussi leur bouche presque obstruée de sorte qu'ils ont besoin pour vivre de l'assistance des fourmis. Et Darwin disait : « Pouvons-nous […] considérer comme parfait l'aiguillon de l'abeille qu'elle ne peut, sous peine de perdre ses viscères, retirer de sa blessure qu'elle a faite à certains ennemis, parce que cet aiguillon est barbelé, disposition qui cause inévitablement la mort de l'insecte »[4].

---

[1] Jacques Monod, *Le Hasard et la Nécessité*, Seuil, 1970, p. 59.
[2] Claude Bernard, *Introduction à l'étude de la médecine expérimentale*, 2ème partie, chap. II, § 3 (souligné par moi).
[3] Descartes, *Principes*, 4ème partie, art. 203.
[4] Darwin, *De l'origine des espèces*, trad. fr., La Découverte, 1980, p. 206.

Les hémiptères ont un appareil d'accrochage complexe entre la première paire d'ailes et la seconde ; à la face inférieure de l'hémélytre se trouve un couple de brosses laissant entre elles un petit intervalle à l'intérieur duquel se glisse, en cas de vol, le bord antérieur, épaissi et écailleux, de la deuxième aile ; les deux brosses pincent ce bord et maintiennent ainsi solidement l'aile. Or la nèpe cendrée ne vole pas ; elle ne déploie jamais ses ailes ni ses hémélytres ; ses muscles du vol sont atrophiés ; l'appareil d'accrochage n'en existe pas moins. Mieux, deux hémiptères, *Naucoris masculatus* et *Cymatia coleoptrata,* n'ont pas de seconde paire d'ailes, mais seulement les hémélytres, ceux-ci n'en ont pas moins les brosses d'accrochage – qui n'ont rien à accrocher.

La régénération dont sont dotées un certain nombre d'espèces animales est un phénomène apparemment bénéfique : l'étoile de mer refait un bras sectionné, la patte autotomisée d'un crabe repousse, un lézard remplace sa queue qui tombe. Mais, chez le ver coupé en deux, si le fragment antérieur ne comprend pas un nombre suffisant d'anneaux, il régénère une deuxième tête et non une queue ; si c'est le fragment postérieur qui est trop court, il régénère une deuxième queue : dans les deux cas, les vers de terre régénérés ne sont pas viables. L'antenne du phasme *Carausis morosus* comprend une base de deux articles et un fouet ; une section du fouet fait repousser une antenne ; une section de l'antenne au ras de la tête entraîne une cicatrisation sans régénération ; une section de l'antenne au niveau de la base provoque la formation d'une petite patte avec fémur, tibia et tarse de quatre articles, mais cette patte ne joue aucun rôle utile car elle ne peut s'agripper au sol. Quant à la régénération réussie, il y a manifestement incohérence à ce qu'en soient seules dotées quelques espèces animales – l'étoile de mer, le crabe, le lézard, le ver de terre, le phasme. Pourquoi ces espèces plutôt que d'autres ?

Si les bois du cerf mâle lui sont utiles pour se battre contre ses congénères ou contre les loups, leur encombrante ramification ne lui sert à rien et lui est même dangereuse : souvent des cerfs, se battant entre eux, entremêlent leurs bois qu'ils ne peuvent plus séparer – et sont condamnés à mourir de fatigue ou de faim. La même aventure arrive à des antilopes Coudou dont les cornes sont tordues en spirale et qu'elles se vissent les unes dans les autres en se battant. Si l'appendice vermiculaire de l'homme joue peut-être un rôle utile dans le jeune âge, à l'état adulte il n'en est sûrement rien, comme le prouve l'innocuité absolue de son ablation ; en revanche, il peut donner lieu, comme on sait, à une affection grave, l'appendicite.

On comprend alors qu'on puisse dire qu'« il y a, dans tout cela, des choses si stupides qu'il n'est pas concevable qu'elles soient l'œuvre d'un grand ingénieur »[1], – à plus forte raison, de Dieu.

---

[1] François Jacob dans *L'Express,* 20 novembre 1981. « Quel livre pourrait écrire un

Plus grave : l'action de Dieu, c'est l'action de la pensée immatérielle sur la matière et cette action est inconcevable. Elle l'apparaissait déjà ainsi à Démocrite, à Epicure et à Lucrèce. Ce dernier écrivait : « La substance de l'esprit et de l'âme est matérielle. Car si nous la voyons porter nos membres en avant, arracher notre corps au sommeil, nous faire changer de visage, diriger et gouverner le corps humain tout entier, comme aucune de ces actions ne peut évidemment se produire sans contact, ni le contact sans matière, ne devons-nous pas reconnaître la nature matérielle de l'esprit et de l'âme? »[1]. Même Descartes en arrive à dire qu'il faut « concevoir l'âme comme matérielle – ce qui est proprement concevoir son union avec le corps »[2].

Ce n'est pas tout : toute action finalisée implique non seulement l'action de la conscience sur la matière, mais un motif poussant à cette action. Quel serait le motif poussant Dieu à la création en général de l'Univers ? Pour Malebranche, ce serait la recherche de sa gloire : « La gloire a été le motif qui a déterminé le Créateur [...] s'estimant et s'aimant invinciblement, il trouve sa gloire, il a de la complaisance dans un ouvrage qui exprime en quelque manière ses excellentes qualités [...]. Ainsi supposé que Dieu veuille agir, il ne se peut qu'il n'agisse selon sa gloire [...] puisqu'il ne se peut qu'il n'agisse [...] par l'amour qu'il se porte à lui-même et à ses divines perfections ». Mais n'est-ce pas à la fois mesquin et immoral, dans la mesure où c'est une forme de vanité ?

De toute manière, il reste à se demander pourquoi Dieu aurait créé l'homme.

On dit volontiers que c'est par amour. Comment soutenir que Dieu crée les hommes par amour si l'on pense à toutes les souffrances qu'endure ou qu'a endurées une partie importante des hommes dans un monde créé par Dieu, dont les exemples les plus éclatants sont la Shoah, le Goulag, les

---

chapelain du diable sur la maladresse, le gaspillage, les bavures, la bassesse et l'horrible cruauté de la nature ! » (Ch. Darwin, cité par S. J. Gould, *Quand les poules auront des dents,* trad. française, Fayard, Paris, 1984, p. 40.) Concernant ce dernier point, Darwin écrit : « Je ne peux me persuader qu'un Dieu bienveillant et omnipotent ait conçu à dessein les Ichneumonidés avec l'intention expresse qu'elles trouvent leur nourriture à l'intérieur des corps vivants des chenilles ou qu'un chat doive jouer avec une souris » (lettre à Asa Gray en 1860, citée *in ibid.*).

[1] Lucrèce. *De la nature des choses,* livre III, v. 161-167. Ce que reprendra La Mettrie, disant « avec Lucrèce que l'âme n'étant pas matérielle, ne peut agir sur le corps ou qu'elle l'est effectivement, puisqu'elle le touche et le remue de tant de façons [...], ce qui ne peut convenir qu'à un corps. Si petite et si imperceptible qu'on suppose l'étendue de l'âme [...] il faut toujours qu'elle en ait une, quelle qu'elle soit, puisqu'elle touche immédiatement cette autre étendue énorme du corps » (J. de La Mettrie, *Histoire naturelle de l'âme,* Oxford, 1747. p. 77-78).

[2] Descartes. *Correspondance,* lettre du 28 juin 1643 à la princesse Elizabeth.

génocides cambodgien et rwandais ? Objectera-t-on que c'est parce que Dieu a créé les hommes libres, que par conséquent ces souffrances, ce ne serait pas Dieu, mais d'autres hommes qui en seraient responsables ? Mais, en fait, en créant les hommes libres et avec des tendances possibles criminelles, Dieu en serait nécessairement coresponsable comme le propriétaire d'un chien est responsable des blessures ou des morts que ce chien peut provoquer. De plus, outre les souffrances dont sont responsables d'autres hommes, il y a des souffrances qu'entraîne la maladie ou la mort d'un être cher et telles que ceux qui les subissent auraient préféré ne pas avoir été créés et dont la responsabilité ne peut incomber qu'à la manière dont Dieu aurait créé le monde et comment concilier ces souffrances et une création par amour ? Rétorquera-t-on que dans l'ensemble les hommes sont heureux d'avoir été créés, qu'il était impossible qu'ils soient tous heureux, qu'il valait mieux créer une majorité d'hommes heureux même si la condition était une minorité d'hommes souffrant d'avoir été créés ? Mais ce serait un Dieu criminel qu'un Dieu qui créerait des hommes qui souffrent injustement, même si c'est pour permettre de créer en plus grand nombre d'autres hommes heureux et, si on pense que les animaux sont aussi objets de la morale, comment accepter moralement que des animaux puissent être créés pour servir de nourriture aux carnivores ?

Nous nous trouvons donc devant le dilemme suivant : on ne peut expliquer la vie par la finalité et il ne peut y avoir de vie sans finalité.

A moins qu'il y ait une autre sorte de finalité, sans constructeur, sans intention, une finalité due au hasard. Le hasard fait que des nuages ont des formes humaines, que des pierres ont l'air d'oiseaux ou de fleurs. Je possède une rose des sables qui ressemble effectivement – ce n'est pas le cas en général – à une rose, ayant même une tige ; des paesines portent des dessins qui ont l'air de paysages ; il existe des champignons qui ont l'aspect d'un phallus ; mieux, le labelle de la fleur d'une orchidée, précisément l'Aceras anthropophora, évoque un homme pendu. Pourquoi le hasard ne pourrait-t-il pas faire des êtres vivants, c'est-à-dire grouper des atomes de manière qu'il y ait finalité comme il groupe des atomes de manière qu'il y ait forme humaine, apparence d'un oiseau ou d'une fleur ? C'est une explication qu'avançaient déjà des philosophes grecs de l'Antiquité, comme le rapporte Aristote : « Qu'est-ce qui empêche la nature d'agir non en vue d'une fin, ni parce que c'est le meilleur, mais comme Zeus fait pleuvoir, non pour augmenter la récolte, mais par nécessité car l'exhalaison s'étant élevée, doit se refroidir et, s'étant refroidie étant devenue eau par génération, descendre : quant à l'accroissement de la récolte qui suit le phénomène, c'est un accident. Tout aussi bien si la récolte se perd, pour cela, sur l'aire, ce n'est pas en vue de cette fin (pour qu'elle se perde) qu'il a plu, mais c'est un accident. Par suite, qu'est-ce qui empêche qu'il en soit de même pour les parties des vivants ? »¹. Ce sera la thèse d'Epicure : « Aucune raison providentielle n'était à l'œuvre pour créer les êtres vivants [...]. Ce sont les semences voyageant à travers l'espace, qui en se groupant par aventure produisent et font croître toute chose »². Ce sera la thèse de Lucrèce : « Ce n'est certainement pas en vertu d'un plan préconçu d'une quelconque sagesse première que les atomes sont venus se ranger chacun à leur place [...] ; mais, après avoir subi mille changements de toutes sortes à travers l'univers, heurtés, déplacés de toute éternité par des chocs incessants, à force d'essayer des mouvements et des combinaisons de tout genre, ils en arrivent enfin à des structures telles que [...] les générations des êtres vivants »³.

Mais, si chaque être vivant était produit par le hasard, on devrait rencontrer infiniment plus de phénomènes de dystélie, d'atélie et de monstruosité que d'êtres vivants normaux, alors qu'en réalité, c'est l'inverse qui a lieu.

Ne pourrait-on pas rétorquer que, s'il y a peu de monstres par rapport aux individus normaux, c'est parce qu'ils ne sont pas viables : ils « ont péri et périssent comme pour Empédocle, les bœufs à face humaine »⁴. Maupertuis sans plus reprendre qu'Aristote cette réponse à son compte la développe ainsi : « Le hasard, dirait-on, avait produit une multitude innombrable d'individus ; un petit nombre se trouvait construit de manière que les parties de l'animal pouvaient satisfaire à ses besoins ; dans un autre infiniment plus grand, il n'y avait ni convenance ni ordre ; tous ces derniers ont péri : des animaux sans bouche ne pouvaient pas vivre, d'autres qui manquaient d'organes pour la génération ne pouvaient pas se perpétuer ; les seuls qui soient restés sont ceux où se trouvaient l'ordre et la convenance : et ces espèces que nous voyons aujourd'hui ne sont que la plus petite partie de ce que le destin aveugle avait produit »⁵. C'est ce que Darwin appellera la sélection naturelle.

L'existence de cette partie n'en serait pas moins très improbable. Comme disent les Stoïciens, « Puis-je voir sans surprise [...] un homme persuadé que des corpuscules solides et insécables, obéissant aux lois de la pesanteur, engendrent par leur rencontre fortuite [...] un si bel ordre ? Qui admet la possibilité de cette génération, je ne conçois pas pourquoi il n'admettrait pas aussi que les vingt et un caractères de l'alphabet répétés en ordre ou en n'importe quelle manière à d'innombrables exemplaires pourront, si on les jette à terre, se disposer de façon à former un texte bien lisible des annales

---

[1] Aristote, *Physique*. II, 198 b, trad. Carteron, Les Belles Lettres, ed. Budé, Paris, 1976.
[2] Epicure, *Doctrine et Maximes,* trad. M. Solovine, Herrmann, 1965, p. 141-142.
[3] Lucrèce, *De Natura Rerum*, trad. A. Ernout, Belles-Lettres, 1955, I, v. 1021-1034
[4] Aristote, *ibid.*
[5] Maupertuis, *Essai de Cosmologie*, 1750, p. 15-17.

d'Ennius [...]. Que si les atomes peuvent en se groupant constituer un monde, pourquoi ne peuvent-ils faire un portique, un temple, une maison, une ville ? Ce sont des ouvrages exigeant moins de travail et bien plus faciles »[1].

Or, le très improbable est impossible : « La loi unique du hasard, dit Emile Borel [...] consiste essentiellement en ce que les phénomènes très peu probables ne se produisent pas »[2]. A partir d'un certain degré d'improbabilité, et même si l'on ne peut concevoir une autre hypothèse, il convient, en effet, d'affirmer qu'il est plus probable qu'il y ait une autre explication que je ne conçois pas plutôt que d'admettre un hasard extrêmement improbable. L'existence d'une explication que je ne conçois pas actuellement et même que je pense ne pouvoir jamais concevoir a en effet une probabilité qui n'est pas extrêmement petite et, entre deux explications, il est évident qu'il faut toujours choisir la plus probable. D'ailleurs, si un hasard extrêmement improbable était considéré comme possible, on ne pourrait jamais vérifier les hypothèses de la mécanique quantique puisque celle-ci est probabiliste, de sorte que n'importe quel résultat expérimenté même éloigné de ce que prévoyait l'hypothèse ne serait pas une infirmation, étant donné qu'il serait possible. De fait, explicitement, pour la mécanique quantique, une probabilité infime est une impossibilité: « Je me rappelle, dit Murray Gell-Mann, prix Nobel de physique, qu'étudiant de premier cycle, l'on m'avait donné comme problème à calculer la probabilité qu'un objet macroscopique pesant pût, durant un intervalle donné, s'élever dans les airs d'une trentaine de centimètres sous l'effet d'une fluctuation quantique. La réponse était de l'ordre de 1 divisé par un nombre composé de 1 suivi de quelques trente-deux zéros. Le but du problème était de nous enseigner qu'il n'y a aucune différence sensible entre une probabilité de ce genre et zéro. Tout ce qui est improbable [à ce degré, F. K.] est impossible »[3]. Supposons que je lance une pièce de monnaie en l'air cent fois et que j'obtienne quarante-sept fois pile et cinquante-trois fois face ; je suis en droit de dire que l'explication de ces résultats par le hasard est la seule hypothèse compatible avec les faits : le hasard est ici manifestement un hasard possible. Ce ne serait pas le cas si j'avais obtenu 99 piles et 1 face. Supposons que Pierre gagne le gros lot au Loto et tout ce que je sais sur lui et sur le Loto me fait penser qu'une fraude est impossible : l'explication de ce résultat par le hasard est la seule hypothèse possible : j'appellerai ce hasard un hasard possible, même s'il était très peu probable, avant l'événement, que Pierre gagne ; car il est en tout cas très probable que quelqu'un, chaque semaine, gagne. Par contre, si Pierre gagne le gros lot au

---

[1] Cicéron, *De la nature des dieux*, trad. Appuhn, liv. II, chap. XXVII.
[2] Emile Borel, *Les probabilités et la vie*, PUF, 1943, p. 5.
[3] Murray Gell-Mann, *Le Quark et le Jaguar*, trad. fr., Flammarion, 1997, p. 191.

Loto non pas une fois, mais cinquante semaines de suite, même si je ne conçois pas comment il a pu frauder, je devrai penser qu'en ce cas l'hypothèse du hasard n'est pas compatible avec les faits, même si elle est la seule concevable[1].

On trouve – implicite – ce concept d'un hasard impossible chez un Darwinien éminent, T. Dohzansky, un des fondateurs de la théorie synthétique de révolution : « Il est bien évident qu'on ne peut pas croire que toutes les nombreuses parties de l'œil, mutuellement si bien ajustées entre elles, se soient produites simplement, par mutation, et se soient trouvées assemblées par le jeu du hasard. Supposons qu'environ cent gènes doivent être représentés par des allèles appropriés pour réaliser un œil, et supposons, en plus, que le taux de mutation de ces gènes soit en moyenne de 10^{-5} (un pour cent mille). La probabilité que toutes ces mutations se produisent simultanément dans un seul individu est de 10^{-500} […]. L'absence d'une seule partie essentielle de l'œil le ferait non fonctionnel, donc sans valeur du point de vue de la sélection »[2]. Pour bien comprendre, en effet. l'impossibilité d'un hasard ayant une probabilité de 10^{-500}, il est intéressant de se référer à un calcul de Georges Salet[3] : un air très pollué contient environ 10^6 bactéries par centimètre cube. Admettons que l'ensemble des êtres vivants sur terre se trouve dans une couche d'une épaisseur de 10 kilomètres, autour de la Terre, au-delà (atmosphère) ou en deçà (terre et mer) de la surface terrestre. Admettons que la densité moyenne de ces êtres vivants correspond à celle des bactéries dans un air très pollué ; il y aurait donc au maximum 5×10^{25} êtres vivants coexistant sur terre au même instant. La cadence de la reproduction de la mitose est d'une reproduction par minute. Admettons que ce soit la cadence moyenne de reproduction des êtres vivants. Admettons que la vie existe sur terre depuis 2 milliards d'années. En fait, actuellement on pense qu'elle existe depuis 4 milliards d'années. Il y a eu donc au total 2×10^{15} générations soit $5 \times 10^{25} \times 2 \times 10^{15} = 10^{41}$ êtres vivants. Il faudrait donc attendre environ 10^{450} fois – c'est-à-dire 10 suivi de 450 zéros fois – la durée qui s'est écoulée depuis l'apparition de la vie sur terre pour que se

---

[1] C'est un exemple analogue que prend l'abbé Galliani pour critiquer l'explication du monde par le hasard de ses amis philosophes, dont Diderot : « Je suppose, Messieurs, celui d'entre vous qui est le plus convaincu que le monde est l'ouvrage du hasard, jouant aux trois dés, je ne dis pas dans un tripot, mais dans la meilleure maison de Paris, et son antagoniste amenant une fois, deux fois, trois fois, quatre fois, enfin constamment, rafle de six. Pour peu que le jeu dure, mon ami Diderot, qui perdrait ainsi son argent, dira sans hésiter, sans en douter un seul moment : Les dés sont pipés, je suis dans un coupe-gorge » (rapporté par Morellet, *Mémoires,* Paris, 2ᵉ éd. 1822, t. I, p. 136-137).
[2] Theodosius Dohzansky et Ernest Boesiger, *Essais sur l'évolution*, trad. fr., Masson, 1968, p. 156.
[3] Georges Salet, *Hasard et Certitude*, éd. scientifiques saint Edone, 1992.

produise normalement une fois un événement de probabilité 10^{-500}. Et, comme, il est aisé de le vérifier, le total de 10^{41} êtres vivants existant ou ayant existé sur terre sur lequel s'est fait le calcul est sûrement très supérieur au total réel, ce qui augmente d'autant la durée d'attente réelle.

C'est ici que la logique du problème général de l'explication de la vie rencontre un problème scientifique particulier apparu à la fin du XIXe siècle – celui de l'évolution des espèces, introduite d'ailleurs par Lamarck et non par Darwin. On s'est aperçu que certaines espèces – par exemple, les équidés – peuvent être regroupées en série progressive, ce qui suggérait qu'elles peuvent s'engendrer les uns les autres d'une manière progressive, c'est-à-dire que l'ensemble constituerait une évolution.

Reste à « expliquer cette évolution ». Considérons, par exemple, le long cou de la girafe. Pour Lamarck, cet animal ferait des efforts pour atteindre les feuilles des plus hautes branches des arbres : ces efforts aboutiraient à une certaine augmentation de la longueur du cou qui se transmettrait à ses descendants ; ceux-ci leur tour poursuivraient ses efforts, augmentant ainsi la longueur de leur cou, elle-même, comme on a vu, augmentée par l'effort de leur ancêtre. Le processus se renouvelant à chaque génération expliquerait l'état actuel de l'espèce. C'est comme on voit une explication qui implique la réalité de la finalité : ici l'intention de la girafe.

C'est avec Darwin que tout va changer. Pour lui, indépendamment de tout effort, de toute intention, uniquement par hasard, il se trouve que certaines girafes naissent avec un cou plus long, d'autres avec un cou moins long : si une famine survient, seules les premières ne mourront pas de faim parce qu'elles pourront brouter les feuilles des arbres auxquelles les autres girafes n'auront pas accès ; elles seront donc seules à se reproduire et la longueur de leur cou représentera le nouvel état normal de l'espèce. A partir de cet nouvel état normal se produiront, de nouveau, des variations au hasard ; une nouvelle famine ne laissera subsister que les girafes ayant bénéficié d'une augmentation supplémentaire de la longueur de leur cou. Et ainsi arrivera-t-on à la longueur actuelle à force de variations accidentelles et de famines. Comme on voit, on ne va pas en une fois au long cou actuel mais en plusieurs étapes et c'est ce qui constitue le fait qu'il y ait évolution. Quel est l'avantage pour notre problème de la vie ?

Supposons que la probabilité de l'apparition en une fois du long cou correspond à la probabilité qu'apparaît dans un tirage au sort un numéro parmi 999 999 numéros – par exemple, 781.253 - soit une probabilité de 1 sur 999.999. Cela veut dire qu'il faut répéter l'opération de tirage au sort 999.999 fois pour que, normalement, il apparaisse. Supposons qu'au lieu de le faire apparition en une fois, ou le fasse apparaître en 6 étapes avec sélection. Cela signifie qu'on tire au sort le premier chiffre et qu'une fois obtenu on le considère comme acquis ; c'est ce que veut dire la sélection naturelle. Il aura fallu répéter l'opération de tirage au sort 10 fois (puisqu'il y a 10 chiffres 1, 2, 3, 4, 5, 6, 7, 8, 9, 0) pour obtenir normalement 7. On recommence l'opération pour obtenir 8, puis pour obtenir 1, puis obtenir 2, puis pour obtenir 5, puis pour obtenir 3, soit au total 60 tirages au sort au lieu de 999.999. La probabilité de l'apparition de 781.253 – c'est-à-dire, dans notre hypothèse, du long cou – sera devenue 10.000 fois moins improbable. Ne peut-on penser alors – en admettant que notre procédé corresponde à la sélection naturelle – qu'un être vivant extrêmement improbable, donc pratiquement impossible s'il doit apparaître en totalité d'un seul coup, puisse devenir probable grâce à la dilution du hasard à travers l'évolution et grâce à la sélection naturelle.

Sans doute, historiquement, la conception de Darwin est plus complexe. S'il parle de variations, il refuse de les expliquer par le hasard : « J'ai, jusqu'à présent, parlé des variations – si communes et si diverses chez les êtres organisés réduits à l'état de domesticité, et, à un degré moindre, chez ceux qui se trouvent à l'état sauvage – comme si elles étaient dues au hasard. C'est là, sans contredit, une expression bien incorrecte : peut-être, cependant, a-t-elle un avantage en ce qu'elle sert à démontrer notre ignorance absolue sur les causes de chaque variation particulière » – ignorance donc et non hasard. Or, comme nous l'avons vu, c'est le hasard qui permet d'expliquer la réalité de la finalité sans qu'il soit nécessaire de supposer une conscience. En le niant, on laisse subsister le problème : la finalité étant admise comme réelle, comment comprendre la conscience qu'elle suppose ? De plus, Darwin ne dit jamais que ces causes ne sont que physico-chimiques, que n'interviennent pas des facteurs biologiques. Mieux, il fait intervenir explicitement des facteurs biologiques – la nature de l'organisme : « La variabilité doit avoir ordinairement quelque rapport avec les conditions d'existence auxquelles chaque espèce a été soumise pendant plusieurs générations […]. L'action directe du changement des conditions conduit à des résultats définis ou indéfinis [...]. Dans le premier cas, la nature de l'organisme est telle qu'elle cède facilement, quand on la soumet à certaines conditions et tous, ou presque tous les individus, se modifient de la même manière ». Non seulement il n'exclut pas, mais il admet expressément, dans certain cas une explication lamarckienne. Ainsi, le non-usage d'un organe entraîne sa disparition, indépendamment de toute sélection naturelle et de toute variation due au hasard : « Les grands oiseaux qui se nourrissent sur le sol, ne s'envolent guère que pour échapper au danger ; il est donc probable que le défaut d'ailes, chez plusieurs oiseaux qui habitent actuellement ou qui, dernièrement encore, habitaient des îles océaniques, où ne se trouve aucune bête de proie, provient du non-usage des ailes […]. On sait que plusieurs animaux appartenant aux classes les plus diverses, qui habitent les grottes souterraines de la Carniole et celle de Kentucky, sont aveugles. Chez quelques crabes, le pédoncule portant l'œil est conservé, bien que l'appareil de la vision ait disparu, c'est-à-dire que le support du télescope lui-même et ses verres font défaut. Comme il est difficile de supposer que l'œil, bien qu'inutile, puisse être nuisible à des animaux vivant dans l'obscurité, on peut attribuer l'absence de cet organe au non-usage ». Autre explication lamarckienne, l'habitude, ici encore indépendamment de toute sélection naturelle et de toute variation due au hasard : « Les habitudes sont héréditaires chez les plantes […]. Quelle est la part qu'il faut attribuer aux habitudes seules ? Quelle est celle qu'il faut attribuer à la sélection naturelle de variétés ayant des constitutions innées différentes ? » ; Darwin va jusqu'à ne pas exclure la possibilité de mutations accidentelles héréditaires : « On ne saurait encore affirmer positivement que les mutations accidentelles soient héréditaires ; toutefois, les cas remarquables observés par M. Brown-Séquard, relatifs à la transmission par hérédité des effets de certaines opérations chez le cochon d'Inde, doivent nous empêcher de nier absolument cette tendance ». Il n'en est pas moins légitime, comme nous l'avons vu, de considérer l'explication de la vie par le hasard et la sélection naturelle à l'exclusion de tout facteur finaliste. Par commodité de langage, nous appellerons « darwinienne » cette explication, puisque ceux qui l'admettent affirment qu'elle est de Darwin et la déclarent darwinienne et que ceux qui se déclarent darwiniens réciproquement l'admettent.

Reste à savoir si, grâce à l'évolution, le hasard impossible devient un hasard possible.

Etudions le hasard à une étape. L'explication de la finalité biologique par le hasard implique que l'être vivant soit une machine. Le seul modèle de machine auquel, dans l'état actuel de la technologie, il puisse correspondre est une machine à programme. Une machine à programme fonctionne selon des instructions non seulement distinctes mais indépendantes les unes des autres en ce sens que, si une instruction a est suivie de l'instruction b, c'est en raison du plan, de la programmation, non en raison de la nature de l'instruction a en elle-même, sinon il n'y aurait pas deux instructions distinctes a et b mais une seule instruction. Il en est de même des mots dans une phrase qui sont indépendants les uns des autres et peuvent se trouver réunis à d'autres mots dans d'autres phrases avec un sens de la phrase différent.

Il est difficile de supposer qu'une ébauche d'organe et ses liaisons avec d'autres parties de l'être vivant puissent relever de moins de vingt instructions indépendantes – c'est-à-dire de moins de vingt mutations. On admet généralement qu'une mutation a une chance sur cent de se produire. Cette mutation peut être nocive, sans conséquence pratique ni élément possible d'un ensemble programmant une ébauche d'organe et ses liaisons avec d'autres parties de l'être vivant. La probabilité de l'apparition par mutation d'un élément possible d'un ensemble programmant une ébauche d'organe et ses liaisons avec d'autres parties de l'être vivant est nécessairement bien plus petite que 10^{-2}. Nous serons généreux en admettant qu'elle soit de 10^{-3}. Pour aboutir à l'ébauche avec ses liaisons, il faut que l'individu qui porte cette mutation porte aussi dix-neuf autres mutations et dix-neuf autres mutations qui non seulement soient chacune élément d'un ensemble programmant une ébauche d'organe avec ses liaisons, mais qui soient chacune un élément du même ensemble et non d'ensembles programmant des ébauches d'organes différents, un élément différent du même ensemble et non un élément en double de ce même ensemble[1]. La probabilité de chacune de ces mutations est nécessairement bien plus petite que la probabilité de l'apparition du premier élément. Admettons cependant qu'elle ne soit que 10^{-3}. La probabilité d'une ébauche d'un organe avec ses liaisons, produit de la probabilité de ces vingt mutations, ne peut guère être supérieure à $(10^{-3})^{20}$, soit 10^{-60}. Si cette probabilité est évidemment supérieure à 10^{-500}, dont nous avons vu qu'elle est en fait une impossibilité, elle n'en est pas moins elle-même en fait aussi une impossibilité. Elle est, en effet, inférieure à la probabilité de faire apparaître, en lançant un dé, une série de 60 composée uniquement de 1, soit 6^{60}. Or, pour qu'une telle série apparaisse normalement une fois, étant supposé que 3 milliards d'hommes lancent chacun chaque jour un dé 60 000 fois, c'est-à-dire mille séries de 60, il faudrait attendre plus de 10 millions de milliards de milliards de milliards d'années[1].

En réalité, la probabilité est plus petite. Il faut prendre en compte les modifications que cette ébauche avec ses liaisons doit entraîner dans le reste de l'organisme pour que celui-ci reste fonctionnel : « On peut peut-être faire une comparaison […]. Supposons qu'on ait une automobile et que les modifications du modèle 1968, 1969, 1970 ne viennent pas de l'activité franchement et organiquement téléonomique d'un ingénieur, mais soient apportées par des accidents fortuits […]. Dans une automobile, la puissance du moteur est en rapport nécessaire avec les rapports de transmission de la boîte de vitesses. Donc supposons qu'il arrive une modification fortuite des rapports de transmission dans la boîte de vitesses, la voiture ne marchera qu'à condition qu'il y ait une modification corrélative de la puissance du moteur »[2].

---

[1] « Si nous envisageons les phénomènes qui peuvent se passer dans toute la portion d'univers qui nous est accessible, nous arriverons à la conclusion que la probabilité de 10^{-50} est certainement négligeable à l'échelle cosmique et, par suite, lorsque la probabilité pour qu'un événement ne se produise pas est inférieure à 10^{-50}, nous devons regarder cet événement comme absolument certain ». (E. Borel, « Valeur pratique et philosophie des probabilités », in *Traité du calcul des probabilités et de ses applications,* t. IV, fascicule 3., 2e éd., Paris, 1952, p. 7.
[2] J. Monod, « La science, valeur suprême », *in Raison présente,* n° 9, p. 12.

De plus, de nombreux cas ne peuvent entrer dans ce schéma. Si on installe dans des vases différents contenant la même quantité de farine dix, cent, mille femelles d'escarbot de la farine, on trouve au bout d'un certain temps non un nombre proportionnel d'individus nés de ces femelles, mais chaque fois le même nombre – le nombre de naissances n'étant pas proportionnel à celui des femelles mais à la quantité de nourriture. Cette régulation est évidemment très utile. Son mécanisme est double : 1) les adultes mangent les œufs et les jeunes proportionnellement à la densité de ceux-ci dans la farine ; 2) ils rendent stérilisante la farine dans laquelle ils vivent ; il suffit en effet de mêler à de la farine fraîche, où vivent depuis peu des femelles, de la farine dans laquelle ont vécu un certain temps proportionnellement un grand nombre d'adultes pour que le taux de fécondité de ces femelles baisse de trois à quatre fois, sans parler du ralentissement du développement des larves. La substance stérilisante – ou une des substances stérilisantes – est l'éthylquinone qui est produite par des glandes se trouvant sous le thorax et l'abdomen de l'animal et qui sont stimulées par le surpeuplement. Il est clair que ces glandes et la sensibilité de l'individu à la substance qu'elles émettent ne peuvent avoir été l'objet de la sélection naturelle que si elles apparaissent en même temps dans toute l'espèce. Sinon le pourcentage de stérilité que cette sensibilité suscite ne frapperait que ceux chez qui elle apparaît et puisqu'ils avaient moins de descendants, la mutation favorable ne se répandrait pas. On mesurera facilement l'inconcevable improbabilité de l'apparition simultanée d'une telle mutation chez tous les individus de l'espèce.

Il en est de même de ce que Heinroth a appelé les « attitudes de soumission » *(Demutstellungen)* et du comportement inhibiteur qu'elles suscitent. Chez certaines espèces animales, lorsque, dans un combat entre individus de la même espèce, un individu se sent plus faible, il prend une attitude qui le rend particulièrement vulnérable et son adversaire, au lieu de le tuer d'autant plus facilement, arrête le combat : ainsi le loup offre la partie intérieure de son cou, la mouette rieuse sa nuque. Ce double comportement, qui a lieu surtout chez des espèces agressives et sociales, est utile, car il évite bien évidemment beaucoup de morts qui mettraient en cause l'existence même de l'espèce. Mais il ne peut être apparu que simultanément chez tous les individus d'une espèce donnée, sinon ceux qui prendraient l'altitude de soumission se feraient nécessairement tuer et ne pourraient donc transmettre ce comportement : ils se trouveraient dans la situation d'un dindon qui, attaqué par un paon et se jugeant moins fort, adopte la même altitude que devant un dindon plus fort et s'étend de tout son long sur le sol devant ce dernier qui en profite pour le mettre à mort sans difficulté parce que n'existe en lui aucun mécanisme inhibiteur à cette attitude.

De toute manière, il faut multiplier ces improbabilités par le nombre d'étapes pour passer de l'ébauche de l'organe (ou de comportement) à l'organe (ou comportement) achevé et par le nombre d'organes et de comportements qui sont apparus depuis le premier être vivant jusqu'à l'homme – soit depuis 3,5 milliards d'années. Et il faut que l'improbabilité ainsi calculée soit compatible avec cette durée[1].

Par ailleurs, rappelons-nous que l'explication de la vie par le hasard suppose que l'être vivant est une machine. Ne faut-il pas en déduire que des machines non vivantes ne peuvent aussi apparaître par hasard ? D'où la réaction ironique de Von Neumann, au cours d'une discussion avec un biologiste partisan déterminé du darwinisme cependant que Von Neumann était sceptique. Le mathématicien emmena le biologiste à la fenêtre de son bureau et dit : « Voyez-vous là-bas sur la colline, la jolie petite maison de campagne ? Elle est née par hasard. Au cours de millions d'années, la colline a été formée par des processus géologiques : les arbres ont poussé, ont vieilli, se sont décomposés et ont repoussé ; puis, le vent a recouvert fortuitement de sable le sommet de la colline ; des pierres ont peut-être été projetées par là-bas sous l'effet de quelque processus volcanique et, par hasard aussi, elles sont restées en place les unes sur les autres de façon bien ordonnée. Et cela a continué ainsi. Bien entendu, au cours de l'histoire terrestre, ces processus désordonnés et fortuits ont en général produit d'autres choses. Mais une fois au bout d'un temps très long, ils ont produit cette maison de campagne ; et des hommes sont venus maintenant y habiter ». Et si des machines non vivantes peuvent ainsi apparaître par hasard, pourquoi le hasard construit uniquement des machines analogues à celles qui ont déjà été construites par des hommes ? On aurait dû trouver au XVIIe siècle des maisons en béton du style Le Corbusier et, au XIXe siècle, des avions à réaction ou, dans des terrains ce l'ère tertiaire, des restes d'aspirateur. Et si les machines vivantes sont les seules machines à apparaître par hasard, pourquoi le sont-elles ?

Ne faut-il pas alors admettre que la vie est par essence inconcevable. Je me souviens de l'indignation que j'ai provoquée chez des scientifiques en l'affirmant dans un colloque. Distinguons deux plans, le plan philosophique – celui de l'*a priori* – et le plan scientifique – celui de l'*a posteriori*. Sur le plan philosophique, sur lequel, évidemment, un philosophe doit, mais aussi un scientifique peut se placer, nous nous heurtons à la thèse rationaliste – qui est d'ailleurs, en général, celle du scientifique – selon laquelle l'homme est capable, par nature, de tout comprendre, sinon immédiatement, du moins progressivement, grâce à sa raison. Et, sans doute, la raison est une faculté de compréhension mais, de ce que la raison humaine peut en effet

---

[1] « On ne peut expliquer le passage de l'amibe à l'homme en quelques centaines de millions d'années, avec les seuls mécanismes postulés par les darwiniens » *(Jean Dorst, Le Figaro Magazine, 26 octobre 1991)*. Jean Dorst a été le directeur du Museum d'Histoire Naturelle.

comprendre certaines choses, de quel droit déduire qu'elle peut tout comprendre ? Il faudrait pour cela présupposer qu'elle est en quelque sorte une faculté absolue qui relève du tout ou rien – totale ou nulle – qu'elle est en son essence tellement générale qu'elle est absolument indépendante du domaine auquel on l'applique, de sorte qu'elle peut s'appliquer à tous les domaines, qu'elle est ou pure forme ou pure lumière.

Croire qu'on peut tout comprendre, c'est se croire naïvement Dieu – sinon Dieu en tant que créateur, du moins Dieu en tant que connaissant. Ou, ce qui revient au même, c'est se considérer comme Esprit absolu ou participant à l'Esprit absolu, ici encore sinon créateur, du moins organisateur du monde. On reconnaît là l'idéalisme transcendantal et l'idéalisme absolu. Le paradoxe est que le rationalisme est en particulier souvent lié au matérialisme et qu'en tout cas le matérialisme est généralement rationaliste. Le matérialisme se fonde sans doute sur la raison, mais il ne peut la fonder. Mieux, il doit conclure qu'elle ne peut être fondée, qu'elle doit donc être exclue. Sans doute, il est normal que le scientifique qui a pour rôle de comprendre postule qu'il peut tout comprendre, car même si c'est faux, il doit agir comme si c'était vrai.

Mais le darwinien peut d'autant moins s'indigner qu'on ne puisse concevoir la vie qu'il ne peut pas ne pas savoir que les concepts sont des sortes d'organes, que les concepts proprement dits qui impliquent le langage représentatif supposent préalablement des « concepts vécus », des « concepts comportementaux » chez l'homme, qu'ils existent aussi chez les animaux, que la réalité de l'évolution des espèces implique l'évolution des organes, donc de ces concepts : c'est ainsi que la poule n'a pas le concept comportemental du détour qu'acquièrent au cours de l'évolution le chien ou le chat. Et dire qu'il y a évolution, c'est dire qu'il y a eu évolution passée, mais c'est dire qu'il y aura évolution future, qu'il y aura par suite de nouveaux concepts qui vont apparaître, que par conséquent nous n'avons pas tous les concepts.

Cependant, l'indignation de scientifiques à laquelle je faisais allusion plus haut se justifie. Les biologistes en effet affirment comprendre la vie, et ils l'affirment légitimement. Ils utilisent des concepts, des schémas de raisonnement, et ces concepts, ces schémas sont vérifiés par l'expérience et permettent même de découvrir des phénomènes nouveaux. L'existence de la biologie serait la meilleure preuve que la vie est compréhensible.

En fait, nous nous trouvons devant un concept, celui de finalité consciente qui correspond et ne correspond pas à une réalité, la vie. Or, c'est la situation d'un sous-concept d'un concept face à la réalité à laquelle correspond un autre sous-concept de ce concept. C'est ainsi que le concept oiseau, sous-concept du concept vertébré, correspond et ne correspond pas à la réalité que constitue un reptile, en ce sens qu'il permet de comprendre beaucoup d'aspects physiologiques du reptile – ceux par lesquels celui-ci est vertébré –, mais qu'il implique des aspects du réel qui n'existent pas chez le reptile (le vol). En ce qui concerne l'oiseau et le reptile, la situation est transparente, puisque nous avons non seulement le concept d'oiseau mais celui de reptile et celui de vertébré, c'est-à-dire le concept et les deux sous-concepts. Au contraire, en ce qui concerne la vie, nous avons le concept de finalité consciente, mais ni celui de vie ni le concept plus général dont ces deux concepts sont les sous-concepts.

Partons d'un autre aspect des concepts. Puisqu'ils permettent de comprendre le réel, ce sont, d'une certaine manière, des outils. Or un outil – ou un objet utilitaire – peut être utilisé à un autre usage que celui pour lequel il était primitivement destiné. Je peux me servir d'une chaise non pour m'asseoir, mais pour monter dessus afin de pouvoir saisir un objet placé trop haut, un médicament utilisé pour guérir certaines maladies peut se révéler capable d'en guérir d'autres : ainsi l'aspirine, servant d'abord à calmer les maux de tête, est apparue ultérieurement comme ayant des effets bénéfiques dans les affections cardiovasculaires. Le rimifon, très efficace contre la tuberculose, s'est révélé un jour capable de guérir de la dépression – des médecins s'étaient aperçus de l'humeur particulièrement gaie de ceux qui prenaient ce médicament. L'antergan et le néoantergan guérissent certaines maladies allergiques, tels l'asthme et le rhume des foins ; en cherchant à augmenter leur efficacité, on a obtenu le phénergan, sept à huit fois plus actif, et on a constaté qu'il avait en même temps une action soporifique – ce qui a conduit à la découverte de largactil, neuroleptique qui a remplacé la camisole de force et les chaînes des agités. Il en est de même du concept de finalité consciente qui se révèle capable d'appréhender la vie.

En général, nous comprenons immédiatement comment ce transfert d'usage est possible. La chaise est un meuble solide, qui supporte le poids d'un homme ; la partie sur laquelle on s'assied est plate et assez large pour que deux pieds puissent s'y trouver à l'aise ; on peut sans grand effort atteindre cette partie ; elle est surélevée par rapport au sol d'une hauteur suffisamment importante pour qu'il vaille la peine de l'utiliser comme échelle. On pourrait faire une analyse analogue avec la tenaille dont on se sert comme d'un marteau, par exemple pour enfoncer un clou. Mais il n'en est pas toujours ainsi : ce n'est qu'empiriquement que nous avons constaté les effets de l'aspirine sur le système cardiovasculaire.

Sans doute, il peut arriver qu'une étude plus attentive nous permette ultérieurement de comprendre un transfert d'usage d'abord non compris. De fait, nous comprenons assez bien depuis 1971, grâce aux travaux de John Vane, pourquoi l'aspirine a des effets bénéfiques à la fois sur les maux de tête et sur les risques cardio-vasculaires : elle inhibe une enzyme, la cyclo-oxygénase. Mais un tel espoir nous est interdit pour le concept de finalité consciente par rapport à la vie ; car il s'agit d'un concept fondamental – d'une catégorie de l'esprit – et il n'y a pas de science, comme la pharmacologie pour l'aspirine, permettant d'analyser de tels concepts. Avec quoi le ferait-elle ? On ne peut analyser qu'avec des concepts ; on ne peut analyser des concepts qu'avec des concepts qui en permettent l'analyse et il n'existe pas de concepts capables d'analyser des concepts fondamentaux – c'est même ce qui définit ceux-ci.

Utiliser un outil ou un objet utilitaire à un autre usage que celui auquel il était destiné est du bricolage. François Jacob fait remarquer que c'est ainsi que procède l'évolution. Le bricoleur « d'une vieille roue de voiture [...] fait un ventilateur ; d'une table cassée, un parasol ». De même, l'évolution « produit une aile à partir d'une patte ou un morceau d'oreille avec un fragment de mâchoire ». Intellectuellement aussi nous bricolons ; l'explication de la vie relève du bricolage conceptuel.

Revenons à des tenailles faisant office de marteau. Tout un aspect de celles-ci – l'aspect pince – est à l'évidence alors inutile ; rien ne lui correspond dans l'usage des tenailles pour enfoncer le clou. De même, il y a nécessairement un aspect du concept bricolé qui ne s'applique pas à la réalité. Dans le cas des tenailles, nous distinguons fort bien leur aspect utile et leur aspect inutile. Dans le cas des concepts bricolés, on ne pourra jamais faire cette distinction ; car, si on pouvait la faire, c'est qu'on pourrait penser à part la partie utile, donc qu'on aurait un concept correspondant à cette seule partie utile ; mais s'il en était ainsi, on n'aurait pas besoin d'utiliser, en le bricolant, un concept comprenant à la fois une partie utile et une partie inutile. Le concept bricolé implique donc, pour nous, aussi bien la partie inutile que la partie utile ; il forme un tout indivisible ; et puisque la partie inutile de ce concept signifie qu'il doit s'appliquer à un certain type de réalité et que ce type de réalité n'existe pas, le concept bricolé nous apparaît dans son ensemble comme impliquant l'existence d'un type de réalité qui en fait n'existe pas. Quand nous prenons conscience de cette inexistence, comme nous ne pouvons distinguer la partie utile de la partie inutile du concept, la compréhension qu'il nous donne ne peut que nous sembler incompréhensible. Les difficultés de la compréhension de la vie s'expliquent donc par le bricolage dont relève son concept.

Mais l'intérêt de ce résultat dépasse largement le plan épistémologique. Le darwinisme réduisant la vie à la physico-chimie. Or, la matière s'identifie à la physico-chimie ; si la vie ne se réduit pas à la physico-chimie, elle ne se réduit donc pas à la matière. Et si nous revenons à notre point de départ, nous n'avons pas de preuves de l'existence de Dieu mais inversement, contre le matérialisme, la réalité ne se réduit pas à la matière. Tel était l'enjeu du darwinisme et c'est ce qui explique les passions qu'il soulève.

Quatrième partie
L'évolution comme sélection dans l'histoire après Darwin

Hayek lecteur de Mandeville : aux sources des théories de la formation des ordres sociétaux auto-organisés

Hervé Mauroy
Maître de conférences
à l'Université de Valenciennes
et du Hainaut-Cambrésis, Thémos et IDP

Friedrich Hayek, philosophe et économiste néo-libéral, est célèbre pour avoir mis sur pied une théorie évolutionniste de la formation de l'ordre spontané dans lequel les hommes sont censés vivre aujourd'hui. Il s'est ingénié à présenter sa thèse comme le point final d'une tradition ancienne censée présenter trois caractéristiques clé : la mise en avant de la nécessité de protéger les hommes par la loi contre les empiétements de l'Etat, une interprétation évolutionniste de tous les phénomènes culturels, le fait d'appréhender comme fort limité le pouvoir de la raison. Cette tradition dont il serait le théoricien ultime remonterait à l'antiquité classique, mais aurait surtout été précisée sur le fond à la fin du XVIIe et au XVIIIe siècle en Grande Bretagne. Hayek s'affiche en effet comme relevant sur le plan politique du système de pensée dit de « la liberté individuelle sous une même loi » des *old whigs* anglais (les whigs depuis la fin du XVIIe siècle jusqu'au terme du XIXe siècle). Surtout, quand il en vient aux fondements théoriques de sa construction, Hayek donne beaucoup d'importance à cinq philosophes et moralistes britanniques du XVIIIe siècle : Bernard Mandeville, Adam Ferguson, David Hume, Adam Smith et Edmund Burke. Même si d'autres auteurs (en particulier ceux issus de la tradition économique autrichienne avec Carl Menger et Ludwig von Mises) viendront selon lui reprendre ensuite les arguments théoriques de cette tradition, il ne cessera jamais de se référer avec conviction à ces cinq « penseurs » du XVIIIe siècle en les appréhendant comme les grands précédents de son mode de pensée anti-constructiviste.

Il est important d'apprécier que Hayek délimite une seconde tradition libérale dite continentale car les philosophes français du temps des Lumières tels que Rousseau[1], Voltaire, Condorcet… en seraient les principaux

---

[1] Aux vues de la manière dont le « contrat social » est présenté habituellement, la place centrale donnée ici à Rousseau est surprenante.

représentants. Pour lui, cette tradition était apparemment à l'origine en assez bon accord avec la vision libérale britannique originelle qu'il défend car toutes deux étaient en quelque sorte alliées quand il était question de promouvoir des principes tels que la liberté d'opinion et de parole[1]. Mais elle en diffère en fait sur le fond profondément. Construite pour « échapper au pouvoir des prêtres et des rois », l'approche continentale, qui renvoie par exemple à la tendance « *liberal* » telle qu'on la trouve aux USA, est en effet originellement un mouvement en faveur de la démocratie. Elle s'avère ainsi portée à conférer un pouvoir illimité à la majorité (donc à ne pas désirer contrer la tendance de l'Etat à vouloir s'étendre). Elle est étrangère aux conceptions évolutionnistes et tend à traiter de tous les phénomènes comme le produit d'un dessein délibéré. Et elle porte en elle la croyance en la capacité des hommes à construire une société efficace selon un plan conçu à l'avance en accord avec les principes de la raison. Ce libéralisme continental, qualifié péjorativement de « démocratisme », présente de surcroit une tare rédhibitoire selon Hayek : il a servi de rampe de lancement au socialisme. L'objectif de Hayek est ainsi explicitement de contrer cette tradition qu'il appelle « rationalisme constructiviste » dans toutes ses variantes et d'assurer le déploiement de la vision originellement britannique (dénommée par lui « rationalisme évolutionniste » ou, quand il veut se référer à Karl Popper, « rationalisme critique »).

Compte tenu de cette volonté de faire la promotion d'un système de pensée contre un autre (notamment pour lutter contre les principes de la planification centralisée), il peut paraître surprenant que Hayek ait donné une importance considérable sur un plan théorique à un moraliste tel que Bernard Mandeville. Ce dernier est en effet souvent méprisé et rejeté pour avoir cherché dans les deux premières parties de sa Fable des Abeilles à montrer que les vices privés faisaient le bien collectif. Pourtant, alors qu'il était d'usage au XVIIIe siècle de le lire et de s'en inspirer sans jamais le citer, Hayek lui a conféré expressément une stature considérable (à peine inférieure à celle donnée à David Hume et à Adam Smith) et a été jusqu'à le présenter comme un *master-mind* dans un article (reprenant le texte d'une conférence) publié en 1967. Mandeville y était appréhendé par exemple comme l'un des plus grands spécialistes de la psychologie humaine de son temps, celui qui a développé pour la première fois tous les paradigmes classiques de la croissance spontanée des structures sociales ordonnées (comme le droit, la morale, le langage, le savoir technologique…), l'un des initiateurs cachés des théories de l'évolution biologique du XIXe siècle pour sa théorisation de la formation de la « superstructure » sociétale, le penseur

---

[1] Les deux traditions se sont trouvées ainsi mêlées à la fin du XIXe siècle en Angleterre du fait de la fusion des *old whigs* libéraux et des radicaux utilitaristes (méprisés par Hayek) au sein du parti libéral anglais.

qui a rendu possible Hume (le philosophe préféré d'Hayek), la clé véritable pour comprendre le recours au terme « main invisible » chez Smith, etc. Mandeville aurait manifesté en particulier l'immense clairvoyance de considérer progressivement le paradoxe « vices privés – vertus publiques » comme le « cas particulier » d'un point de vue plus général relatif à la formation des ordres auto-générés que Ferguson, Hume, Smith..., Menger..., puis Hayek viendront préciser. Pour Hayek, l'auteur de la Fable des abeilles n'aurait eu finalement que le tort d'avoir toujours voulu souligner les aspects les plus désagréables de la formation du capitalisme. C'est pour cette raison que la lecture qu'a faite Hayek de Mandeville présente un aspect des plus éclairants : elle permet d'appréhender les aspects les plus dérangeants des thèses et préconisations néo-libérales.

Les textes de référence de Hayek et Mandeville

Friedrich Hayek (1899-1992) :

- La route de la servitude [1944]

- La constitution de la liberté [1960]

- Droit, législation et liberté [1973-1979] (en trois tomes : règles et ordres, mirage de la justice sociale, ordre politique d'un peuple libre).

- La présomption fatale : les erreurs du socialisme [1988]

- Essais de philosophie, de science politique et d'économie [1944-1967]

- Nouveaux essais de philosophie, de science politique et d'économie [1966-1976] : ensemble de textes comportant la traduction en français de *Lecture on a Master-Mind: Dr. Bernard Mandeville »* (publié initialement dans *Proceedings of the British Academy* en1967)

Bernard Mandeville (1670-1733) :

La Fable des abeilles est composée à l'origine de deux parties :

- La Fable des abeilles partie 1 [1705-1724] : recueil de textes composé de *La ruche mécontente, ou les coquins devenus honnêtes* [1705], *Recherches sur l'origine de la vertu morale* [1714], *Remarques* [1714], *Essai sur la charité et les écoles de charité* [1723], *Recherche sur la nature de la société* [1723], *Défense du livre contre les accusations contenues dans la déclaration du grand jury du Middlesex* [1724]

- La Fable des abeilles partie 2 [1729] : six dialogues entre principalement Cléomène (qui sert de porte-parole de Mandeville) et Horace (censé représenter au départ un disciple de Shaftesbury).

Mandeville a fait publier un additif à la toute fin de sa vie (*Recherches sur l'origine de l'honneur et l'utilité du christianisme dans la guerre* [1732]) sous la forme de quatre derniers dialogues entre Cléomène et Horace.

1. La relation entre Hayek et Mandeville relativement à la formation de l'ordre auto-généré du capitalisme

1.1. L'ordre étendu chez Hayek

1.1.1. *L'ordre étendu : un type-idéal considéré comme un kosmos et une nomocratie*

Pour Hayek, la question centrale est apparemment de savoir comment fonctionne et s'est mis en place la société de son temps considérée comme un ordre[1] auto-organisé. Il cherche en vérité à expliquer de façon théorique la formation d'un type-idéal appelé l'« ordre étendu de la coopération humaine ». Il considère comme équivalentes cette notion d'ordre étendu et celle de « grande société » telle qu'elle est utilisée par Adam Smith ou encore celle de « société ouverte » quand il veut faire référence à Karl Popper. Dans le même temps, Hayek appelle catallaxie le type d'ordre qui se met en place spontanément pour faire fonctionner au mieux l'économie de marché (la catallactique désignant la science qui étudie la catallaxie). Et il désigne sous le terme nomos les règles dites de juste conduite spontanément émergées sur la base desquelles l'économie de marché est censée fonctionner. Pour cette raison, l'ordre étendu de la coopération humaine est appréhendé souvent par Hayek comme une nomocratie. Ce qui intéresse Hayek est non seulement d'étudier sur un plan théorique la manière dont l'ordre étendu de la coopération humaine fonctionne et s'est mis en place, mais aussi de dresser sur cette base sa doctrine néo-libérale du « laisser-faire ».

En s'inspirant sur ce point de Michael Oakeshott, Hayek différencie deux sortes d'ordres : les taxis et les kosmos. Hayek rapporte constamment que les grecs antiques avaient tendance à considérer les structures de la nature comme des kosmos et les arrangements sociétaux humains comme des taxis, alors que nombre d'ordres relevant de l'action des hommes pouvaient en fait eux aussi fonctionner comme des kosmos et être désignés pour cette raison comme tels[2]. Le taxis est un ordre arrangé, dit encore artificiel, qui équivaut à une organisation quand il est question d'un ordre sociétal confectionné (par exemple une armée). Le kosmos est par contre un ordre endogène dit encore spontané, auto-généré, auto-perpétuant ou auto-organisé… à l'image par exemple d'un organisme. Un kosmos est défini comme une structure non fabriquée qui s'engendre d'elle-même (voir l'ordre auto-organisé sur une

---

[1] Hayek assimile le concept d'ordre à celui de système, de structure ou encore de modèle.
[2] Il n'est pas approprié de réserver le terme « kosmos » aux faits naturels. Voir Hayek qui distingue les kosmos de la nature et les kosmos politiques et moraux dans l'essai intitulé « La confusion du langage dans la pensée politique ».

plage publique) et qui s'avère le résultat de l'action d'individus nombreux sans être celui d'un dessein humain.

Chez Hayek, l'ordre étendu de la coopération humaine est fondamentalement appréhendé comme un kosmos qui permet de servir et de concilier une multiplicité de fins privés et qui n'a donc pas de finalité particulière. Hayek prétend s'opposer de cette façon à l'éthique aristotélicienne car Aristote considérait tout ordre d'activité humaine comme un taxis. La vision aristotélicienne aurait contaminé selon lui au Moyen Âge la doctrine officielle de l'Eglise catholique romaine en la poussant à développer une attitude hostile à l'esprit commerçant et se trouverait au fondement même des doctrines socialistes. Hayek voit dans le même esprit la société réelle de son temps comme un kosmos risquant toujours d'être dénaturé par la volonté de nombre d'hommes d'améliorer de façon volontariste son fonctionnement et de le rendre soi-disant plus juste socialement. Il ne faut pas perdre de vue cependant que, dans la conception de Hayek, la société est faite de nombreux ordres se chevauchant les uns les autres comme si les individus vivaient dans plusieurs systèmes à la fois. La collaboration au sein de n'importe quel groupe important d'hommes se fait ainsi au moins à la fois via l'ordre qui fait fonctionner l'économie de marché et les ordres arrangés correspondant à des organisations délibérées (famille, ferme ou atelier, associations diverses, institutions publiques...).

1.1.2. Les niveaux de lecture à la fois synchronique et diachronique de la formation de l'ordre étendu chez Hayek

En définissant l'ordre étendu comme un ordre auto-organisé, Hayek induit deux propositions liées (l'une relevant d'une approche diachronique, l'autre d'une approche synchronique) :

- A un niveau diachronique, il postule l'existence d'une logique évolutionnaire dans la formation de l'ordre étendu. Dans un tel cadre, l'interaction entre les hommes qui ont fini par apprendre à s'autolimiter via le respect des règles de justice auto-générées (les règles de juste conduite) a produit graduellement un système efficace qui n'a pas été décidé par un législateur et qui n'obéit à aucun dessein raisonné. Hayek raisonne ici comme s'il était question d'un système complexe où les effets rétroagissent sur les causes (la relation entre effets et causes prenant la forme de boucles récursives) et où le tout et ses parties se trouvent en quelque sorte pour cette raison codéterminés :

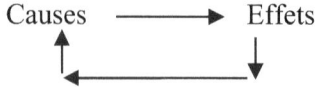

- A un niveau synchronique, il cherche à manifester que les hommes promeuvent souvent des résultats bienfaisants pour la collectivité qui n'entrent pas dans leurs intentions. Hayek postule que Smith aurait utilisé la terminologie « main invisible » pour expliciter déjà cet argument de façon métaphorique. Hayek donne ici une importance centrale au fonctionnement du système de marché présenté comme la source principale de l'efficacité collective de l'ordre étendu. L'existence d'une « main invisible » chez Smith signifierait ainsi selon lui d'abord que les efforts d'un homme sont plus profitables à la collectivité lorsqu'ils se laissent guider par les prix (considérés comme des signaux donnés par les marchés) plutôt que par des besoins identifiés. Ce serait de cette façon que les hommes parviennent à surmonter au mieux leur ignorance irréductible de nombre de faits particuliers. La « main invisible » signifierait aussi que, grâce au libre jeu de l'économie de marché, un entrepreneur peut procurer les bienfaits des inventions modernes à nombre de personnes qu'il ne connaît même pas.

Pour ce qui est du niveau diachronique, l'évolution culturelle répond chez Hayek à un principe de sélection renvoyant aux grands principes de l'évolution biologique sur un point précis : l'avantage reproductif. Le processus considéré opère selon lui par le biais d'une sélection entre groupes : les collectifs qui, dans le passé, ont mis sur pied une tradition efficace (en l'occurrence commençaient à laisser fonctionner librement une économie de marché et laissaient se déployer une morale propice au déploiement de l'esprit commerçant) se seraient davantage développés démographiquement, techniquement et économiquement que les autres. Parce qu'ils réussissaient, ils ont transmis alors cette « tradition gagnante » aux générations qui les suivaient (les traditions des groupes « perdants » disparaissant du fait de leur manque d'efficacité, surtout de leur incapacité à « nourrir » des groupes de taille importante). Les institutions humaines n'auraient pas été conçues dans cette optique à partir d'un plan raisonné (via un quelconque contrat social par exemple), mais sélectionnées par la simple force des circonstances comme si la superstructure morale et juridique était le résultat d'une expérimentation par essais/erreurs.

Si l'ordre étendu a eu tendance à prendre le dessus, c'est pour Hayek parce qu'il est impossible pour les hommes de s'entendre sur les fins quand les groupes s'agrandissent. La formation auto-générée de l'ordre étendu répond ainsi à la complexification progressive des interactions lorsque la société se déploie. L'augmentation de la taille des groupes a rendu en pratique nécessaire l'instauration de l'économie de marché et, pour ce faire, l'adoption des principes moraux et juridiques la faisant fonctionner d'abord pour suppléer au déficit informationnel. Dans un système de marché, les prix permettent en effet de véhiculer de l'information (sur les goûts des consommateurs, sur les coûts de production des concurrents…) et servent ensuite de mécanisme incitatif. L'ordre étendu permet de cette façon de s'adapter continuellement à l'inconnu et de pousser à l'efficacité collective alors même que le savoir est émietté. L'ordre étendu ne nécessite pas pour autant l'existence d'une concurrence parfaite, mais seulement l'absence d'obstacles à l'entrée sur les marchés et la libre diffusion des informations normalement accessibles.

Hayek ne prétend pas que sa théorie de l'évolution culturelle de la civilisation équivaut à celle de l'évolution biologique pour une raison exprimée par lui fort simplement : cette dernière a fini par exclure l'héritage de caractéristiques acquises[1] alors que ce dernier aspect joue un rôle clé pour ce qui est de la formation de la superstructure. Pour manifester ce point, Hayek explique dans « La présomption fatale » que l'évolution culturelle « simule le lamarckisme » parce qu'elle retient la transmission d'une tradition apprise et transmise par une multitude indéfinie d'ancêtres. Dans l'élaboration de sa théorie, Hayek a pris de plus soin de rejeter franchement les dérives du darwinisme social en le présentant expressément comme fautif : ce mouvement a eu le tort de se concentrer sur la sélection d'une part des individus, d'autre part des capacités innées au lieu de s'intéresser à celle des pratiques et à la question de la transmission culturelle des aptitudes.

1.2. L'ordre auto-généré chez Mandeville

1.2.1. L'ordre auto-généré : un type-idéal considéré comme un kosmos, pas une nomocratie

Après la polémique gigantesque provoquée par l'incorporation en 1723 de l' « Essai sur le charité et les écoles de charité » dans la partie 1 de la Fable (essai où il présentait la justice sociale comme source d'inefficacité collective), Mandeville en est bien venu dans la partie 2 à vouloir expliquer comment la structure auto-générée présentée dans le poème avait pu se mettre en place. Comme le mentionne Hayek, il s'est transformé alors lui aussi en un véritable théoricien de la formation des structures sociétales auto-organisées.

Mais force est de reconnaître que la superstructure du système auto-généré dont il question chez Mandeville est fort différente de celle présentée par Hayek. Pour ce dernier, les hommes n'ont fait en effet qu'apprendre avec le temps (via un processus d'apprentissage et de concurrence entre groupes) à vivre ensemble sans avoir à se mettre d'accord sur des objectifs communs et à se comporter de manière individualiste : ils ont appris à être simplement tenus par les fameuses règles de conduite abstraites censées faire fonctionner l'économie de marché et à se comporter de façon individualiste sur cette

---

[1] cf. le simple recours à la variabilité, à la tendance à la surpopulation et à la sélectivité chez Darwin.

base. Par contre, chez Mandeville, la superstructure auto-générée ne consiste pas en la simple adoption de règles communes de conduite, mais en un tissu éthique complexe fait en grande partie pour tromper les éléments les plus purs de la population. Mandeville ne donne pas en particulier une importance particulière aux règles dites de juste conduite d'Hayek (ce dernier ayant repris, semble-t-il, directement Hume en la matière). Il s'intéresse bien davantage à la manière dont les gens ont incorporé des valeurs relatives par exemple au courage physique (pour les hommes) et à la fidélité (pour les femmes). Il donne de plus beaucoup d'importance à l'existence d'un système juridique où l'on peut demander à des gens de réaliser un travail en s'accaparant ensuite le profit dégagé. Chez Mandeville, l'adoption par la civilisation d'une tradition morale permettait ainsi surtout de créer un vaste système d'exploitation où les éléments les plus « purs » se faisaient berner par les plus malins. Pour lui, la morale a même d'abord émergé parce qu'elle permettait aux « pires des hommes » de réaliser entre eux des ententes malignes durables (ententes d'une grande solidité car le coût de la dénonciation par un des protagonistes était colossal du fait même de l'existence de la morale). Mandeville (à la différence de Hume par la suite) n'appréhendait donc pas le kosmos comme une nomologie. Dans son article de 1967 (comme dans tous ses ouvrages par la suite), Hayek s'est ingénié à gommer tous les éléments « non nomologiques » de la « démonstration » mandevillienne.

1.2.2. Les niveaux de lecture à la fois synchronique et diachronique de la formation de l'ordre auto-organisé chez Mandeville

Comme Hayek, Mandeville s'intéresse tant au niveau synchronique que diachronique à la formation des structures sociétales auto-organisées. Pour ce qui est de l'approche synchronique, ce point s'observe de façon immédiate et explique d'ailleurs en grande partie la permanence de sa notoriété : les hommes promeuvent de toute évidence selon lui des résultats bienfaisants pour la collectivité qui n'entrent aucunement dans leurs intentions (même quand ils agissent d'une façon franchement « vicieuse »). En ce qui concerne l'approche diachronique, la question est plus délicate, mais peut être appréhendée si l'on croise avec prudence les différents traités et dialogues avec le poème. Pour comprendre sa position en la matière, il faut rappeler d'abord que, pour lui, les hommes manquent expressément de sagacité quand il est question de prendre une décision dans un environnement complexe et fonctionne pour cette raison par essais/erreurs. Sur cette base, il est bien possible que le processus évolutif appréhendé par lui opère via un processus de sélection entre groupes. En effet, si l'on reprend ses explications de la partie 2 de la Fable, c'est par essais/erreurs (via l'action des *lawgivers and otherwise men*) que la société des abeilles dans la ruche a réussi à atteindre au début du poème un grand niveau de développement en sélectionnant pour ce faire une superstructure morale dans sa seule apparence. Conformément à ses explications, la superstructure en place n'était pas ainsi le résultat d'un projet construit, mais le simple résultat émergent d'un processus d'adoption de ce qui semblait permettre le plus grand essor à la collectivité. De plus, dans le poème, quand les membres de la ruche renoncent à la structure ainsi instituée, ils condamnent leur groupe à la décroissance tant démographique, technique et qu'économique et se voient acculés au repli (d'autres groupes prenant alors le dessus). Chez Mandeville, les traditions « douces » des collectifs « perdants » disparaissent ainsi parce qu'ils n'ont plus les moyens démographiques, économiques et technologiques de faire poids.

Bien que Mandeville ne donne jamais d'importance à ce que Hayek appelle le nomos, l'apparence d'une certaine proximité avec le système évolutionniste de ce dernier (donnant beaucoup d'importance à la sélection des groupes gagnants) s'impose donc. Sur ce plan, Hayek a sans doute raison quand il explique que les arguments théoriques de Mandeville ont influencé directement les grands penseurs des Lumières écossaises relevant de la filière des ordres auto-organisés (Ferguson, Hume et Smith) qui ont suivi. Il faut noter que, dans son article de 1967, Hayek va jusqu'à donner à Mandeville par cette entremise une influence significative sur les théorisations du XIXe siècle en Biologie. En particulier, nonobstant l'influence de Malthus, Darwin se serait inspiré de ce que Smith a retenu de Mandeville à propos des kosmos politiques et moraux pour construire sa théorie de la sélection naturelle.

Cependant, pour Hayek, si l'ordre étendu a pris le dessus au cours du processus évolutionniste, c'est d'abord parce que l'augmentation de la taille des groupes nécessitait l'instauration de l'économie de marché et des principes moraux lui permettant de fonctionner. Derrière la « main invisible » présentée comme l'expression métaphorique du niveau de lecture synchronique du fonctionnement de l'ordre étendu, ce sont ainsi d'abord les mécanismes de marché qui jouent le rôle clé selon lui. Mandeville, par contre, préférait mettre en avant le rôle de l'exploitation des éléments les plus purs de la population par les plus malins.

2. La relation entre Hayek et Mandeville relativement à leur théorie de la formation de l'Esprit

2.1. La théorie de la formation de l'Esprit chez Hayek

2.1.1. Les fondements : la distinction de trois strates (Instinct, ESPRIT, Raison)

Hayek distingue l'instinct (l'homme n'étant en rien considéré comme un « loup pour l'homme » hobbesien, mais comme une entité originellement plutôt douce et coopérative), l'esprit et la raison. Pour Hayek, la morale coopérative des premiers temps, qu'il présente comme instinctive, s'est trouvée progressivement remplacée par la morale plus dure du capitalisme (le nomos). Cette morale capitaliste, qui n'est pas le produit de l'instinct naturel, n'est pas non plus celui de la raison humaine (l'issue d'un projet raisonné) : elle est le simple fruit d'un processus évolutionniste. Pour Hayek, si l'on appelle « naturel » ce qui est inné (instinctif) et « artificiel » ce qui le produit d'un dessein humain, la tradition auto-générée du capitalisme se situe donc entre le naturel (l'instinctif) et l'artificiel (le raisonné). L'évolution culturelle (qui s'est faite bien plus rapidement que l'évolution biologique) s'est accomplie par l'entremise de la transmission d'habitudes ne provenant pas simplement des parents physiques, mais d'une multitude d'ancêtres. Pour parvenir à intégrer cet esprit du capitalisme, les hommes ont dû développer génétiquement avec le temps la capacité à apprendre de leurs semblables par imitation. Cette transformation s'est faite selon lui corrélativement à l'allongement de la durée de l'enfance et de l'adolescence.

Pour Hayek, les hommes apprennent d'abord par l'exemple et l'imitation et donc par l'expérience. Les gens ont développé leur civilisation en apprenant à suivre des règles de conduite (des dispositions à agir ou pas de telle ou telle façon, ce qu'il renvoie à l'idée de coutume). Ils ont appris en particulier à respecter des règles dites de juste conduite auto-générées consistant en des interdictions d'empiéter sur le domaine protégé de chacun (inviolabilité de la propriété privée, transfert des possessions par consentement, exécution des promesses pour reprendre la terminologie de Hume chère à Hayek). Présentées comme abstraites, ces règles de juste conduite auraient été sélectionnées de façon implicite du fait de l'échec continuel des tentatives faites pour les démentir et répondent ainsi à un test négatif perpétuel. Elles sont nées dans cet esprit de la simple généralisation des effets bénéfiques inattendus qui ont suivi les limitations imposées aux pouvoirs de l'Etat. Les groupes humains seraient passés ainsi de téléocraties à une nomocratie (le nomos[1] étant alors présenté comme le « droit de la

---

[1] Le nomos, qui désigne les règles du droit civil abstrait auto-généré de l'ordre étendu, se distingue chez Hayek du thésis (défini comme une règle nécessaire pour faire fonctionner une organisation et renvoyant à un « droit civil concret »).

liberté »). Hayek manifeste en particulier que les civilisations avancées se sont toujours développées sous un gouvernement considérant que la préservation de la propriété privée était son but principal, ce qui exigeait un pouvoir fort. Le problème est alors que les gouvernements forts ont toujours tendance à vouloir accroitre leur pouvoir.

Dans cette tradition auto-générée de l'ordre étendu, le premier devoir d'un homme est de poursuivre sa propre fin librement choisie avec le plus d'efficacité possible sans se préoccuper des conséquences pour les autres (en dehors des plus proches). Pour Hayek, l'expression d'un tel devoir semble renvoyer certes à l'éthique calviniste, mais existait en fait bien antérieurement. Les grecs antiques, malgré la présence en leur temps de groupes hostiles à la propriété individuelle, auraient été peut-être les premiers à avoir déployé cette tradition (via tout spécialement les stoïciens). La Rome antique aurait été ensuite selon Hayek le premier véritable ordre étendu (son effondrement s'expliquant avant tout dans cette conception par le développement d'une administration centrale). La tradition du capitaliste se serait ensuite déployée dans les villes de la Renaissance (Italie, Pays-Bas, Angleterre…) durant les périodes d'anarchie politique tout particulièrement.

Pour Hayek, les hommes ont ainsi « mis sous couvert » leur morale naturelle (celle instinctive qui assurait la coopération dans les petits groupes) et incorporé sans en avoir vraiment l'intention des pratiques plus individualistes qui se sont répandues par le biais d'une sélection évolutive des groupes qui s'y sont pliés. La morale et le droit ainsi constitués ont toujours présenté selon lui une dimension difficile à supporter pour les gens qui sont restés emplis de l'instinct moral des premiers temps. Par exemple, les collectifs gagnants n'ont jamais cessé selon lui de comporter en leur sein un volant d'individus fort pauvres. Il admet que ces malchanceux auraient eu en fait avantage à vivre dans des groupes où la morale naturelle aurait été préservée. Mais la loi de l'évolution ne fait pour Hayek que sélectionner les collectifs efficients : elle a laissé s'instituer des superstructures autorisant la grande diversité des richesses car telle était la source de l'efficacité collective.

2.1.2. La nécessité affichée de ne pas « croire » aux appels de l'instinct et de la raison

La tradition du capitalisme est ainsi le résultat de changements graduels non désirés de la morale. L'homme n'a pas compris avant d'agir : il est agi. La morale est apprise, même si elle se manifeste comme s'il était question d'instincts sous la forme de goûts pour certains types de pratiques. Les hommes sont devenus aujourd'hui ce qu'ils sont sans qu'aucun dessein humain n'ait pu remplacer efficacement ce que l'évolution a façonné.

Cependant, les gens sont doués aussi de raison si bien que nombre d'entre eux ne peuvent s'empêcher de chercher à amender les systèmes dans lesquels ils prospèrent. Mais puisque le nomos est le produit d'une évolution culturelle, la raison, qui a toujours perturbé la formation de la tradition gagnante, n'a joué finalement qu'un rôle épiphénoménal :

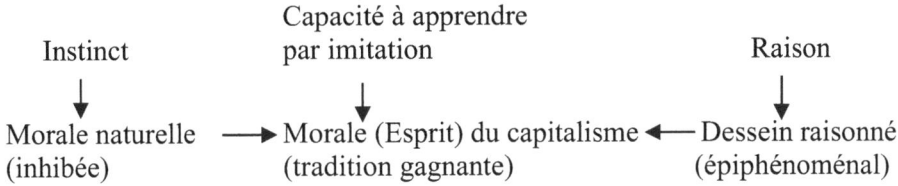

La tradition libérale continentale (le rationalisme constructiviste), qui repose justement sur l'idée dite d'origine cartésienne selon laquelle le recours à la raison pure peut « corriger » la civilisation, est présentée dans cet esprit comme « perturbatrice ». Hayek milite ainsi contre tous ceux qui sont venus alimenter d'une manière ou d'une autre le schème de pensée constructiviste (Platon, Aristote,... Rousseau qui aurait eu le tort d'avoir rendu le droit de propriété suspect, les socialistes fondateurs de Saint Simon à Karl Marx, les membres du groupe de Bloomsbury...). Il estime de même que la croyance selon laquelle l'émergence d'un Etat organisé a permis un premier grand développement de la civilisation est erronée.

Hayek n'a jamais cessé d'expliquer que les règles faisant fonctionner l'ordre étendu n'étaient pas conformes aux dons naturels humains : elles ont été sélectionnées avec le temps uniquement parce qu'elles permettaient l'amélioration du sort des individus dans les groupes qui les adoptaient au prix d'une grande souffrance pour les membres malchanceux (nés de parents pauvres ou ayant raté leurs affaires par exemple) des collectifs gagnants. Puisque ces règles n'avaient rien de naturel, nombre de gens ont conservé selon lui une sorte de nostalgie pour les bons côtés de « la vie du bon sauvage », c'est-à-dire pour la tradition collectiviste et partageuse venue du fond des temps. Hayek préconise cependant de résister à cette tendance parce que les groupes y ont tout à perdre (tous les collectifs ayant suivi la voie de la morale naturelle ayant fini par péricliter dans les temps passés). Le postulat central d'Hayek sur un plan politique est ainsi que la superstructure de l'ordre étendu actuel mérite d'être conservée coûte que coûte malgré sa dureté et sa dimension apparemment injuste (l'idée même de justice sociale n'ayant aucun sens dans un système autoproduit pour son efficacité collective). Considérer que l'homme est capable de modeler à sa guise le monde qui l'entoure est alors appréhendé par lui comme la « présomption fatale[1] ».

2.2. La théorie de la formation de l'Esprit chez Mandeville

2.2.1. Une mise en avant des tenants et aboutissants les plus désagréables de la formation de l'Esprit du capitalisme

Mandeville raisonne sur la base d'une distinction ressemblant franchement à celle de Hayek entre instinct, esprit et raison. L'instinct plutôt doux et coopératif des hommes chez Hayek renvoie chez lui au sens de la pitié que les gens ressentent à titre résiduel pour ceux qui souffrent (en particulier quand il s'agit d'enfants) et à leur naturel peu agressif. Mandeville, trop souvent présenté comme un hobbesien en son temps, critique d'ailleurs fortement Hobbes pour avoir considéré les hommes tels des loups incapables de coopérer ensemble au seul prétexte qu'ils agiraient tels des « enfants robustes[2] ». Dans le même esprit, dans la Fable des abeilles, les gens estiment beaucoup les rares individus qui, parmi eux, disposent à l'état naturel de la capacité de les défendre. D'un autre côté, toujours comme Hayek, Mandeville considère les hommes comme dotés d'une capacité de raisonnement quelque peu limitée, en tout cas ne leur permettant pas de mesurer les effets de leurs agissements dans le tissu complexe des relations humaines. Enfin, Mandeville, encore une fois comme Hayek, a construit une véritable théorie de la formation de l'esprit. Dans le célèbre poème de la Fable, la morale en place dans la ruche avant son écroulement n'est en effet le produit ni de l'instinct, ni de la raison humaine, mais bien la conséquence d'un processus évolutionniste aboutissant à l'émergence d'une tradition dominante.

Mandeville ne s'est pas contenté de dresser l'équivalent de la distinction hayékienne entre instinct, esprit et raison pour construire son système. Il a relié sa réflexion sur la formation de l'esprit à la conception progressive d'une véritable théorisation des tenants et aboutissants de l'amour-propre (Hayek, quant à lui, restant sommaire sur ce plan). Médecin spécialiste des maladies nerveuses (sorte de précurseur des psychiatres contemporains), Mandeville considérait en effet les hommes comme porteurs par nature d'un sentiment d'infériorité et a construit graduellement par essais/erreurs une véritable théorie de la « psychologie » sur cette base. Après avoir proposé quelques textes insuffisants en la matière (voir en particulier « Recherche sur la nature de la société » à la fin de la 1ère partie de la Fable), Mandeville

---

[1] Voir le titre du dernier ouvrage de Hayek (« La présomption fatale : les erreurs du socialisme »).
[2] Voir Mandeville, Fable des abeilles partie 2, 4e dialogue.

a commencé à faire progresser fortement sa réflexion à partir de la 2ᵉ partie de la Fable, en particulier dans le 3ᵉ dialogue où il fait pour la première fois la distinction entre *self-love* (qui vise à la seule préservation de soi) et *self-liking*. Surtout, alors qu'il postulait au départ que l'orgueil et la honte étaient deux passions différentes, il s'est mis à expliquer dans ses derniers textes (avec netteté dans ses « Recherches sur l'origine de l'honneur et l'utilité du christianisme dans la guerre » où il avouait même qu'il s'agissait là d'un progrès considérable de sa part) qu'ils n'étaient en fait que le produit d'une seule et même passion : le *self-liking* qui venait contaminer en quelque sorte le *self-love*. Et il n'hésitait plus alors à reconnaitre de surcroit que les gens cherchaient souvent à mériter réellement les applaudissements qu'ils recevaient. Mandeville faisait dans le même temps d'une manière de plus en plus précise de la régulation du *self-liking/self-love* l'instrument même de la formation de l'esprit. Hayek, quant à lui, a reconnu certes le rôle de l'amour-propre en la matière, mais s'en est tenu pour l'essentiel à mettre l'accent sur le rôle de la transmission d'habitudes en provenance d'une multitude d'ancêtres.

Pour expliquer la formation de la superstructure dans le poème via le *self-liking/self-love*, Mandeville fait intervenir (déjà dans ses « Recherches sur l'origine de la vertu morale » à la fin de la partie 1) ce qu'il appelle ironiquement les *lawgivers and otherwise men*. Pour apprécier ce point essentiel (qui n'est en rien retenu par Hayek), il est nécessaire de mesurer que, dans le poème, la morale dominante est le produit de ce qui semble fonctionner le mieux pour le groupe, mais cela sans considération pour le sort des individus les plus pauvres et maltraités. Comme un volant d'individus n'a jamais cessé selon lui d'être sacrifié pour l'intérêt du collectif, il lui fallait donc supposer que les hommes étaient en quelque sorte, pour reprendre une terminologie contemporaine, « aliénés » : nombre de gens devaient croire en une superstructure qui faisait certes l'efficacité de leur groupe, mais qui leur nuisait en fait individuellement (voir les pauvres faits soldats pour servir de chair à canons dans les premières lignes ou cantonnés dans les pires travaux pour des salaires de misère). L'évolution de la morale et du droit ne pouvait donc se faire dans le déroulement de sa thèse que par l'intermédiation de *lawgivers and otherwise men* dont la fonction était de maximiser l'utilité générale, pas celle de tous les gens pris individuellement. De façon liée, bien que la question du droit de propriété et du respect des promesses et des contrats soit traitée rapidement, Mandeville ne centre en rien son analyse du niveau diachronique de la formation culturelle de la société sur la question de la sélection de règles abstraites de justice via la concurrence des groupes qui les pratiquent. Comme nous l'avons déjà souligné, alors que Hayek donne beaucoup d'importance à la formation auto-générée de telles règles (dites par lui de juste conduite) qu'il imagine correspondre au droit fondamental de la liberté (la fameuse nomocratie), Mandeville postule en effet l'établissement progressif d'une superstructure fort complexe faite notamment pour tromper une partie de la population. Par exemple, pour Mandeville, si les *lawgivers and otherwise men* ont fait du courage physique la source principale de l'honneur pour les hommes, c'est notamment pour pousser les pauvres faits soldats à accepter avec persévérance leur sort funeste dans les premières lignes des combats (ces derniers se faisant berner par le reste de la population, en particulier les plus nantis). La nature de la superstructure sélectionnée dans la Fable diffère donc de celle dont il est question chez Hayek. Pour mettre sur pied sa propre thèse, ce dernier semble ainsi avoir fait le choix de « mixer » le raisonnement de Mandeville avec celui élaboré par Hume (dans le tome 3 du « Traité de la nature humaine » et dans son « Enquête sur les principes de la morale » en particulier) à propos de la formation des règles de justice.

2.2.2. La nécessité de ne pas écouter les appels de l'instinct et de la raison dans les deux premières parties de la Fable des abeilles

Dans la 1re partie de la Fable, Mandeville considérait qu'il fallait renoncer à l'idée selon laquelle il était possible d'améliorer la civilisation par la mise sur pied d'un projet raisonné, voire d'un grand dessein. Le tissu des relations humaines est bien trop complexe pour envisager ce qui pourrait ressembler à un contrat social. D'un autre côté, Mandeville s'est fait connaître notamment par l'incorporation à la fin de la partie 1 de la Fable de l'« Essai sur la charité et les écoles de charité ». Ce texte a suscité une vive polémique en son temps parce qu'il y expliquait que les hommes disposaient certes souvent d'un réel sens naturel de la pitié, mais qu'une telle caractéristique constituait un défaut pour l'efficacité collective. Mandeville y affirmait en particulier que les hommes devaient résister à leur sentiment de pitié envers les plus indigents (même quand il s'agissait d'enfants[1]) car un groupe a besoin d'une large quantité de pauvres rendus naïfs par une éducation insuffisante pour pouvoir se développer. Dans ce texte qui niait la possibilité d'instituer la moindre forme de redistribution sans ruiner le collectif et qui visait à expliquer combien le « mal » était à l'origine de l'efficacité collective, Hayek a vu ou voulu voir sans doute l'expression d'une sorte de préfiguration de sa propre thèse néo-libérale centrée sur le refus de donner un sens à l'idée même de justice sociale dans un structure auto-organisée : pour Hayek, comme apparemment pour Mandeville dans son essai, il faut savoir résister à ce qui parait insoutenable car la présence de ce qui semble

---

[1] Voir Mandeville « Essai sur la charité et les écoles de charité » p. 243 : « *Il y a abondance de travail pénible et sale à faire... Où trouverons-nous meilleure pépinière de ces êtres nécessaires que parmi les enfants de pauvres ?... ce qui les rend odieuses (ces vérités), c'est une disposition à un misérable aspect religieux pour les pauvres..., et qui nait d'un sentiment de pitié, de sottise et de superstition* ».

injuste n'est que le fruit de la sélection de ce qui s'avère le plus efficace pour la collectivité. D'ailleurs, Hayek ne se montrait pas vraiment choqué du tableau sinistre de la superstructure dressé par Mandeville en expliquant que le paradoxe initial mis en avant par ce dernier (les vices privés font le bien public) s'était transformé finalement en un cas particulier d'un « phénomène plus général au sujet duquel l'indignation morale provoquée par ce contraste particulier est presque déplacée ».

Hayek semble ainsi considérer Mandeville comme un précurseur non pas simplement de ses thèses relatives à l'évolutionnisme culturel, mais aussi de son propre positionnement politique « néo-libéral » (apologie du laisser-faire pour éviter de fausser le jeu de l'évolution, refus de donner un sens même à l'idée de justice sociale, apologie de la résistance au sens de la pitié quand il risque de modifier l'ordre social...). Pourtant, il ne faut pas perdre de vue que, dans la préface de son dernier recueil de textes (ses « Recherches sur l'origine de l'honneur et l'utilité du christianisme dans la guerre »), Mandeville a voulu donner l'impression qu'il reniait l'idée selon laquelle les vices seuls faisaient le bien collectif. Il y expliquait en effet que la vertu était en fait préférable au vice à tous les niveaux. Et ses derniers dialogues consistaient pour l'essentiel en une charge féroce (rappelant parfois par son humour féroce l'esprit de Thorstein Veblen dans « La classe de loisirs ») contre les comportements soi-disant honorables de nombre de nantis. Il est ainsi fort possible que Mandeville, doté d'un sens aiguisé de la provocation, se soit comporté dans ses premiers textes (surtout la partie 1 de la Fable) avec malice. Il y a construit sa théorie de la formation d'un ordre sociétal auto-organisé sans tenir compte, peut-être volontairement, de la volonté de nombre d'individus de corriger les excès de la civilisation dans les groupes gagnants et sans mentionner le rôle visiblement clé pour lui du « message du Christ ». Il en a tiré un semblant d'apologie du vice afin de créer le malaise, mais tout en raillant avec de plus en plus de férocité les nantis dont la soi-disant morale n'était souvent pour lui que façade. Prenant plus au sérieux ses réflexions sur la formation de la superstructure de la civilisation après avoir fait progresser sa théorie relative au *self-liking/self-love*, Mandeville en est venu au final à exposer ce qui semblait constituer sa véritable thèse à la fin de sa vie (peut-être même sous une forme dissimulée dès les premiers textes de la Fable des abeilles) : parce qu'elle est le résultat d'un processus de sélection, il ne faut pas chercher à remettre en cause frontalement les fondements d'une civilisation bien qu'elle comporte une part conséquente d'abjections, mais cela en ajoutant : le mal seul ne fait pas le bien collectif. Le bonheur collectif est le fruit d'un jeu permanent, quasiment dialectique dirait-on aujourd'hui, entre le bien et le mal. Se moquer des excès des nantis participe à ce processus.

Conclusion

Mandeville s'est ingénié à jouer sur deux positions : 1) une certaine dose de mal est nécessaire pour permettre le bien (autrement dit le bien contient le mal), 2) le mal contient en fait le bien. Avant d'éclaircir sa position dans ses derniers dialogues, il a fait en sorte que, dans l'expression de sa première position, le bien nécessite en pratique un très grand mal, tout en soutenant toujours « par derrière » l'idée selon laquelle le mal contenait le bien. Mandeville en tirait d'une manière spectaculaire dans la Fable des abeilles que les vices privés faisaient le bien collectif. Hayek n'a vu, voulu voir ou voulu faire savoir que la première position de Mandeville (le bien collectif nécessite un mal extrême) en mettant de côté le renversement de la « hiérarchie enchevêtrée » que Mandeville mettait en parallèle constamment avec beaucoup d'ironie. Autrement dit, Hayek a fait de Mandeville le grand précurseur au début du XVIIIe siècle de sa propre filière des théories de la formation des structures sociétales auto-organisées en « ignorant » le rôle clé que ce dernier conférait à la malhonnêteté.

Références bibliographiques

Carrive Paulette [1980], *Bernard Mandeville : passions, vices, vertus*, Vrin.

Ferguson Adam [1767], *An essay of the history of civil society*, Boulter Grierson, Dublin.

Hayek Friedrich [2008], *Nouveaux essais de philosophie, de science politique et d'économie* [1966-1976], Les belles lettres.

Hayek Friedrich [2007], *Essais de philosophie, de science politique et d'économie* [1944-1967], Les belles lettres.

Hayek Friedrich [1988], *La présomption fatale : les erreurs du socialisme*, PUF, 1993.

Hayek Friedrich (1973-1979), *Droit, législation et liberté*, PUF, 2007.

Hume David [1740], *La morale*, livre 3 du *Traité de la nature humaine*, Flammarion.

Le Jallé Eléonore [2003], « Hayek lecteur des philosophes de l'ordre spontané : Mandeville, Hume, Ferguson », *Astérion*, n°1, p.88-111.

Mandeville Bernard [1732], *An enquiry into the origin of honour, and the usefulness of Christianity,* London, Printed for John Brotherton.

Mandeville Bernard (1705-1729), *The Fable of the bees, or private vices public benefits*, Edition T. Osteli, Ave-Maria Lane (London), 1806.

Mandeville Bernard [1729], *La fable des abeilles, deuxième partie*, Vrin, textes philosophiques, 1998.

Mandeville Bernard (1705-1724), *La fable des abeilles, première partie*, Vrin, textes philosophiques, 2007.

Mandeville Bernard [1723], *Recherche sur la nature de la société*, addition à la seconde édition (1723) de la Fable des abeilles, Babel-Actes Sud, 1998.

Mauroy Hervé [2011], La Fable des abeilles de Bernard Mandeville : l'exploitation de son prochain comme fondement de la civilisation, *Revue européenne de sciences sociales*, 49.1, p. 83-110.

Karl Popper et la question du Monde 3

Charles Coutel
Professeur à l'Université d'Artois,
Centre Ethique et procédure,
Institut d'Etude des Faits Religieux

La question du statut philosophique et épistémologique du Monde 3 chez Karl Popper s'inscrit dans la problématique de notre colloque ; cette question est un « propulseur » intellectuel, et ce, pour deux raisons : d'une part Popper peut nous aider à penser l'articulation entre histoire et évolution : Popper dépasse l'opposition entre phylogénèse et ontogénèse. Il permet de ne pas choisir entre le développement de l'individu et le développement de l'espèce. Ainsi se trouveraient dépassés les dangers eugéniste et ethnocentrique, enveloppés téléologiquement dans l'idée même d'évolution (ou même d'histoire). Cette première raison en appelle une autre : la présence même des enfants, qu'il faut éduquer et instruire, ne nous force-t-elle pas à chercher ce qui enrichit le processus évolutif, au sein même de la *néoténie* humaine. La néoténie humaine (liée à l'émergence de la bipédie) est le processus qui nous laisse inachevés à la naissance et nous oblige à devoir apprendre pour finir notre croissance, hors du ventre de notre mère. Mais cette néoténie peut nous rendre aveugles au *paradoxe de l'ignorant* : on ne se sait ignorant que lorsqu'on commence à s'instruire. Dès lors, la qualité du rapport des enfants aux signes par lesquels ils vont apprendre est déterminante. Le rapport au monde naturel dépend donc, du fait de la néoténie, de la richesse du monde culturel à travers lequel l'enfant perçoit le monde naturel : je fais signe vers le Monde 3 de Popper.

Ce penseur reprend et réactive les instructions d'un Condillac, qui sont au centre de sa philosophie de l'enseignement et de la transmission de la qualité du lexique qu'un maître se doit d'utiliser avec son (ou ses) élève(s).

Deux courtes citations de Condillac, puis de Popper, vont lancer notre réflexion :

« *Comme ce sont des mots qui conservent les idées et les transmettent, il en résulte qu'on ne peut perfectionner le langage sans perfectionner la science, ni la science sans le langage* ». Condillac (1760)

« *C'est à ce développement des fonctions supérieures du langage que nous devons notre humanité, notre raison. Car nos facultés de raisonnement ne sont rien d'autre que des facultés de description critique ».* Karl Popper *(La Connaissance objective)*

C'est en faisant signe vers les trois problématiques poppériennes du problème, des fonctions supérieures du langage et enfin du Monde 3, que nous nous donnerons les moyens théoriques de répondre à nos questions initiales. En effet :

1- Il convient de méditer avec Karl Popper sur le statut épistémologique de la notion de problème pour comprendre comment dialectiser l'évolution phylogénétique et l'évolution ontogénétique,

2- Il faut ensuite montrer comment Popper intègre cette conception du problème dans une théorie complexe des fonctions supérieures du langage humain, intégrées elles-mêmes dans le Monde 3.

3- Enfin, nous reviendrons à nouveaux frais sur notre série de questionnements initiaux.

1. La notion poppérienne de problème

Beaucoup de commentateurs de Popper ne situent pas sa théorie du problème dans l'horizon du Monde 3. Ainsi Chalmers, dans son ouvrage *Qu'est ce que la science ?*, présente l'approche poppérienne dans le simple jeu des essais et des erreurs et vers la succession des hypothèses en vue de poser un nouveau problème (P2). L'enjeu onto et phylogénétique est ignoré.

Popper lui-même dans sa conférence de Tubingen en 1961, aux prises avec Adorno, brouille les pistes en *juxtaposant* les étapes et en se situant dans le processus de problématisation : la science commence par des problèmes et non pas des observations. Un problème est une tension (consciente de soi) entre un savoir et un non-savoir. On apprend en résolvant des problèmes. Cette approche est reprise en 1974 au chapitre 29 de la quête inachevée avec le schéma classique :

$P_1 \rightarrow TT \rightarrow EE$ donc vers P_2

P : problèmes ; TT : tentative de réponses : EE : élimination des erreurs.

Ce texte de 1974 précise que le raisonnement peut rentrer dans le processus à n'importe quel moment, mais en son sein. Ce processus est à l'origine d'une certaine *vulgate* qui oublie l'essentiel.

2. L'importance du monde 3 chez Popper

Cette approche du problème se double dès août 1960 d'une analyse précise des présupposés de cette démarche de problématisation : on lira avec profit le chapitre 10 de *Conjectures et Réfutations*. Ce chapitre est essentiel pour avancer dans notre questionnement.

Popper s'y montre attentif aux conditions de possibilité a priori de la position d'un problème à travers la formulation même des mots dont la combinaison va permettre la position du problème. On lit dans ce texte de 1960 :

« *La science est une démarche qui progresse à travers la formulation de différents problèmes toujours plus fondamentaux* » (souligné par nous).

Toute position de problème suppose donc un travail préalable de (re)formulation d'énoncés, dont la combinaison rendra conscient le problème. Nous sommes *avant* l'énonciation de P_1. L'accent est mis ici sur la formulation comme condition de possibilité de la problématisation. C'est pourquoi Popper mène deux méditations :

1/ une méditation continue sur les fonctions supérieures du langage humain. Il dialogue sans cesse avec Bülher, notamment au chapitre 4 de *Conjectures et Réfutations*. L'homme a deux fonctions en commun avec les animaux : la fonction d'expression et la fonction d'alerte, mais développe deux fonctions spécifiques : la fonction descriptive et la fonction argumentative.

2/ une méditation continue sur les processus par lesquels les enfants apprennent à parler.

Le Monde 3 intervient dans ces deux méditations. Rappelons que, pour Popper, les hommes sont à la fois dans les trois mondes : le Monde 1 est celui des objets, le Monde 2 est celui des états de conscience, le Monde 3 est celui des idéalités, des œuvres, des livres et des problèmes. Si le Monde 3 est bien autonome, c'est grâce aux fonctions supérieures du langage, qui font exister les productions de l'esprit en dehors des esprits des individus, même si leur sens n'existe que pour des esprits humains : ce livre est devant moi mais n'a de sens que pour les lecteurs actifs que nous sommes. Cette théorie du Monde 3 est présentée dans l'ouvrage intitulé *la Connaissance objective*. C'est par le langage que l'autonomie du monde 3 s'affirme. Renée Bouveresse en 1986, dans son livre sur Popper, écrit :

« *Le langage se situe dans les trois mondes à la fois (...) le langage crée donc les objets dans le Monde 3 tout en se situant dans les deux autres* » (éditions Vrin, p. 112).

La question de la reformulation d'un problème engage le statut ontologique du monde 3. C'est pourquoi une analyse de la construction des problèmes scientifiques ne saurait faire l'économie d'une théorie de la production par l'enfant de son propre lexique critique et vivant. Nous nous situons en deçà de l'éventuelle opposition entre phylogénèse et ontogénèse.

C'est en 1985 que Popper est le plus explicite dans son livre *L'avenir est ouvert* (traduction de 1990) :

« *Les enfants n'apprennent pas à parler en entendant parler, ils apprennent à parler en parlant, en faisant des essais de parole. Par ces essais actifs, chaque enfant recrée en quelque sorte le langage. Puis il apprend aussi à écouter, à prêter l'oreille* ». (p. 124)

Cet apprentissage modifie l'image que l'enfant a de lui-même :

« *En apprenant à parler, nous apprenons aussi à modifier notre intériorité, nous apprenons surtout que nous sommes un moi* ». (Ibid. p. 99)

C'est par ce travail de formulation par l'enfant lui-même que *s'opère cette auto-transcendance du sujet connaissant en train d'apprendre* : par le langage l'enfant est au-devant de lui-même. Ce travail est à la fois phylo et ontogénétique, mais à condition que l'enfant soit à la fois éduqué et instruit, qu'il y ait des bibliothèques, que les enseignements soient respectés, et que la langue soit enseignée et admirée, que l'Université el l'Ecole soient respectées dans leurs missions. Le schéma initial, présenté par *la Quête inachevée*, se dynamise grâce à son intégration dans le Monde 3.

Dans *la Connaissance objective*, Popper précise :

« *L'autonomie du troisième monde et le feed-back du troisième monde sur le second monde et même sur le premier, comptent parmi les faits les plus importants de la croissance de la connaissance* ». (éditions Complexe p. 133)

Popper conclut :

« *Ce n'est qu'au sein d'un langage ainsi enrichi que la discussion critique et la connaissance au sens objectif deviennent possibles* ». (Ibid. 135)

S'il est donc souhaitable de plonger directement dans la confrontation dynamique des essais et des erreurs (TT et EE), Popper nous prévient qu'il faut s'aviser que nous devons disposer des mots présupposés par la formulation même de nos problèmes. En ce sens la théorie du Monde 3 est le fondement d'un apprentissage du langage à la fois pour l'espèce et pour chaque enfant (néotène). On échappe à la fois au *paradoxe de l'ignorant* et au *paradoxe de l'illettré* : je ne me rends compte de la pauvreté de mon lexique que lorsque je commence à l'enrichir. Karl Popper « transcendentalise » jules Ferry et fait signe vers Condorcet, lecteur de

Condillac. Popper est au plus près d'un Hegel disant : « *Penser c'est manier les signes de la langue* ».

La production et l'examen des erreurs peuvent être considérés comme autant d'appels à enrichir et à reprendre notre lexique explicite et implicite. L'erreur surgit quand un mot est pris pour un autre.

Au chapitre 4 de *Conjectures et Réfutations*, Popper indique que c'est en s'appuyant sur la fonction descriptive du langage que le maître pourra susciter et développer la fonction argumentative. Un maître poppérien lie le descriptif et l'argumentatif, préalablement à la position instructive d'un problème.

Par mon langage, situé au cœur du monde 3, je m'arrache à mon destin psycho-sociobiologique, en « possibilisant » l'avenir par ma culture : il y a rupture et le narratif prime sur le biologique. La société devient « ouverte » : l'évolution est relevée par l'histoire.

3. Quelques remarques conclusives.

Nos précédentes analyses permettent de revenir vers nos constats initiaux, à nouveaux frais.

L'évolutionnisme épistémologique de Karl Popper indique à quelles conditions nous pourrions dépasser l'éventuelle hiérarchisation entre phylogénèse et ontogénèse : progresser, c'est rendre compte, en les surmontant, des obstacles qui nous empêchent d'être libres et critiques. Il s'agit bien, comme le suggérait Condorcet, de « faire l'histoire de nos erreurs à partir de notre ignorance première » afin d'établir « le tableau de nos espérances ».

La démarche poppérienne de falsification critique et problématique nous évite de choisir entre causalité phylogénétique et causalité ontogénétique : nous renvoyons dos à dos l'ethnocentrisme et l'eugénisme. Nous sommes en deçà de cette opposition mortifère, et ce, grâce au Monde 3, qui est le trésor de toute l'Humanité, menacé par toutes les barbaries. Pour faire vivre le Monde 3, jamais les machines ne nous remplaceront ! Le lieu de cette valorisation est l'Université dans sa triple fonction d'Enseignement, de Recherche et de Conservation (des signes). Mais ce Monde 3 n'existe que si les hommes le valorisent et le respectent.

Individus et Espèce humaine progressent ensemble et l'Evolution devient Histoire au sein de l'idéalité intellectuelle, esthétique et éthique du Monde 3. Tout cela n'est possible que si les hommes reprennent goût à l'admiration et songent à se cultiver : être soi en acceptant ce qui nous dépasse ; innover parce que nous continuons.

Popper (et sa théorie du Monde 3) nous aide donc à surmonter le paradoxe de l'ignorant ; ce paradoxe complexe se dépasse par l'enrichissement continu et revendiqué de notre lexique : inventer en inventoriant... pour mieux poser les problèmes. Il s'agit donc, en explorant la richesse du Monde 3, de prolonger l'Evolution par l'Histoire en la situant sur le plan cosmopolitique, car les idéalités du Monde 3 (signes, problèmes, œuvres, livres) appartiennent à tous les hommes, sans discrimination aucune d'espace ou de temps.

Dans *The Self and its Brain*, Karl Popper nous avertit :

"*World 3 objects are of our own making, although they are not always the result of planned production by industrial men.*" (édition anglaise p. 38).

Évolutionnisme et pragmatisme

Joëlle Zask
Maître de conférences
à l'Université de Provence,
CEPERC (Epistémologie et Ergologie Comparatives)

> « Les vieilles questions sont résolues quand elles disparaissent et s'évaporent, tandis que de nouvelles questions prennent leur place. Il ne fait aucun doute que les plus grandes forces de dissolution des vieux problèmes aujourd'hui et celles qui font naître le plus de nouvelles méthodes, de nouvelles intentions, de nouveaux problèmes, sont celles qui proviennent de la révolution scientifique dont « l'origine des espèces » est le point culminant ».
>
> John Dewey, The Influence of Darwin on Philosophy[1]

Quand Rorty présente John Dewey, il indique en priorité l'importance, non de la démocratie, du pragmatisme ou de l'instrumentalisme, mais du darwinisme. Dans un texte intitulé *Dewey entre Hegel et Darwin,* il montre que le « naturalisme » de Dewey doit plus à Darwin qu'on ne l'a réalisé[2]. Ce « naturalisme » (terme par lequel Dewey a également défini sa philosophie) n'est pas réductionniste. Il ne signifie pas que les choses observables et les lois qui les dirigent sont réductibles à un état premier du monde, encore moins à un état originel du monde créé par la puissance divine. Ce naturalisme de Dewey est évolutionniste : il correspond à un processus relativement continu mais non linéaire dont l'orientation n'est pas connue d'avance et dont chaque étape dépend d'interactions imprévisibles entre les vivants, humains inclus, et leur environnement, naturel ou social.

En dépit de nombreuses critiques de la lecture de Dewey par Rorty qui a souvent été jugée désenchantée, réductrice et relativiste, le portrait de Dewey qui en émerge me semble à la fois utile et pertinent. De fait, le lien entre le darwinisme et le pragmatisme est manifeste et bien établi. Il est jugé

---

[1] Voir Dewey, *The Influence of Darwinism in Philosophy* (1909), MW, vol. 4, p. 4. Pour tous les textes de Dewey, l'édition de référenceest : John Dewey, *Early Works* (1882-1898), *Middle Works* (1899-1924), *Later Works* (1925-1953), Jo Ann Boydston, Carbondale, Southern Illinois University Press (1977), paperbound, 1983.
[2] Richard Rorty (1995), Dewey between Hegel and Darwin, In Herman J. Saatkamp (ed.), *Rorty& Pragmatism: The Philosopher Responds to His Critics*, Vanderbilt University Press.

explicitement constitutif par Dewey lui-même qui publie en 1910 un article important intitulé « L'Influence du darwinisme sur la philosophie ». Dans cet article, il ne se borne pas à présenter cette influence sur « sa » philosophie ; il dégage surtout les raisons pour lesquelles, d'après lui, le darwinisme est une pensée à la lumière de laquelle tous les problèmes philosophiques traditionnels devraient être revisités et reconstruits. Qu'il ait voué sa propre philosophie à une telle tâche est l'évidence qui s'en dégage. De cette manière, l'évolutionnisme apparaît d'emblée comme une clé d'entrée indispensable dans la nébuleuse pragmatiste, dont cet article présente quelques aspects.

En se fondant sur un certain nombre de textes de Dewey, il opère une sélection dans le vaste champ qu'enferment les relations entre évolutionnisme et pragmatiste en se focalisant sur un domaine dans lequel la question de l'évolutionnisme a été et est toujours cruciale : celui de l'anthropologie des changements culturels et sociaux qui jalonnent l'histoire des sociétés humaines. En passant par un rapide exposé de la théorie pragmatiste de l'enquête qui est un moyen de désolidariser évolution et finalisme – ce que la majeure partie des penseurs sociaux contemporains de Dewey n'est pas parvenue à faire –, on pourra indiquer pourquoi l'abandon du finalisme et l'adoption du darwinisme se révèlent un enjeu démocratique majeur.

1. Remarques sur un faux évolutionnisme, de Comte à Spencer.

Quand on parle d'évolutionnisme à l'époque des fondateurs du pragmatisme, donc au cours d'une période qui va des années 1880 aux années 1930, il faut en premier lieu préciser qu'il existe alors un vrai et un faux évolutionnisme. Le vrai demeure malheureusement marginal, alors que le faux est largement dominant. Il est caractérisé par l'idée que certes, les choses évoluent, mais que le processus tout entier est orienté par des fins ultimes qui, quant à elles, n'évoluent pas.

Bizarrement la conception dix-huitièmiste du progrès, même si elle est subordonnée à un raisonnement téléologique, comme c'est le cas pour Kant, est moins finaliste que les théories du changement social qui vont s'imposer au XIXe siècle. Pour les Lumières le progrès dépend des usages rationnels des sciences et des techniques, de la liberté et de l'intelligence. Il relève alors de la responsabilité de chacun d'avancer sur la route du progrès ou de rester, voire de retourner, dans l'obscurantisme. En revanche, cette responsabilité humaine s'amenuise singulièrement avec les doctrines qui vont s'imposer au siècle suivant : matérialisme historique, théorie des âges de l'humanité, doctrine des stades d'évolution culturelle ou de l'inégalité des races sont indifférentes au facteur de la responsabilité individuelle qui, si elle reste le symptôme d'un stade d'évolution définie, n'en est pas la cause. Le progrès et les Lumières cessent de coïncider.

Les auteurs adeptes de cette manière de penser qui conduit à subordonner le processus évolutif à une fin immobile et permanente sont aussi nombreux que célèbres. C'est le cas d'Auguste Comte, de Morgan, de Marx et Engels, de Mc Gee et Bachofen, de Spencer bien sûr qui forgea le concept *social* de « la survie des plus aptes » dont le « darwinisme social » (qui est fort éloigné de Darwin) fut l'aboutissement doctrinal. Il est en effet essentiel de rappeler ici que c'est Spencer, et non Darwin, qui substitue au concept darwinien de « sélection naturelle » la notion de la « survie des plus aptes ».

D'une manière ou d'une autre, tous ces auteurs soutiennent que la nature ou l'histoire suivant les cas sont engagées dans un progrès nécessaire. L'évolution passerait obligatoirement par des étapes prédéfinies dont la connaissance serait à la fois empirique, car reposant sur de prétendues observations, et rationnelle, car procédant par intuition des principes et déduction des conséquences.

Qu'est-ce que cet « évolutionnisme social » ? Sans doute Comte est-il l'un de ses pères fondateurs. D'après sa philosophie positive, l'humanité serait soumise à « la loi des trois états ». Elle passerait par diverses périodes de développement intellectuel et culturel, de l'état théologique à l'état positif en passant par l'état métaphysique.

Dans l'évolutionnisme de Darwin, on ne rencontre aucun finalisme et, par conséquent, aucun saut qualitatif. On ne peut l'appliquer à l'histoire humaine en expliquant par exemple telle croyance par telle conformation physiologique. Pour les darwiniens, les hommes les plus « primitifs » et ceux qui sont les plus « civilisés » appartiennent à un même type. Leurs différences culturelles ne peuvent pas s'expliquer par des différences biologiques. Or ce n'est pas le cas des évolutionnistes finalistes qui, entre autres caractéristiques, adhèrent à l'explication par les sauts qualitatifs, comme le vulgaire métal transformé en or, la prière transformée en pluie, la couleur de la peau transformée en degré d'intelligence, etc. La croyance que les formes culturelles ne sont pas indépendantes mais qu'elles sont déterminées par des facteurs qui quant à eux ne sont pas culturels, relève de cette pensée magique.

En témoigne en particulier la doctrine, fort répandue à l'époque, des *stades* de développement culturel. On affirme alors couramment que chaque forme de vie culturelle, chaque technique, chaque organisation sociale ou politique, chaque pratique des arts, correspond à une étape placée sur un chemin qui mène de l'animalité la plus brute à la civilisation la plus raffinée. Cette conviction est présente dans la physique sociale d'Auguste Comte : les sociétés « primitives », affirme-t-il, ne se définissent pas par leur antériorité temporelle mais par le fait qu'elles sont plus proches de l'origine : « C'est leur état social qui les date, non la durée de leur histoire ». Ces sociétés sont contemporaines de notre « civilisation » mais le temps y est annulé. Elles n'ont pas d'histoire. Elles sont par conséquent plongées dans « l'enfance de l'humanité » et témoignent, à la manière de fossiles vivants, de ce que l'humanité fut à ses débuts, dont elles sont la survivance[1].

Spencer, dont l'influence a été considérable, adhère à la doctrine des stades d'évolution culturelle en affirmant que l'humanité est passée du type collectif au type individuel, et du type militaire au type territorial. Dans ses *FirstPrinciples*, il établit que l'évolution humaine dépend d'une loi physique universelle — ou d'une physique sociale, comme pour Comte. Dans toute sphère de l'univers, il se produit, écrit-il, « une intégration de matière et une dissipation concomitante de mouvement ; pendant laquelle la matière passe d'une homogénéité indéfinie et incohérente à une hétérogénéité définie et cohérente ; et durant laquelle le mouvement conservé subit une transformation parallèle[2] ». Ces « lois » de la nature sont appliquées au devenir des sociétés humaines qui, en se mouvant et en se dispersant, « obéissent à la loi » tout en évoluant vers leur terme. Grâce à ces lois, Spencer peut expliquer pourquoi et comment l'humanité est passée d'un régime de promiscuité sexuelle incohérent à un régime matriarcal et matrilinéaire, puis à un régime social patriarcal et patrilinéaire. Ce régime représente l'émancipation des hommes à l'égard des conditions naturelles (idée à laquelle le théoricien du matriarcat Johann Jacob Bachofen adhère également). La même explication préside au « passage » du type militaire au type territorial.

Comme Adam Smith, puis Thomas Malthus ou James Mill avant lui, Spencer considère que le socialisme ou l'État Providence sont contraires aux lois naturelles. Les constitutions sont toutes "de papier" ; elles ne peuvent accélérer le cours de l'évolution. Lewis H. Morgan quant à lui a été abolitionniste parce qu'il pensait que la race noire disparaîtrait dès qu'elle ne serait plus protégée par l'esclavage.

Dans l'un de ses premiers textes, *Social Statics*, Spencer écrit par exemple que « L'homme a été, est et continuera longtemps à être dans un processus d'adaptation, et la croyance en la perfectibilité humaine équivaut simplement à la croyance qu'en vertu de ces processus, l'homme deviendra finalement complètement approprié àson mode de vie. Ainsi, le progrès n'est pas un accident, mais une nécessité. » Spencer cherche à constituer une

---
[1] Auguste Comte, *Cours de philosophie positive, Physique sociale*, 48ème leçon.
[2] Herbert Spencer, *Premiers Principes*, 1964, Apleton, 1912, p. 367

"histoire naturelle de la société" et à découvrir les « lois ultimes auxquelles les phénomènes sociaux se conforment[1] ».

Autre exemple, Edward Burnett Tylor se fonde sur des données archéologiques, sur la distinction entre les âges de la pierre, du bronze et du fer, ainsi que sur sa lecture de *Antiquity of Man* de Charles Lyell (1863) pour démontrer que le changement évolutif de l'humanité de l'inférieur au supérieur est universel et uniforme. La marche vers la civilisation, étape finale, est inéluctable. Chaque société devient donc le témoin d'un stade prédéfini d'évolution. C'est surtout le niveau technique qui détermine d'après lui le niveau d'intelligence et de civilisation. Tylor écrit par exemple : « Les institutions des hommes sont aussi distinctement stratifiées que la terre sur laquelle ils vivent[2] ».

Dans la même veine, Morgan, dont l'influence sur Marx et Engels est conséquente, divise l'histoire humaine en trois parties dont chacune correspond à un âge de développement particulier : sauvagerie, barbarie et civilisation, qui se caractérise par l'alphabet phonétique et l'écriture. Chaque stade est lui-même subdivisé en trois autres qui correspondent chacun à une « période ethnique » : « Il est incontestable que des parties de la famille humaine ont vécu dans un état de sauvagerie, d'autres dans un état de barbarie, et d'autres parties encore dans un état de civilisation ; et de même, il est également incontestable que ces trois conditions distinctes sont liées l'une à l'autre en une séquence de progrès naturelle aussi bien que nécessaire[3] ».

Si les divers stades s'expriment par une diversité de formes culturelles, il s'exprime également par une différenciation raciale dont il est alors considéré qu'elle exprime elle-même les différences culturelles. Les races, bien qu'elles soient issues d'une nature humaine originellement unique (unicité qui explique l'essor du comparatisme) sont des produits de l'évolution ; elles en sont la marque et le témoignage. Lewis Henry Morgan, en bon représentant de ce point de vue, pense que les races évoluent elle-même en passant par des stades bio-culturels déterminés, de la sauvagerie à la civilisation. La différence des races provient de ce que les divers groupes contemporains sont représentatifs de divers stades d'évolution. C'est donc le degré d'évolution qui détermine les qualités mentales. La race et la culture sont interdépendantes. Le racialisme, comme le montre Marvin Harris, a débouché sur le racisme qui appose une triste signature au bas des premiers travaux d'anthropologie : "Aucune figure majeure dans les sciences sociales

---

[1] Cité par Dewey dans *The Philosophical Work of Herbert Spencer* (1904), MW, vol. 3, p. 201. *Social Statics*, 1850, NY, D. Appleton, 1883.
[2] Edward Burnett Tylor, *Primitive Culture*, 1871, NY, Harper Torchbooks, 1958, I, p. 69.
[3] L. H. Morgan, *Ancient Society*, Chicago, 1877.

situées entre 1860 et 1890 n'a échappé à l'influence du racisme évolutionniste »[1]. Selon cet auteur, le propre de l'anthropologie du XIXe siècle est moins d'avoir agrégé l'étude des sociétés humaines à une vision évolutionniste de l'histoire, que d'avoir plaqué l'idée d'évolution biologique et organique sur l'étude des sociétés et des comportements humains.

En résumé, l'évolutionnisme dont il est question ici offre une étrange combinaison entre un finalisme et l'idée d'un libre arbitre qui apparaîtrait au cours du temps et disposerait les humains à vouloir leur propre développement, à le prendre en charge en quelque sorte, réalisant ainsi une sorte de « plan caché de la nature », selon la célèbre expression de Kant. Afin de le distinguer d'un véritable évolutionnisme, les anglophones ont utilisé deux expressions, *evolutionism* dans le premier cas, *evolutionarism* dans le second, tant le recouvrement de Darwin en particulier par Spencer est devenu prégnant.

2. La critique de Dewey

Il est possible de voir dans le pragmatisme un véritable antidote contre les maux inhérents au faux évolutionnisme. Ces maux sont de toutes sortes. Ils sont identifiés et combattus de diverses manières à partir du début du XXe siècle selon les acteurs ; l'anthropologue Franz Boas puis toute son école s'attaquent aux préjugés racistes en montrant leur absence de base scientifique, ils rejettent la méthode comparatiste, l'idée de type culturel et/ou racial, et toute hiérarchie, tandis que les sociologues interactionnistes n'ont de cesse de montrer la responsabilité des phénomènes sociaux et culturels en ce qui concerne la formation de la personnalité.

John Dewey, dans son combat contre le faux évolutionnisme, n'est donc pas isolé. Il appartient à un courant qui s'ancre dans des convictions démocratiques et s'exprime au nom et en vue d'une réforme de la culture américaine. Il n'en reste pas moins que sa position est singulière. Au lieu de passer par l'intermédiaire d'arguments éthiques ou sociaux pour s'opposer à l'évolutionnisme dominant, il prend pour point de départ l'exploration de la structure de l'expérience organique et de la logique de l'expérience.

Il fait partie de ce programme de dénoncer en premier lieu l'évolutionnisme admis comme faux évolutionnisme. Selon Dewey, il est essentiel de prendre acte du fait que dans un évolutionnisme, tout évolue : non seulement la constitution des vivants, les circonstances de leur

---

[1] Marvin Harris, *The Rise of Anthropological Theory: A History of Theories of Culture*, 1968, August 14th 2001, Altamira Press, p. 101.

évolution, qui suppose une adaptation, mais aussi les « fins » de l'évolution elle-même. L'idée même d'une orientation de la nature ou de l'histoire est en porte à faux par rapport au darwinisme. Qu'il s'agisse de Marx, de Comte, de Trotski, de Spencer, la croyance en un progrès « nécessaire », en l'existence d'un moteur d'évolution (naturel ou historique, spirituel ou matériel, selon les cas) qui agit uniformément et régulièrement, en le caractère ordonné des phases de l'existence de l'espèce humaine, bref en la Civilisation, toutes ces croyances sont sous-tendues par un finalisme qui, pour être souvent impensé, n'en est pas moins effectif. Que les finalités humaines se situent hors de l'histoire et soient soustraites à toute évolution est un point de vue attestant par exemple de la métaphysique qui perdure au cœur même de la pensée marxienne.

En raison de son intérêt pour Darwin, c'est surtout à partir de sa lecture de Spencer que Dewey établit la nature du faux évolutionnisme. Il pense que dans l'œuvre de Spencer, les notions d'évolution, de vivant ou d'environnement ne sont pas nées de nouvelles observations scientifiques. Contrairement aux textes de Darwin, le raisonnement expérimental ne s'y trouve pas. Ces notions sont seulement la transposition dans un langage scientifique d'idées politiques et sociales issues du XVIIIe siècle : la foi dans le progrès naturel fait écho à l'idée d'un progrès économique structurel, la perfection adaptative fait écho à la doctrine d'une intervention minimum de l'État, tandis que l'éthique de Spencer, au lieu de dériver d'une idée scientifique de l'évolution, est plutôt « la projection élargie de l'idéal d'une société fraternelle »[1] : « Toute la conception et tout le schéma de l'évolution chez Spencer n'est que la projection sur l'écran cosmique de la gamme des idéaux *a priori* et optimistes du libéralisme de la fin du dix-huitième siècle» (p. 203). Il écrit également : « La conception de l'évolution chez Spencer a toujours été une conception confinée et limitée. Puisque son "environnement" n'était que la traduction de la "nature" des métaphysiciens, son fonctionnement avait une origine fixe [*fixed*], une qualité fixe et un but fixe […] Je ne doute pas qu'on finira par voir que, quoi qu'il en soit tout cela, ce n'est pas du tout une évolution. Une véritable évolution doit par définition abolir toute limite fixe, tout commencement, origine, force, loi, but. S'il y a évolution, alors tous les êtres évoluent aussi et sont ce qu'ils sont comme points d'origine et de destination relativement à quelque portion particulière de l'évolution. Ils doivent être définis dans les termes du processus, le processus qui est maintenant et toujours, non le processus dans leurs termes » (*ibid.*, p. 209).

Dans *The Influence of Darwinism in Philosophy*, Dewey présente le darwinisme comme ce à la lumière de quoi tous les problèmes

---

[1] John Dewey, *The Philosophical Work of Herbert Spencer* (1904), MW, vol. 3, p. 201.

philosophiques de la relation entre le réel et l'idéal, entre l'expérience et l'idée, entre le corps et l'âme, entre le qualitatif et le quantitatif, entre l'individu et la société, devraient être « reconstruits ». Il considère que la théorie de Darwin détrône le primat « vieux de deux mille ans du fixe et du final[1] ». En raison du fait qu'il rejette les fins ultimes tout en mettant au jour un système d'organisation des changements aléatoires et variations impromptues mais transmissibles qui affectent les êtres vivants, Darwin est le fondateur d'une nouvelle logique expérimentale. En s'opposant à la logique voulant qu'on rapporte les phénomènes fluctuants relevant de l'expérience sensible, à des essences appartenant à un monde transcendant, il achève la tâche galiléenne de mécanisation de la nature, dont il extirpe toute intention ou dessein : c'est selon l'expression ultérieure de François Jacob, une « création sans projet »

3. Évolutionnisme et environnement chez Dewey

Il est particulièrement fructueux d'interroger l'évolutionnisme auquel Dewey se rapporte en relation à l'épineuse question de l'environnement qui est aujourd'hui devenue cruciale. À l'époque où Dewey écrit, l'environnementalisme et quelques aspects précurseurs de ce qui est devenu plus tard « l'éthique environnementale » ont déjà fait leur apparition. Cet environnementalisme combine les soucis de préservation de la nature (le premier parc naturel, Hot Spring, date de 1832) et l'idée que l'homme fait partie de la nature, étant un être naturel. Plus exactement, c'est par l'intermédiaire de son sentiment esthétique que l'homme parvient à humaniser en la développant sa propre nature tout en percevant ses liens avec son milieu naturel et humain. Chez les premiers environnementalistes (parmi lesquels se trouvent des peintres comme Catlin puis des photographes, des écrivains et des philosophes) l'articulation entre le soin de l'environnement (earth care) et la réalisation de soi n'est pas assez bien établie pour pouvoir être identifiée comme un trait important de l' « américanisme » — c'est-à-dire de la culture spécifiquement américaine. Dewey en hérite autant que de Darwin, ces deux héritages étant convergents. Son « continuisme naturaliste » y est déjà à l'œuvre. Le trait distinctif des écrits de Dewey concernant l'environnement consiste dans leur insistance sur la signification « relationnelle » de la notion d'environnement : il n'y a d'environnement que relativement à des organismes qui y vivent et en vivent à la fois.

---

[1] John Dewey, *The Influence of Darwinism in Philosophy* (1909), MW, vol. 4, p. 4.

Par distinction avec un milieu qui « entoure » les êtres ou avec un « contexte » qui les détermine à être ce qu'ils sont, l'*environnement* est l'ensemble des conditions qui interviennent activement dans le fonctionnement d'un être vivant, dans la persistance de sa vie et dans son évolution[1]. Il peut s'agir de ses aliments, de son habitat, des voies de son déplacement, des autres espèces, des autres membres de son espèce. Il correspond donc à l'ensemble des conditions extérieures permettant à un individu de développer ses potentialités et ses activités. Les données extérieures qui sont indifférentes à l'égard de ces besoins ne font pas partie de l'environnement.

La relation entre besoins et environnement n'est pas pour autant unilatérale : ces besoins sont eux-mêmes relatifs à un environnement donné, et non inhérents à l'être vivant ou à l'espèce. Ils sont fixés en relation avec les propriétés de l'environnement dont les êtres vivent. Darwin est particulièrement clair et incisif sur ce point : ce qu'il appelle les « conditions d'existence » des vivants sont l'ensemble des facteurs qui déterminent la sélection naturelle des variations auxquelles les vivants sont sujets. La direction que prend l'évolution d'un vivant est sélectionnée par les circonstances environnementales et, réciproquement, le développement de ses pouvoirs vitaux modifie dans une plus ou moins grande mesure ces conditions. Un organisme s'adapte ou s'ajuste à son environnement et ce dernier est transformé par les processus adaptatifs de l'organisme.

Les processus d'adaptation sont donc relatifs à l'environnement qui, il faut le préciser, inclut des propriétés provenant de modifications introduites par les vivants, telles un habitat, une colonie de pucerons pour les fourmis, l'humus, etc. John Dewey peut donc conclure que l'environnement et l'organisme sont strictement corrélatifs, « comme un frère et une sœur, un acheteur et un vendeur, un stimulus et une réponse[2] ». Bref, un environnement n'est tel que s'il est un champ d'action pour un individu qui lui-même ne fonctionne que par les relations actives qu'il entretient avec lui.

Les relations entre un environnement et un organisme sont donc comprises comme une interaction, ou plutôt comme une *transaction*. Dewey a apporté dans un de ses derniers ouvrages une précision utile sur la distinction entre ces deux termes : la « *self-action* », explique-t-il, est un terme rapporté à la physique et à la métaphysique grecque. Il désigne la faculté de se mouvoir par soi-même et exprime ainsi une capacité inhérente à une entité d'agir suivant ses propres besoins intérieurs. Le second concept, l'*interaction*, naît de la mécanique newtonienne selon laquelle l'action — ou

---

[1] Sur ces distinctions, voir Joëlle Zask, Environnement et participation démocratique. *Raisons Pratiques*, n° 8, avril, « La justice environnementale », PUPS, Paris, p. 43-54.
[2] Dewey, Contributions to *A Cyclopedia of Education* (1911), p. 437.

le mouvement — se produit entre des particules de matière en elles-mêmes immuables. Enfin, dans une *transaction*, les constituants des entités interagissantes sont eux-mêmes susceptibles d'être modifiés. Ces entités ne sont donc pas véritablement indépendantes, mais sont des « phases » d'une même activité unifiée[1]. « La vie en tant qu'activité se conservant elle-même et se développant »[2] est le médium par rapport auquel environnement et organisme sont deux phases liées et continues l'une à l'autre.

Par suite de cette définition, il existe autant d'environnements que d'espèces, voire, dans le cas des hommes, que de classes sociales, d'ethnies et même, d'individus. Certains environnements sont très vastes, d'autres sont au contraire très étriqués. Toutefois, dans tous les cas, l'environnement et l'organisme existent et sont ce qu'ils sont en vertu d'une continuité : le vivant trouve dans l'environnement ce dont il a besoin pour vivre et transforme l'environnement au fur et à mesure qu'il développe ses fonctions, mais sans atteindre la limite au-delà de laquelle l'environnement serait détruit. Réciproquement l'environnement est servi par les activités des vivants (pensons à l'extrapolation de cette logique aux relations individus/sociétés), comme la terre est servie par les activités des vers et des insectes, et se modifie sans outrepasser une limite au-delà de laquelle il deviendrait hostile ou contraire aux besoins des vivants. C'est entre ces deux limites que se situent les conditions de possibilité de la continuité en question. Cette dernière n'est pas fixiste ; elle n'interdit pas les changements, au contraire ; elle ne persiste que dans la mesure où les changements de l'environnement et ceux de l'individu sont compatibles et même, profitables les uns aux autres.

L'équilibre qui est éventuellement atteint est donc mouvant. L'évolution n'est résolument pas l'avancée déterminée vers une fin fixée *a priori* mais cet ajustement continuel, sans cesse menacé, sans cesse amendé, entre organismes et environnements. C'est en cela que consiste un véritable évolutionnisme. Au cours de l'évolution, les êtres meurent, des milliers d'espèces disparaissent, de nouveaux êtres font leur apparition. Il est clair qu'aussi bien au niveau local et ponctuel de l'ajustement réciproque entre individus et environnements, qu'au niveau terrestre et de longue durée de l'adaptation des espèces, rien ne va de soi. L'évolution passe par pertes et profits. La vie ne se maintient pas d'elle-même et parfois, malgré les efforts des vivants, s'éteint.

Il est manifeste que dans cette configuration de mouvements croisés, stratifiés, progressivement ajustés les uns aux autres, entre des entités distinctes qui à un moment donné, en raison de variables spatio-temporelles

---

[1] Dewey & Bentley (1949).*Knowing and the known*. Boston: Beacon Press.
[2] Dewey, Contributions to *A Cyclopedia of Education* (1911), p. 437.

et de coïncidences, se trouvent en contact, les « fins » ne peuvent être ni suprêmes, ni ultimes. Une conception *a priori* des fins des êtres vivants, qui ne « tendent » à rien sinon à rester en vie, ne peut être que religieuse ou métaphysique, préscientifique et invalidante.

Elle l'est d'autant plus en raison du fait que le monde dans lequel vivent les contemporains de Dewey a été rapidement forgé par la science, la technologie et les techniques. Se targuer de raisonnements préscientifiques pour penser les problèmes d'une société industrielle est la meilleure manière de conserver les inégalités, de justifier les hiérarchies, et d'aggraver les situations sérieusement problématiques qui ne manquent pas de se produire.

4. Évolutionnisme et enquête

C'est dans ce contexte de la « Grande Société » que Dewey affirme l'identité entre la logique de l'enquête et la méthode de la démocratie : entendons par là la méthode démocratique pour réglementer le cours des actions humaines afin que les idéaux sous-tendant le choix de cette méthode, comme la liberté et l'égalité, la participation des citoyens, le développement de l'individualité, la justice et la redistribution des biens, soient réalisés.

Le caractère non absolu, mais relatif et hypothétique, des finalités poursuivies, forme le centre névralgique de cette méthode démocratique. En effet, ce qu'il est convenu d'appeler aujourd'hui le « processus démocratique » passe par l'examen des fins admises et souvent par leur critique, par l'identification des fins utiles qui se présentent au titre d'intérêts publics, par l'invention et le respect de méthodes qui, telles la discussion publique, la consultation, les débats, la publicité critique, la publication dans la presse, etc., permettent de hiérarchiser les fins proclamées et de trancher entre elles quand besoin est. Qu'une société donnée définisse elle-même, le plus consciemment possible, ses buts et que, dans cette société, chaque individu, en raison du fait qu'il est concerné et affecté par les activités des autres, participe individuellement à cette définition, voilà ce qui en fait une société démocratique.

Par contraste, les groupes assujettis, inconsciemment ou volontairement, à des finalités extérieures à leurs propres projets d'organisation interne, ou ceux qui, sous la houlette d'un chef ayant confisqué le pouvoir d'énoncer les fins du groupe et dépossédé les autres du droit de donner leur avis, sont dotés d'un fonctionnement dont Dewey va parler en terme d'absolutisme – désignant ainsi cette manière de penser qui affirme le caractère absolu des fins (finales, ultimes) autant qu'une manière de gouverner sans partage.

Ces remarques ont l'utilité de nous faire revenir au continuisme naturaliste pour y situer « l'enquête » et son utilité cruciale. L'évolutionnisme de Dewey et la logique de l'enquête sont parfaitement congruents et, dans le cas des sociétés, superposables.

En effet, au cours d'une enquête, c'est bien la question des fins qui est posée à nouveau frais. Du point de vue du raisonnement, une fin est un moyen global de sélection de moyens intermédiaires. Il s'agit d'une « fin en vue », non d'une fin en soi. Formellement, l'enquête est à la restauration de la continuité de la vie humaine, qui est toujours sociale, ce que l'adaptation est aux espèces en général. Elle apporte le matériau évolutif qui assure (ou devrait assurer) la rejonction entre des éléments tellement dispersés que certains d'entre eux cessent d'être viables. L'enquête est le moyen spécifiquement humain de restaurer le continuum de l'existence. Sa « matrice existentielle » est de servir les intérêts d'ajustement entre organisme et environnement qui, dans le cas des sociétés humaines, sont susceptibles d'être rendus conscients et objectivés[1].

Dans le cas d'une situation « troublée » ou « douteuse » (terme de Peirce), l'enquête est à la situation problématique consciente ce que l'adaptation est à un environnement dans lequel une variable perturbante s'est introduite. Bien que la question de savoir comment on passe de l'ajustement mécanique des bêtes à l'ajustement réfléchi des hommes ne soit pas clairement tranchée par Dewey, on peut simplement constater que les activités d'ajustement qui sont instinctives pour l'organisme deviennent conscientes et volontaires, relatives au milieu et en même temps téléologiques (en ce sens que l'expérience d'un trouble suscite la formation de fins qui sont projetées en tant que but de résolution d'une difficulté existentielle) : « Les adaptations chez les hommes donnent lieu à la pensée. La réflexion est une réponse indirecte à l'environnement [...] Mais elle a son origine dans le comportement biologique adaptatif et la fonction ultime de ses aspects cognitifs est un contrôle prospectif des conditions de l'environnement. La fonction de l'intelligence n'est donc pas de copier les objets de l'environnement, mais plutôt de prendre en considération la manière dont des relations plus effectives et plus profitables avec ces objets peuvent être établies dans le futur »[2]. La méthode de l'enquête, ou « seule méthode intelligente » pour peu que la signification naturaliste de l'intelligence soit acceptée, ferme immédiatement la route à la démarche finaliste. Loin d'être représentationnaliste, loin d'être sous-tendue par l'effort de penser les choses « telles qu'elles sont », elle fabrique les choses, elle se donne des objets et les met à l'épreuve en tentant de les partager. On reviendra sur ce point.

---

[1] Dewey, *Logic: The Theory of Inquiry* (1938), LW, vol. 12, p. 481.
[2] Dewey, *The development of American Pragmatism* (1925), LW, vol. 2, p. 17.

Bref chez les hommes, l'expérience est l'enquête (*inquiry*), c'est-à-dire ce procédé qui requiert l'intelligence pour que la continuité de l'expérience soit rétablie lorsqu'elle est menacée ou brisée. « L'enquête, écrit Dewey, est une phase de la fonction *générique* qui institue une nouvelle relation entre l'organisme et les conditions de la vie et, comme les autres phases de la fonction, elle est contrôlée par le besoin, le désir et leur satisfaction progressive »[1].

Ainsi, la logique de l'enquête et celle de l'évolution sont hautement compatibles et elles aussi en continuité. La notion d'environnement implique qu'un processus d'adaptation soit distinct d'une conformation passive aux conditions existantes. L'adaptation suppose un ensemble d'activités et de phénomènes ayant leur source dans l'être vivant — qu'il s'agisse pour un mâle de conquérir une femelle, pour une plante de disséminer ses graines, pour un organisme de générer des variations ou mutations, etc. Ces activités et phénomènes ne deviennent significatifs qu'à partir du moment où ils sont utiles (« avantageux ») à la longévité de l'individu, de sa propre vie ou de celle sa descendance.

Il en va de même en ce qui concerne une enquête : les idées directrices, les méthodes utilisées, les abductions, les opérations de vérification, etc., ne sont pertinentes que si elles sont de nature à jouer un rôle actif dans la reconstruction du problème traité. Les données du problème en question, son cadre conceptuel, pratique ou matériel, constituent l'environnement des opérations de sélection, au sens où cet environnement « sélectionne » parmi les opérations celles qui sont pertinentes et fait écarter celles qui ne le sont pas. Une proposition (ou une idée) sans pertinence est celle dont l'usage ne permet pas d'influer sur la situation problématique motivant l'enquête (ou l'effort vital) de sorte à l'unifier, c'est-à-dire de sorte à la reconstruire de telle manière qu'elle en vienne à constituer un matériau pour une enquête ultérieure — critère qui est capital dans le domaine des sciences sociales et des mesures politiques. Les opérations d'enquête sont des activités qui provoquent des changements réels et concrets dans la situation. La conduite est réorientée en fonction de ces changements ou, plus exactement, devrait l'être.

Bref, enquêter, vivre ou s'adapter suppose que l'agent utilise certaines des conditions fournies par la situation comme des moyens ou des ressources d'action. L'environnement est en même temps un champ d'action, un

---

[1] Dewey, *Affective Thought in Logic and Painting* (1926), cité par Deledalle, *L'idée d'expérience dans la philosophie de John Dewey*, Paris, PUF, 1967, p. 138.

ensemble de ressources pour l'action et un ensemble de conditions qui sélectionne les actions possibles[1].

5. La nature sociale de l'enquête et l'importance de Darwin

Ce qui précède permet donc de bien comprendre que le naturalisme de Dewey, parce qu'il est affranchi du finalisme, n'est en rien réductionniste : que les individus doivent s'adapter aux environnements qui sont les leurs ou qu'il soit socialement et techniquement nécessaire de fabriquer des environnements qui assurent aux individus d'y accomplir leur vie ou, à défaut, d'y découvrir des moyens pour rétablir les conditions de leur accomplissement, n'implique en rien que l'homme soit enfermé dans une condition de survie et qu'une vie véritablement humaine, selon l'expression de Aristote, soit introuvable. C'est pourquoi Dewey précise la chose suivante :

« Une ambiguïté liée au mot "naturaliste" est qu'on peut comprendre qu'il implique une réduction du comportement humain à celui des singes, des amibes, des électrons ou des protons. Mais l'homme est *naturellement* un être qui vit en association avec d'autres dans des communautés qui possèdent le langage, et donc profite d'une culture transmise. L'enquête est un mode d'activité qui est socialement conditionné et qui a des conséquences culturelles[2] ».

Le conditionnement social de l'enquête ne signifie pas plus que précédemment que l'enquête soit enfermée dans un petit cercle d'habitudes sociales ou que ses objets s'imposent en vertu de formes sociales impensées. Cela signifie en premier lieu que les enquêtes sont relatives à des situations sociales déterminées. Peirce par exemple étudie l'enquête dans le cadre de la connaissance scientifique en assumant le caractère social du travail scientifique et le caractère cumulatif des connaissances relativement à la constitution d'une communauté scientifique. Mais cela est vrai de n'importe quel domaine de l'existence interhumaine : chaque activité génère des objets et des situations problématiques spécifiques. Le peintre qui équilibre tel rapport entre dessin et couleur produit une enquête relativement à l'achèvement de son tableau et en se mettant aussi en relation avec l'histoire de la peinture, voire avec l'histoire de l'art. Les sciences, les arts, les sports, le ménage et la cuisine, la vie politique bien sûr, sont des activités

---

[1] Sur tous ces points, je me permets de citer mon ouvrage : Zask, (1999). L'opinion publique et son double (2 vol.) : Livre I : L'opinion sondée, Livre II : John Dewey, philosophe du public. Paris, l'Harmattan, Collection "La philosophie en commun".
[2] Dewey, *Logic: The Theory of Inquiry*(1938), LW, vol. 12, p. 26-27.

spécifiques qui débouchent sur des spécialisations et des types de problèmes particuliers. Par conséquent, l'enquête concernant les conséquences de l'enfouissement de déchets radioactifs à telle profondeur et l'adaptation en vue de la survie peuvent bien être continues ; elles n'en sont pas pour autant réductibles l'une à l'autre.

Affirmer que l'enquête est socialement conditionnée signifie par ailleurs que les méthodes, les outils, les ressources, les équipements intellectuels et matériels, bref les moyens qui permettent à un individu d'enquêter effectivement, sont procurés par la communauté. S'il peut contribuer à leur invention, il ne peut les créer à partir de rien. Leur distribution est sociale et leurs conditions d'accès sont tissées dans le mode d'organisation sociale dominant. Il suffit de penser à l'école, à l'apprentissage de la langue nationale, aux conditions d'acquisition des « enseignements de base », ainsi qu'à l'accès à l'information, pour évaluer l'ampleur de la tâche attenante à la distribution des moyens permettant aux individus d'enquêter sur leurs propres conditions d'existence – ce qui les constitue comme citoyens et, corrélativement, comme on l'a vu plus haut, ce qui nous affranchit d'un *telos* ultime et fixe.

Enfin, le conditionnement social de l'enquête signifie que le critère d'accomplissement de l'enquête réside dans le degré auquel l'enquête permet effectivement de reconstruire l'environnement social dont la défaillance a justifié qu'on s'y engage au départ. Le critère de la reconstruction de la communauté s'applique quasiment à toute activité. Plus précisément, il s'applique à toutes les activités relatives à des conséquences intergénérationnelles cumulées, comme dans le domaine des arts et des sciences. Il est vrai que peu d'activités restent en dehors de ce vaste domaine. Il s'applique également aux activités destinées à réguler l'interdépendance involontaire. On ne peut que mentionner ici qu'il s'agit des activités définies par Dewey comme « publiques », c'est-à-dire des activités consécutives au fait que leurs auteurs ont été affectés par « les conséquences indirectes » d'activités menées par d'autres, auxquelles ils n'ont pas pris part, et qui leur apportent un préjudice d'une sorte ou d'une autre[1]. Même sans entrer dans le détail des opérations en cours, il est loisible de constater que ce type d'activités, publiques, est concluant dans la mesure où ceux qui pâtissent des autres parviennent à une situation où ils retrouvent une indépendance par rapport aux troubles qui les frappent et restaurent le continuum de leur existence dans la direction qui leur semble la plus fructueuse. Autrement dit, au niveau des activités publiques comme à celui des activités privées, la fin au sens ultime non seulement est inutile, mais en outre ne pourrait jouer un rôle quelconque qu'en entrant en contradiction

---

[1] Sur le public, voir Dewey, Le public et ses problèmes, traduction et introduction de Zask, Folio, 2003.

avec l' « américanisme », donc avec la conception qui relie la fabrique de l'individualité humaine à l'exploration des possibilités de l'expérience.

En conclusion, la théorie de Darwin a affecté selon Dewey toute la culture scientifique et éthique des temps modernes : « En portant la main sur l'arche sacrée de la permanence absolue, en considérant les formes qui avaient été regardées comme des types de fixité et de perfection comme des formes qui naissent et qui meurent, l'*Origine des Espèces* a introduit une façon de penser qui était finalement obligée de transformer la logique de la connaissance, et de là les conceptions morales, politiques et religieuses »[1] (p. 3).

La théorie de l'évolution devrait donc logiquement conduire à un changement radical de la manière dont la connaissance, sa destination, son objet spécifique et son pouvoir sont conçus : « L'intérêt se déplace de l'essence massive derrière les changements particuliers vers la question de savoir comment des changements particuliers servent ou défont des buts concrets ; il se déplace d'une intelligence qui a donné forme aux choses une fois pour toutes vers les intelligences particulières auxquelles les choses sont maintenant même en train de donner forme ; il se déplace d'un but ultime de bien vers les augmentations directes de justice et de bonheur qu'une administration intelligente des conditions existantes peut apporter et qu'une inattention ou une stupidité présente va détruire ou laisser passer » (p. 11).

Finalement, le fait que les obstacles auxquels la bonne réception du darwinisme s'est heurtée soient moins issus des croyances religieuses que du domaine des sciences et de la philosophie est significatif de l'importance considérable des enjeux culturels dont il est porteur : « Les traits vifs et populaires de la bataille anti-darwinienne ont tendu à donner l'impression que le problème résidait entre la science et la théologie. Tel n'a pas été le cas — le problème résidait avant tout à l'intérieur de la science elle-même, Darwin lui-même l'avait reconnu très tôt […] il posait comme mesure de son succès le degré auquel il pourrait toucher trois hommes de science : Lyell en géologie, Hooker en botanique et Huxley en zoologie » (p. 3-4).

Que le darwinisme ait été l'enjeu d'un changement de logique n'est pas douteux. Qu'il soit pleinement parvenu à un tel résultat, notamment en politique, est bien moins certain.

---

[1] Dewey, *The Influence of Darwinism in Philosophy* (1909), MW, vol. 4.

Cinquième partie

Illustrations

De la politique de mise en valeur à celle du développement économique : Essai d'illustration de l'instrumentalisation de l'évolutionnisme

Pierre Bouopda
Maître de conférences
à l'Université de Valenciennes
et du Hainaut-Cambrésis, Thémos et IDP

Durant les XVIe, XVIIe et XVIIIe siècles, l'Europe occidentale invoque l'importance de la richesse des ressources naturelles du *Nouveau Monde* pour le conquérir, le coloniser et le mettre en valeur, c'est-à-dire l'exploiter. À la fin du XIXe siècle, les puissances européennes subliment les richesses de l'intérieur du continent africain. Imbues des mêmes certitudes et du même absolutisme idéologique, elles reconduisent les principes directeurs du *pacte colonial* d'antan dans leur projet nouveau de mise en valeur de l'Afrique. L'Europe occidentale s'est en effet investie d'une *Mission civilisatrice* sur les peuples du monde. Elle hérite cette prétention du siècle des *Lumières* qui se confond paradoxalement au siècle apogée de la Traite transatlantique. Mais, malgré la complaisance des *Lumières* sur la Traite des Noirs et l'esclavage, les idéaux des *Lumières*, et notamment ceux de Rousseau[1] et de Diderot[2] sur ces sujets, inspirent les mouvements abolitionnistes en Europe à la fin du XVIIIe siècle et au début du XIXe siècle. En définitive, l'Europe met légalement fin à la Traite transatlantique et à l'esclavage dans la

---

[1] « *Ainsi, de quelque sens qu'on envisage les choses, le droit d'esclaves est nul, non seulement parce qu'il est illégitime, mais parce qu'il est absurde et ne signifie rien. Ces mots d'esclaves et droit sont contradictoires, ils s'excluent mutuellement* ». J-J. Rousseau, *Du Contrat social*, Œuvres complètes, Ed. De la Pléiade, vol. I, IV.

[2] « *Cet achat de nègres, pour les réduire en esclavage, est un négoce qui viole la religion, la morale, les lois naturelles et tous les droits de la nature humaine. Il n'y a donc pas un seul de ces infortunés, que l'on prétend n'être que des esclaves, qui n'ait le droit d'être déclaré libre, puisqu'il n'a jamais perdu en vérité la liberté ; qu'il ne pouvait pas la perdre et que son prince, son père et qui que ce soit dans le monde n'avait pouvoir d'en disposer* ». D. Diderot, Encyclopédie, 1765, vol. XVI., p. 532.

première moitié du XIXe siècle^1. Elle conçoit certes désormais que tous les peuples du monde sont constitués d'êtres humains. Mais, imprégnée intellectuellement des questionnements et des enseignements de l'évolutionnisme et du darwinisme naissants, l'Europe décrète dans le même temps que certaines des formations humaines répertoriées dans le monde sont constituées de peuples primitifs qu'il faut éclairer de la lumière des *Lumières* pour leur permettre de progresser rapidement dans l'ordre évolutif universel que certains de ses anthropologues et naturalistes conçoivent et s'efforcent de formaliser à cette époque. C'est cette construction idéologique, de fait largement opportuniste – dans la mesure où elle légitime moralement et *a posteriori* la conquête, la colonisation et l'exploitation de peuples et de territoires lointains –, qui donne au projet colonial européen de la fin du XIXe, sa justification officielle et son caractère historique évolutionniste dont deux des séquences emblématiques sont, dans un premier temps, le passage des autochtones des colonies du statut de *primitif* à celui d'*indigène*, puis dans un deuxième temps, leur passage du statut d'*indigène* à celui de *citoyen* ou d'*évolué*. Sa *Mission civilisatrice* est présentée comme un devoir qu'elle s'assigne ; une exigence intellectuelle, morale, politique, au regard de son altruisme autoproclamé et de la place qu'elle s'attribue au sommet de l'ordre évolutif de l'humanité^2 (J. Ferry [1884], P. Leroy-Baulieu [1891]). Cette *Mission civilisatrice* se concrétise historiquement, entre autres dans les politiques de « mise en valeur » et de « développement économique » que nous nous proposons d'analyser à la lumière de l'évolutionnisme appréhendé comme « *un projet scientifique qui cherche par des méthodes appropriées à reconstituer les grandes lignes d'évolution des sociétés.* » (A. Testart [1992]).

L'usage de l'épistémologie de l'évolutionnisme dans l'analyse économique est antérieur à Darwin [1859]. Dès le début du XIXe siècle, le postulat de l'existence de lois naturelles gouvernant l'évolution – au sens de progrès – des systèmes économiques vers un état optimal est déjà présent

---

^{1} Le Danemark et la Norvège abolissent définitivement la Traite des Noirs en 1802, l'Angleterre en 1807, les États-Unis en 1808/1811, la Suède en 1813, les Pays-Bas en 1814, la France en 1831.

^{2} « *Je répète qu'il y a pour les races supérieures un droit, parce qu'il y a un devoir pour elles. Elles ont le devoir de civiliser les races inférieures...* ». J. Ferry [1884], p. 1661.

« *Une grande partie du monde appartient à des tribus barbares ou sauvages, les unes abandonnées à des guerres sans fins et à des coutumes meurtrières ; les autres connaissant si peu les arts, ayant si peu l'habitude du travail et de l'invention, qu'elles ne savent tirer aucun parti du sol et des richesses naturelles, et qu'elles vivent misérables, par petits groupes disséminés, sur des territoires énormes qui pourraient nourrir à l'aise des peuples nombreux* ». P. Leroy-Baulieu [1891], p. 15.

dans les problématiques soulevées par les fondateurs de l'économie politique de l'époque contemporaine et relatives notamment aux déterminants du progrès matériel des Nations (Adam Smith [1776], Robert Malthus [1798], John Stuart Mill [1871]). L'idée d'un déterminisme positiviste des trajectoires économiques des Nations se retrouve par la suite, avec des déclinaisons et des fondements historiques variables, dans les œuvres de Karl Marx [1867], d'Alfred Marshall [1890], de Thorstein Veblen [1898], de Joseph Schumpeter [1911]... L'économie du développement, entre autres à travers les travaux de Whitman Rostow [1960] sur les différentes étapes de la croissance économique en donne une illustration séduisante dans les années 1960. En 1982, la parution du livre de Richard Nelson et Sidney Winter a ouvert la voie à un renouvellement et une refondation de l'épistémologie de l'évolutionnisme en économie. L'apport de l'histoire dans la compréhension des processus évolutifs en économie est aujourd'hui de l'ordre d'un « fait stylisé ».

Nous nous proposons dans ce texte, et dans une approche descriptive et empirique, d'illustrer l'instrumentalisation de l'épistémologie évolutionniste, à travers l'évocation des fondements historiques des politiques de « mise en valeur » et de « développement économique » conduites par les métropoles européennes dans leurs colonies. Pour ce faire, il est au préalable nécessaire d'évoquer le concept de *pacte colonial* qui historiquement, d'une part, inspire les rapports économiques et commerciaux entre les métropoles européennes et leurs colonies ; et d'autre part, détermine durablement les structures économiques, les rapports et les modes de production dans les colonies. La première partie de ce texte est donc consacrée au rappel des fondements économiques du concept historique de *pacte colonial*. Suit, à travers l'analyse des politiques économiques de mise en valeur et de développement des colonies – dans leur ordonnancement historique –, l'illustration de l'inspiration évolutionniste en œuvre dans ces politiques. Elles se réclament très souvent, comme nous le verrons, de l'épistémologie de l'évolutionnisme qu'on retrouve historiquement dans les sciences de la vie (J.-B. Lamarck [1815], Ch. Darwin [1859]) et en anthropologie sociale (Henry Morgan [1877], Edward Tylor [1865], Herbert Spencer [1900]).

1. Le pacte colonial

Le *pacte colonial* est un concept qui apparaît au XVIIe siècle dans les contextes du mercantilisme économique triomphant et de la colonisation du *Nouveau Monde*.

La doctrine économique du mercantilisme assigne généralement à la politique économique l'objectif final de la possession et la conservation du maximum d'or et d'argent qui forment, aux XVIe et XVIIe siècles, les moyens de paiements internationaux. La richesse des nations se mesure ici à l'importance de leurs stocks de métaux précieux – or et argent. *« Le bien être d'une nation est proportionnel à la quantité de monnaie en circulation »* (H. Henry [1907]). L'enjeu majeur de la politique économique d'une nation est l'accroissement de sa masse monétaire, c'est-à-dire l'accroissement de l'ensemble de ses moyens de paiement. Cela transite, pour les nations européennes à faible potentiel minier, par la réalisation d'excédents commerciaux – *balance du commerce* favorable –, notamment en s'assurant le plus grand nombre de débouchés possibles pour leurs produits manufacturés. Dans cette perspective, la possession de colonies représente un avantage comparatif déterminant. Ce sont en effet des marchés captifs et des gisements de matières premières pour les métropoles. Les recommandations du mercantilisme vont pour cette raison inspirer la politique européenne d'expansion coloniale et l'aménagement des rapports économiques et commerciaux entre les métropoles et les colonies.

« Les colonies sont faites par la métropole, et pour la métropole ».

Cette assertion encyclopédique résume l'esprit du concept de *pacte colonial*.

On attribut généralement la paternité de ce concept à Colbert, le Contrôleur général des finances de France entre 1665 et 1683. Il ne s'agit pas d'un pacte au sens juridique du terme au regard des conditions et des facultés des parties en présence (J. Normand [1900]). Il s'agit d'un certain nombre de règles économiques et commerciales consensuelles censées garantir aux métropoles européennes des *balances du commerce* favorables et l'afflux de moyens de paiements internationaux.

Ces règles sont les suivantes (J. Normand [1900], H. Henry [1907]) :

1. l'exportation des produits coloniaux n'est possible que vers le marché de la métropole ;
2. l'importation des produits étrangers est interdite dans les colonies ;
3. la métropole réserve à ses colonies le bénéfice de l'importation de tous les produits coloniaux ;
4. le pavillon étranger est exclu pour les transports entre la colonie et la métropole et vice-versa ;
5. les colonies ne peuvent manufacturer leurs matières premières.

Au XVIIe siècle, ces règles sont définies par les États européens, mais mises en œuvre par les Compagnies à charte, responsables opérationnels de l'expansion coloniale dans les îles de la mer des Caraïbes et sur l'ensemble du continent américain. L'expansion coloniale ne doit pas grever les finances de la métropole. Ce sont les Compagnies à charte[1] qui prennent en charge l'essentiel des frais afférents à la colonisation du *Nouveau Monde*. Il s'agit de sociétés privées investies, par chartes royales, de certaines prérogatives de puissance publique. Elles peuvent ainsi légiférer, lever des impôts, rendre justice, etc. En contrepartie de cette délégation de puissance publique, elles sont soumises à certaines obligations d'intérêt général qui sont supposées matérialiser la mise en valeur de ces territoires par les métropoles.

Les puissances européennes promotrices de la colonisation du *Nouveau Monde* aux XVIe, XVIIe et XVIIIe siècles, sont celles que l'on retrouve au premier rang dans le mouvement de colonisation du continent africain au XIXe siècle, et durant la première moitié du XXe siècle[2]. Elles reconduisent en Afrique, toutes les modalités du *pacte colonial* qui a régi, quelques siècles plus tôt, les rapports économiques et commerciaux entre l'Europe et l'Amérique. Les clauses écrites et l'esprit du *pacte colonial* inspirent en effet les rapports économiques et commerciaux entre les métropoles européennes et leurs nouvelles colonies africaines. Les Compagnies concessionnaires remplacent les Compagnies à charte. Les premières ont cependant un statut et des missions similaires aux secondes. Ce sont, en effet, les Compagnies concessionnaires qui ont la charge opérationnelle de la politique de « mise en valeur des colonies » en Afrique.

« Il est indispensable d'imiter ce que d'autres puissances n'ont pas hésité à faire à l'égard des sociétés commerciales. L'Angleterre, l'Allemagne, l'Italie, le Congo indépendant, la Hollande ont concédé des chartes à privilèges qui donnent à des sociétés la libre possession de certains territoires avec l'obligation pour elles d'y créer des installations économiques d'une ampleur suffisante ». (E. Etienne [1891]).

Au regard du précédent historique dans le *Nouveau monde*, cette recommandation entérine la même approche mercantile et prédatrice de la colonisation. Cette formule d'exploitation coloniale est en effet conduite par des sociétés qui ont le même esprit mercantile que les Compagnies coloniales à charte du XVIIe siècle, et qui ne perçoivent manifestement pas leurs intérêts propres dans la *Mission civilisatrice* que les pouvoirs publics métropolitains leur assignent à l'époque.

À la fin du XIXe, la Grande Bretagne concède de vastes territoires africains à la *Royal Niger Company* (créée en 1886) et à la *British South African Company* – BSAC (1889) de Cecil Rhodes ; la France concède de vastes territoires africains à la Compagnie du Sénégal et de la Côte occidentale (1881), à la Compagnie Française de l'Afrique Occidentale –

---

[1] La Compagnie des Indes occidentales, la Compagnies des Indes orientales, la Compagnies hollandaise des indes occidentales, etc.
[2] Le Portugal, l'Espagne, la France, le Royaume-Uni, le Danemark, et les Pays-Bas.

CFAO (1887), à la Société du Haut Ogooué – SHO (1893), à la Société Commerciale de l'Ouest Africain – SCOA (1898) ; l'Allemagne concède de vastes territoires africains à la *Deutsche Kolonialgesellschaft für Südwest-Afrika* – DKG (1883), à la *Deutsche Ostafrikanische Gesellschaft* – DOK (1887) ; Léopold II de Belgique concède le Katanga à la Compagnie du Katanga (1890), le Kasaï à la Compagnie du Kasaï (1892) ; etc.

Dans le cas français, les Compagnies concessionnaires reçoivent en 1899 des concessions d'exploitation territoriale d'une durée limitée à 30 ans. Au terme de ce délai, ces Compagnies sont en principe réputées propriétaires des terres effectivement exploitées. Dans les cas britannique et allemand, ce sont très souvent des concessions territoriales pour de plus longues durées, voire à perpétuité.

Ainsi, le *pacte colonial*, inspiré par la doctrine du mercantilisme, structure historiquement et profondément aussi bien les rapports économiques et commerciaux entre les métropoles et leurs colonies que la nature des rapports et des modes de productions en œuvre dans ces colonies. Il apparaît comme la trame historique – au sens de Marx –, c'est-à-dire le fondement des principes qui déterminent les modalités pratiques des politiques coloniales opportunistes de « mise en valeur » et de « développement économique ». Derrière la justification altruiste et morale de l'entreprise coloniale, il y a donc plus banalement l'intérêt mercantile. Mais l'épistémologie de l'évolutionnisme, marquée par les concepts darwiniens de *sélection naturelle* et de *concurrence vitale*, a très souvent été mobilisée dans l'argumentaire des colonistes :

« Ne rusons pas. Ne trichons pas. À quoi bon farder la vérité ? La colonisation, au début, n'a pas été un acte de civilisation, une volonté de civilisation. Elle est un acte de force, de force intéressée. C'est un épisode de combat pour la vie, de la grande concurrence vitale qui, des hommes aux groupes, des groupes aux nations, est allée se propageant à travers le vaste monde. Les peuples qui recherchent dans les continents lointains des colonies et les appréhendent, ne songent d'abord qu'à eux-mêmes, ne travaillent que pour leur puissance, ne conquièrent que pour leur profit. Ils convoitent dans ces colonies des débouchés commerciaux ou des points d'appui politique. De l'aventure engagée, la pensée de civilisation n'est point la promotrice ; elle pourra incidemment accompagner, elle ne dirigera pas l'opération. Qui dit civilisation, dit altruisme, dessein généreux d'être utile au prochain. La colonisation, à ses origines, n'est qu'une entreprise d'intérêt personnel, unilatéral, égoïste, accomplie par le plus fort sur le plus faible. Telle est la réalité de l'histoire ». (A. Sarraut [1931], p. 107-108).

2. La politique de « mise en valeur » des colonies

En 1923, Albert Sarraut, ministre des colonies, publie un ouvrage à succès intitulé *La mise en valeur des colonies françaises*. Dans ce livre, la description de la politique de mise en valeur des colonies suggère leur valorisation économique essentiellement à travers la promotion, dans ces territoires, d'aménagements institutionnels et infrastructurels. Cette approche de la politique de mise en valeur des colonies, qui intègre explicitement le bien-être des populations autochtones, est une innovation dans un contexte où la « Mission sacrée de civilisation » promue initialement par l'Europe est consacrée par la Communauté internationale naissante[1]. Jusque-là, la politique de mise en valeur des colonies se réduit à l'exploitation de leurs ressources naturelles. Les Compagnies à charte et les Compagnies concessionnaires, qui n'ont aucune vocation sociale, et qui supportent l'essentiel des frais financiers et des risques économiques liés à l'expansion coloniale, ne s'implantent pas dans les colonies pour produire des richesses inexistantes. Le *pacte colonial* le leur interdit du reste. Elles sont dans les colonies pour prendre possession des richesses disponibles. C'est une conception prédatrice de la politique de mise en valeur des colonies qu'elles conduisent au nom des métropoles. Cela entraîne, de la part des Compagnies concessionnaires, un service économique minimal et ciblé, avec cependant des exigences importantes de rentabilité à court terme de leurs investissements.

Ce sont les industries extractives, c'est-à-dire les industries d'exploitation des ressources naturelles minérales qui offrent aux Compagnies concessionnaires les meilleurs profils de risque et d'espérance de gain à court terme. Il s'agit en effet, dans ce cas de figure, d'investir dans l'exploration et, en cas de découverte, de mettre en œuvre un processus technique peu coûteux pour déterrer et commercialiser le stock de matière première[2], si la valorisation marchande de la mine recommande son exploitation.

Le respect du *pacte colonial*, dans son esprit et ses clauses écrites, suggère ici de sécuriser les gisements et les voies d'évacuation des matières

---

[1] « *Les principes suivants s'appliquent aux colonies et territoires qui, à la suite de la guerre, ont cessé d'être sous la souveraineté des États qui les gouvernaient précédemment et qui sont habités par des peuples non encore capables de se diriger eux-mêmes dans les conditions particulièrement difficiles du monde moderne. Le bien-être et le développement de ces peuples forment une mission sacrée de civilisation, et il convient d'incorporer dans le présent Pacte des garanties pour l'accomplissement de cette mission* ». Art. 22 - Al. 1, Pacte de la Société des Nations (SDN). Le Pacte distingue ensuite trois catégories de colonies et territoires entre autres sur le critère du « degré de développement » de leurs peuples.

[2] Or, diamant, argent, cuivre, bauxite, fer, charbon, etc.

premières vers les métropoles, et de s'équiper ensuite pour déterrer les « butins » à moindre frais et au plus vite. L'épuisement des gisements consacre l'obsolescence de l'outillage installé à cet effet. Pour les Compagnies concessionnaires en quête de fortune rapide et facile, il n'y a aucune incitation économique à conduire une politique de mise en valeur au sens où Albert Sarraut le conçoit en 1923. C'est l'importance du potentiel minier de la colonie qui détermine les investissements des Compagnies concessionnaires et la nature du mode de production en œuvre dans la colonie. Il apparaît en définitive au début du XXe siècle, que de fait, « les colonies sont faites par les Compagnies concessionnaires, et pour les Compagnies concessionnaires ».

Dans l'entre-deux-guerres, les puissances européennes font le constat de cette « privatisation » du *pacte colonial* qui engendre dans les colonies des rapports de production et des modes de production sous-optimaux en termes de retombées économiques pour les métropoles. Au réel, elles font le constat de l'insuffisance de la mise en valeur des colonies, c'est-à-dire de la sous-exploitation de leurs ressources naturelles. Elles entreprennent de reprendre en main la politique de mise en valeur de leurs colonies. Il s'agit d'y faire évoluer les rapports et les modes de production dans la perspective d'optimiser économiquement leur exploitation. Cela se fait dans un contexte historique de promotion de l'engagement économique et social de l'État en Europe. Le modèle classique de « l'État gendarme » s'enrichit par agrégation progressive des prérogatives de « l'État providence ». Autrement dit, l'État ajoute à ses missions régaliennes dans la diplomatie et la sécurité la fonction de promoteur du développement économique et social. Les conséquences sociales de la Première Guerre mondiale et de la crise économique des années 1920 et 1930 ne sont pas étrangères à cette mutation politique.

Le principe de l'autonomie financière des colonies prévaut lorsque les métropoles européennes reprennent en main la politique de leur mise en valeur dans l'entre-deux-guerres. Autrement dit, malgré l'engagement économique des métropoles, le financement de la politique de mise en valeur des colonies repose sur leurs capacités financières propres. Au regard de celles-ci, c'est une contrainte forte qui compromet la réalisation de la nouvelle politique préconisée. Cette contrainte financière est desserrée par la politique des grands emprunts coloniaux garantis que les métropoles européennes conçoivent et mettent œuvre dans la deuxième moitié des années 1920 et au début des années 1930.

Des projets importants de travaux publics démarrent ainsi dans les colonies durant l'entre-deux-guerres. Ils sont financés sur des ressources d'emprunts des colonies dont les métropoles garantissent les remboursements. Ils s'inscrivent dans des programmes pluriannuels d'équipement des colonies en infrastructures publiques de base qui matérialisent la nouvelle orientation de la politique de mise en valeur conduite par les métropoles[1]. Mais il s'agit aussi, à travers la construction de ports, de voies ferrées, de routes, de ponts… destinés à facilités l'exploitation des ressources naturelles des colonies, de soutenir indirectement l'activité des entreprises métropolitaines dans la conjoncture de crise économique internationale qui culmine à la fin des années 1920 et au début des années 1930 :

« Tous les matériaux à employer pour l'exécution des travaux, ainsi que le matériel nécessaire à l'exploitation des lignes projetées, qui ne se trouveront pas dans le pays ou ne proviendront pas des livraisons, devront être d'origine française et transportés sous pavillon français… »[2].

L'esprit du pacte colonial perdure.

La réalisation de ces programmes de grands travaux publics dans les colonies est très vite contrariée dans les années 1930, d'une part, par l'exacerbation des tensions économiques et politiques en Europe, et d'autre part, par la dégradation des rapports de production dans les colonies.

Au lendemain de la crise boursière d'octobre 1929, et à la suite des changements politiques qui interviennent en Allemagne à partir de 1933, les puissances coloniales européennes s'engagent dans des politiques coûteuses de réarmement qui limitent leurs marges de manœuvre budgétaires. Les projets d'infrastructures publiques de base dans les colonies sont dans ce contexte relégués au second plan.

Par ailleurs, les législations sociales et du travail mises en place dans les colonies, essentiellement pour faciliter leur exploitation, dégradent profondément les rapports de production et les rapports sociaux en général. C'est l'époque du « travail forcé », de l'impôt de capitation, de la réquisition[3]. Ce sont des dispositions exclusivement applicables aux peuples autochtones des colonies et qui leur confèrent, vraisemblablement en raison

---

[1] La Grande-Bretagne adopte la *Colonial Development Act* au mois de juillet 1929. La France adopte les lois d'autorisation des emprunts coloniaux au mois de février 1931.
[2] Art. 7 de la loi d'emprunts relative à l'Afrique Occidentale Française (AOF), le Togo et le Cameroun ; Art. 8 de la loi d'emprunts relative à l'Afrique Équatoriale Française (AEF). Voir JORF n° 47 du mercredi 25 février 1931, p. 2275-2277.
[3] Le régime du « travail forcé » s'apparente à un système d'imposition en nature. Il se traduit le plus souvent par des astreintes de portage et des jours de travail gratuit sur des chantiers de travaux dits d'intérêt collectif. L'impôt de capitation est une somme forfaitaire payée annuellement à l'administration coloniale par toutes les personnes physiques adultes, qu'elles soient actives ou inactives. La réquisition est une forme d'impôt en travail appelé aussi « prestation ».

de la reconnaissance des progrès réalisés dans l'ordre évolutif de l'humanité, le statut plus honorable d'*indigène* par comparaison à celui de *primitif*. Le statut ou la condition d'*indigène* demeure cependant celui d'êtres humains réputés inférieurs, ce qui justifie la particularité des régimes économiques et juridiques applicables aux bénéficiaires de ce statut. Le régime de l'indigénat c'est concrètement l'institutionnalisation de l'arbitraire, de l'injustice et des brimades de toute nature sur les autochtones des colonies qui, impuissants, réagissent très souvent sur le plan économique par l'abandon de leurs postes de travail avec pour conséquence le ralentissement du rythme des travaux sur les chantiers[1] (A. Londres, [1929]).

Aussi, à la veille de la Seconde Guerre mondiale, malgré les aménagements institutionnels et l'existence de programmes d'investissements publics importants depuis de nombreuses années, la politique de « mise en valeur des colonies », version Albert Sarraut, est à peine engagée. Elle est mise entre parenthèses après le déclenchement de la Seconde Guerre mondiale.

3. La politique de « développement économique »

Au lendemain de la Deuxième Guerre mondiale, la politique de « mise en valeur » des colonies est convertie en politique de « développement économique » des colonies[2]. Il s'agit, une fois de plus, du projet d'accélérer la progression des peuples et territoires coloniaux dans une voie historique prédéterminée et énoncée notamment dans la partie de la Charte des Nations Unies consacrée au Régime international des Tutelles[3]. La contribution des

---

[1] « Nous les obligeons à faire des routes ; c'est pour leur bien ; le portage les tue ; les routes faites, ils ne porteront plus. Ils portent toujours ! Où nous devrions travailler à peupler, nous dépeuplons. […] Depuis trois ans :
1. Six cent mille indigènes sont partis en Gold Coast (colonie anglaise) ;
2. Deux millions d'indigènes sont partis en Nigeria (colonie anglaise) ;
3. Dix mille indigènes vivent hors des villages, à l'état sauvage (plus sauvage !) dans les forêts de la Côte d'Ivoire.
Ils fuient :
1. Le recrutement pour l'armée ;
2. Le recrutement pour les routes ou la machine (chemin de fer) ;
3. Le recrutement individuel des coupeurs de bois.
C'est l'exode ! », Londres Albert, [1929], p. 126.
[2] Pour une analyse exhaustive du concept de développement dans une perspective historique, on peut utilement consulter G. Rist [2007].
[3] « *Conformément aux buts des Nations Unies, énoncés à l'Article 1 de la présente Charte, les fins essentielles du régime de tutelle sont les suivantes :*
1. Affirmer la paix et la sécurité internationales ;

colonies à la victoire des Forces alliées en 1945 n'est pas étrangère à ce changement – évolution de la logique de l'exploitation des colonies vers celle de leur développement – qui s'opère dans des conjonctures économiques et sociales difficiles pour les puissances coloniales européennes. La *Guerre froide*, l'inclination impérialiste des États-Unis et de l'Union soviétique, l'irruption du thème de la décolonisation sur la scène diplomatique internationale, incitent aussi les puissances coloniales européennes à inscrire le développement économique et social de leurs colonies dans leur agenda de court terme au lendemain de la Seconde Guerre mondiale. C'est assez audacieux pour des pays qui sollicitent à l'époque, dans le cadre du Plan Marshall[1], l'appui financier des États-Unis pour leurs propres programmes de reconstruction ou de « développement ».

En 1946, la France crée, pour ses colonies, le Fonds d'Investissement et de Développement Économique et Social d'Outre-Mer (FIDES[2]). Ce Fonds est spécialement créé pour financer deux plans quinquennaux[3] (1948-1953 et 1953-1958) comportant de grands travaux d'infrastructures (dans les secteurs des Travaux publics, des Transports, de l'Énergie, des Télécommunications, etc.), des projets industriels et agricoles, des programmes dans les secteurs de l'éducation, la santé, et de la recherche scientifique. Dans le cadre du FIDES, la France mobilise environ 315

---

2. Favoriser le progrès politique, économique et social des populations des territoires sous tutelle ainsi que le développement de leur instruction ; favoriser également leur évolution progressive vers la capacité à s'administrer eux-mêmes ou l'indépendance, compte tenu des conditions particulières à chaque territoire et à ses populations, des aspirations librement exprimées des populations intéressées et des dispositions qui pourront être prévues dans chaque accord de tutelle ;
3. Encourager le respect des droits de l'homme et des libertés fondamentales pour tous, sans distinction de race, de sexe, de langue ou de religion, et développer le sentiment de l'interdépendance des peuples du monde ;
4. Assurer l'égalité de traitement dans le domaine social, économique et commercial à tous les Membres de l'Organisation et à leurs ressortissants ; assurer de même à ces derniers l'égalité de traitement dans l'administration de la justice, sans porter préjudice à la réalisation des fins énoncées ci-dessus, et sous réserve des dispositions de l'Article 80 ». Art. 76, Chap. XII : Régime International des Tutelles, Chartes des Nations Unies.
[1] Entre avril 1948 et juin 1951, la France, le Royaume Uni, l'Italie, la République fédérale d'Allemagne, l'Autriche, les Pays-Bas, la Belgique, le Luxembourg, la Suisse, le Danemark, la Grèce, l'Irlande, l'Islande, la Norvège, la Suède, le Portugal, et la Turquie sollicitent et reçoivent des États-Unis un appui financier global d'environ 13 milliards de dollars de l'époque ($\approx$ 100 milliards de $ actuels) pour leur reconstruction, dont 11 milliards sous la forme de dons.
[2] Le FIDES est remplacé en 1954 par le Fonds d'Aide et de Coopération (FAC).
[3] La Belgique adopte quelques temps après un plan décennal (1949-1959) de développement pour le Congo belge.

milliards de francs entre 1946 et 1955 pour ses colonies et les territoires sous son administration – Territoires sous tutelle. (R. Hoffherr [1958], p. 59).

En 1946, la Grande Bretagne réactualise la *Colonial Development and Welfare Acts* votée en 1940. Cette loi succède à la *Colonial Development Act* votée en 1929. Le *Colonial Development and Welfare Fund*, institué par la loi britannique s'apparente au FIDES dans le cas français. Entre les années 1946 et 1956, le *Colonial Development and Welfare Fund* mobilise environ 72 millions de livres sterling pour les colonies britanniques et les territoires sous son administration. (L. Carlos [1996], p. 60-82).

La dimension sociale est dorénavant explicitement mentionnée dans les Fonds publics et les Programmes gouvernementaux destinés au développement économique et social des colonies (Fonds d'Investissement et de Développement Économique et Social, *Development and Welfare Fund*). Toutes ces initiatives étatiques indiquent un changement de paradigme dans l'approche économique de l'expansion coloniale européenne. Les puissances coloniales admettent désormais que les politiques de « mise en valeur » des colonies fondées sur des rapports et des modes de production inspirés du *pacte colonial* et du régime de l'indigénat sont économiquement contreproductives. Enclencher et entretenir, par des investissements publics importants, une dynamique d'accumulation de capital et de diversification industrielle au niveau local est à terme économiquement plus profitable. C'est une révision importante de la doctrine du mercantilisme inspiratrice du *pacte colonial*. Pour Gilbert Rist, la formulation synthétique de cette nouvelle approche en termes de développement économique et social des colonies est faite par le président américain Harry Truman dans le point IV de son « Discours sur l'état de l'Union », discours prononcé le 20 janvier 1949 devant le Congrès des États-Unis :

« Quatrièmement, il nous faut lancer un nouveau programme qui soit audacieux et qui mette les avantages de notre avance scientifique et de notre progrès industriel au service de l'amélioration et de la croissance des régions sous-développées. Plus de la moitié des gens de ce monde vivent dans des conditions voisines de la misère. Leur nourriture est insatisfaisante. Ils sont victimes de maladies. Leur vie économique est primitive et stationnaire. Leur pauvreté constitue un handicap et une menace, tant pour eux que pour les régions les plus prospères. Pour la première fois de l'histoire, l'humanité détient les connaissances techniques et pratiques susceptibles de soulager la souffrance de ces gens…

Ces développements économiques nouveaux devront être conçus et contrôlés de façon à profiter aux populations des régions dans lesquelles ils seront mis en œuvre. Les garanties accordées à l'investisseur devront être équilibrées par des garanties protégeant les intérêts de ceux dont les ressources et le travail se trouveront engagés dans ces développements. L'ancien impérialisme, l'exploitation au service du profit étranger n'a rien à voir avec nos intentions. Ce que nous envisageons, c'est un programme de développement fondé sur les concepts d'une négociation équitable et démocratique.

Tous les pays, y compris le nôtre, profiteront largement d'un programme constructif qui permettra de mieux utiliser les ressources humaines et naturelles du monde. L'expérience montre que notre commerce avec les autres pays s'accroît au fur et à mesure de leurs progrès industriels et économiques ». (G. Rist [2007], p. 130-132).

Ce texte suggère implicitement la fin du colonialisme, l'avènement de l'indépendance politique des colonies, et la conquête par les autochtones du statut de *citoyen* ou d'*évolué*[1]. Il suggère aussi explicitement l'abandon de la logique prédatrice du *pacte colonial* :

« Notre but devrait être d'aider les peuples libres du monde à produire, par leurs propres efforts, plus de nourriture, plus de vêtements, plus de matériaux de construction, plus d'énergie mécanique afin d'alléger leurs fardeaux ». (G. Rist [2007], p. 130-132).

Cet objectif répond explicitement à des préoccupations économiques et politiques et non aux nécessités morales d'une *Mission civilisatrice*. Il faut promouvoir, au niveau mondial, la paix et les bienfaits du « monde libre », par opposition aux méfaits du « monde communiste ». Dans cette perspective, les États-Unis prônent dans ce texte un renforcement de la coopération économique internationale « *au service de l'amélioration et de la croissance des régions sous-développées.* » Il s'agit plus précisément, avec la proclamation audacieuse d'un « partenariat » équitable et mutuellement profitable entre les « pays développés » et « sous-développés », de mobiliser des ressources humaines, financières et technologiques dans les « pays développés » pour aider à l'accélération du développement économique et social dans les « pays sous-développés ». De fait, également inspirés par l'épistémologie évolutionniste, les États-Unis substituent, de façon tout aussi opportuniste, le concept « d'aide au développement » des régions dites « sous-développées », à celui de « mise en valeur » des colonies ; ou mieux encore, ils substituent le thème de la « *Mission de développement économique et social* », à celui de la *Mission civilisatrice*. C'est, selon l'expression de Gilbert Rist, « L'invention du développement. » (G. Rist [2007], p. 115-132)

---

[1] Après la Seconde Guerre mondiale et avant les indépendances africaines, le terme *évolué* désigne, dans les colonies, les autochtones ayant quasiment les mêmes droits sociaux et politiques que les européens. Ce sont les autochtones anciens combattants, des auxiliaires de l'administration coloniales, etc.

Dans son texte, le président Truman assigne aux Nations Unies et à ses institutions spécialisées un rôle de locomotive dans cette campagne internationalisée de développement économique et social. Dès 1949, les Nations Unies mettent sur pied, à l'intention des « pays sous-développés », un Programme élargi d'assistance technique financé par un Fonds alimenté par des contributions volontaires de ses membres. En 1956, la Banque mondiale crée la Société financière internationale (SFI) pour stimuler les investissements privés dans les régions sous-développées. Quatre ans plus tard, elle crée l'Association internationale pour le développement (AID) chargée d'octroyer des prêts à des taux concessionnels aux « pays sous-développés ». Au début des années 1960, la Conférence des Nations unies sur le Commerce et le Développement (CNUCED, 1964), et le Programme des Nations Unies pour le Développement (PNUD, 1965), qui sont des organismes d'appui et d'assistance technique, viennent compléter le dispositif international d'aide au développement. L'objectif de la CNUCED est à l'époque d'aider au développement économique des « pays sous-développés » en négociant les conditions favorables à leur insertion dans le commerce mondial. Le PNUD apparaît à l'époque comme un organisme d'assistance ou de coopération technique internationale.

Le mouvement international de substitution des politiques de « développement économique et social » à celles de « mise en valeur » permet fondamentalement de refonder empiriquement l'évolutionnisme admis en science économique sur des concepts mesurables. En économie, on est en effet dans une matière où le souci de l'évaluation quantitative, qui confère une apparence scientifique – au sens des sciences dites exactes –, est aussi bien un usage consacré qu'une exigence paradigmatique. Comme le dit si bien Gilbert Rist, « *l'ère du « développement » est aussi celle de l'avènement généralisé de l'espace économique, à l'intérieur duquel, l'accroissement du PNB constitue l'impératif majeur* » (G. Rist [2007], p. 132). Autrement dit, dans l'ère contemporaine du « développement », le « taux d'évolutionnisme », que les économistes évolutionnistes ne devraient pas tarder à concevoir et à chiffrer, devrait logiquement être fortement corrélé au taux de croissance économique mesuré statistiquement par le taux de croissance du Produit National Brut (PNB). L'indice de développement humain (IDH) calculé par le PNUD répond sans doute d'ores et déjà à cette préoccupation.

Depuis le début du XIXe siècle, les dirigeants des grandes puissances économiques instrumentalisent l'évolutionnisme pour justifier moralement les politiques d'expansion coloniale. Cette réalité alimente un procès tenace en « collusion avec le colonialisme » contre l'évolutionnisme (A. Testart [1992]).

Évoquant les motifs de l'établissement de colonies européennes dans le *Nouveau Monde*, Adam Smith écrit ceci dans la *Richesse des Nations* : « *Ce fut donc un projet de commerce aux Indes orientales qui donna lieu à la première découverte des Indes occidentales. Un projet de conquête donna lieu à tous les établissements des Espagnols dans ces contrées nouvellement découvertes. Les motifs qui les portèrent à entreprendre ces conquêtes, ce furent des projets d'ouvrir des mines d'or et d'argent ; et une suite d'événements qu'aucune sagesse humaine n'aurait pu prévoir rendit ces projets beaucoup plus heureux, dans leur issue, que les entrepreneurs ne pouvaient raisonnablement l'espérer* ». (Adam Smith [1776], Livre IV., Chap. VII., p. 136). Pour Smith, comme pour la plupart des économistes de la fin du XVIIIe siècle et du début du XIXe siècle, le mercantilisme est à la source du projet colonial européen. Cette doctrine économique a en effet largement inspiré le *pacte colonial* dont la finalité était de garantir aux puissances coloniales la plus grande part des retombées économiques dans l'exploitation des ressources naturelles de leurs colonies. Telle a toujours été la principale motivation de toutes les politiques mises en œuvre par les métropoles européennes dans leurs colonies. C'est une motivation économique intelligible dans la rationalité de l'*Homo Economicus*. On retrouve aujourd'hui la même motivation économique dans les projets ou les programmes de « mise en valeur » des régions arctiques de la Sibérie, de l'Amérique du Nord et du Groenland, habitées par les Inuits, peuples autochtones. Durant le XIXe siècle, la motivation de l'intérêt mercantile, fondé sur la rationalité de l'*Homo Economicus* heurte sans doute les consciences européennes façonnées par la philosophie des *Lumières*. Le recours à la rhétorique de l'évolutionnisme apaise alors les consciences à l'époque. L'exploitation des ressources minières, gazières, et pétrolières des régions arctiques du pôle nord est aujourd'hui bien engagée. De nombreux programmes d'aides au développement économique et social des Inuits, financés entre autres par les « Compagnies concessionnaires » de l'époque contemporaine, sont en ce moment à l'œuvre. Personne ne songe aujourd'hui à convoquer l'évolutionnisme à l'appui de leur justification. Les esprits et l'évolutionnisme ont en effet évolué au fil de l'histoire.

Références bibliographiques

Bouche Denise [1991], *Histoire de la colonisation française*, Tome second, Fayard.

Bouopda Pierre [2010], *Les handicaps coloniaux de l'Afrique noire*, L'Harmattan.

Darwin Charles [1859], *L'origine des espèces au moyen de la sélection naturelles, ou La lutte pour l'existence dans la nature*, Traduit de l'édition anglaise définitive, Alfred Costes Éditeur, Paris 1921, Collection « Les Classiques des sciences sociales », 2006.

Eugène Etienne [1891], Sous-secrétaire d'État au ministère des Colonies, Extrait du Discours devant le Conseil Supérieur des Colonies, 21 janvier 1891. Cité dans René Hoffherr [1937].

Ferry Jules [1884], JO, Débats parlementaires, Chambre des députés, séance du 28 juillet 1884, p. 1661, colonne 3. Cité dans Bouche Denise, 1991, p. 55.

Helly Henry [1907], *L'idée du Pacte colonial d'après Colbert*, Thèse de doctorat, Faculté de droit de l'Université de Paris.

Hoffherr René [1937], Les compagnies à charte comme instruments de mise en valeur de l'Afrique, *Politique étrangère*, Année 1937, Vol. 2, n° 2, p. 162-176.

Hoffherr René [1958], *Coopération économique franco-africaine*, Sirey.

Lamarck Jean-Baptiste [1815], *Histoire naturelle des animaux sans vertèbres*, Verdière, Libraire, Paris, Tome 1.

Leroy-Beaulieu Paul [1891], *De la colonisation chez les peuples modernes*, 4e Ed., p. 15.

Londres Albert [1929], *Terre d'ébène – La Traite des Noirs*, Albin Michel.

Lopes Carlos [1996], La coopération technique, concept marqué par l'Histoire, *Politique africaine*, n° 62, Juin, p. 60-82.

Morgan Henry [1877], *Ancient Society, or Researches in the Line of Human Progress from Savagery, through Barbarism to Civilization*, London, Macmillan and Co.

Normand Jean [1900], *Le pacte colonial*, Thèse de doctorat, Faculté de droit de l'Université de Paris.

Richard R. Nelson & Sidney G. Winter [1982], *An Evolutionary Theory of Economic Change*, Cambridge (MA), The Belknap Press of Harvard University Press.

Rist Gilbert [2007], *Le développement, histoire d'une croyance occidentale*, Presses de la Fondation Nationale des Sciences Politiques.

Sarraut Albert [1931], *Grandeur et Servitude coloniales*, Ed. du Sagittaire.

Sarraut Albert [1923], *La mise en valeur des colonies françaises*, Paris, Payot et Cie.

Schumpeter Joseph [1911], *Théorie de l'évolution économique, Recherches sur le profit, le crédit, l'intérêt et le cycle de la conjoncture*, Traduction française 1935, Collection « Les Classiques des sciences sociales », 2002.

Smith Adam [1776], *Recherches sur la nature et les causes de la richesse des nations*, Trad. Germain Garnier, 1881, Collection « Les Classiques des sciences sociales », 2002.

Spencer Herbert [1900], *Les premiers principes*, Traduit de la 6e Ed., Alfred Costes Éditeur, Paris 1920, Collection « Les Classiques des sciences sociales », 2006.

Testart Alain [1992], La question de l'évolutionnisme en anthropologie sociale, *Revue Française de Sociologie*, 33-2, p. 155-187.

Tylor Edward [1865], *Researches into the early history of mankind*.

Veblen Thorstein [1898], Why is Economics not an Evolutionary Science?, *The Quarterly Journal of Economics*, Vol. 12, No. 4., Jul.

Le portrait monétaire antique et le revers de la médaille : Histoire, évolution et catastrophes

Alain Jenny

Notre réflexion a pour objet la mise au jour d'un processus évolutif observable dans l'organisation des symboles qui ornent les monnaies de l'Antiquité grecque à partir, grossièrement dit, des guerres alexandrines. Cette mise en mouvement de l'espace symbolique monétaire vient déranger l'immobilité iconique qui reflétait sur les documents monétaires l'esprit, comme *immortel,* des Cités aux époques archaïque et classique. Issues d'un trouble fondateur, de l'inhomogénéité et de l'hybris, bref d'une catastrophe, les séquences qui vont rythmer ensuite l'enchaînement des séries monétaires hellénistiques feront un accompagnement décalé mais fidèle au déroulement des faits historiques qui ont marqué l'Antiquité tardive. Tout un pan du devenir historique – par définition imprévisible – s'est trouvé de la sorte éclairé, ou plutôt réfléchi, par l'existence d'enchaînements symboliques de type évolutif – affectés par définition d'un coefficient élevé de prévisibilité. L'algorithme générateur de ces séries monétaires a gravé ses régularités dans un univers symbolique qui se déploie parallèlement à une histoire avec laquelle il entretient un rapport complexe, fait tout à la fois de dépendance et d'autonomie, de vérité et de mensonge.

Un survol, même rapide, de la numismatique grecque très ancienne fait apparaître deux groupes monétaires relativement homogènes, qui correspondent plastiquement à ces « *deux formes mères du monde ancien* » que sont la cité et l'empire, selon la formule de Pierre Manent[1]. On en est peu surpris : art mineur par excellence, très perméable au politique, la gravure monétaire reproduit fidèlement, jusque dans l'excès publicitaire, l'état de choses constitutionnel d'une époque donnée. Le premier ensemble regroupe ce qu'on a coutume d'appeler les *monnaies civiques*. Le second est constitué par les monnaies dites *royales* et *impériales*.

---

[1] Voir Pierre Manent, *Les Métamorphoses de la Cité, Essai sur la dynamique de l'Occident*, Flammarion, 2010, p. 131.

Ces dernières sont reconnaissables aux séries de portraits monétaires qui font presque tout l'ornement de leurs avers à l'époque hellénistique. Elles diffèrent entre elles comme peuvent différer entre eux les visages humains, c'est-à-dire beaucoup en apparence et assez peu en réalité[1]. Les différences, qui sont individuelles et non de genre, sont subsumées sous la série. A cette relative stabilité faciale correspond, au revers, une variabilité en quelque sorte *mécanique,* qui inscrit ce genre monétaire dans la durée historique par de progressifs ajouts épigraphiques et symboliques. Mais, avec le temps, ces modifications souterraines répétées finissent par emporter l'avers dans l'aventure du changement. Cette révolution iconographique et sémantique est le produit de transformations graduelles qui, peut-être plus encore qu'aux changements de monarque, s'opèrent dans les milieux de règne, aux occasions commodes que fournit le remplacement d'un coin monétaire brisé ou simplement usé.

De leur côté, les monnaies civiques se signalent surtout par la gracieuse et presque infinie diversité de leurs types. L'hétérogénéité géographique observée dans le détail est le moteur immobile, la cause paradoxale de ce qui fait l'homogénéité historique de l'ensemble. L'autre caractéristique des monnaies civiques est en effet la permanence de chaque motif originaire dans la durée historique. Aux changements de styles, aux grandes révolutions esthétiques, les sujets peuvent être dégrossis, déliés, rendus plus élégants, voire affaiblis, mais non changés. Cela fait de ce pan de la numismatique grecque le très riche conservatoire de la fraîcheur créative dont tout début porte la marque divine. On suit sans se lasser, de siècle en siècle, les mêmes scènes agonistiques, on admire les mêmes émouvantes nymphes, on regarde sourire les mêmes divinités poliades. Mais on sent aussi, derrière ces mises en scène mythologiques ou bucoliques, la poussée du même élan civique.

La vérité des monnaies civiques s'atteint en quelque sorte dans le tumulte identitaire de l'instant totalement vécu, que l'on veut éternel[2]. Cette absolutisation du temps présent fait que la vérité des monnaies civiques se rejoint aussi dans un certain repos, dont on a fixé le symbole de manière à ne pouvoir rien y ajouter ou retrancher. Par contraste, la vérité des monnaies royales et impériales se construit dans la durée, biologiquement, par

---

[1] Ainsi arrive-t-il à Goethe d'évoquer, dans un passage souvent cité de son *Voyage en Italie*, ces « monnaies d'empereurs où le même profil est répété jusqu'à l'écœurement... »

[2] On sait combien Hannah Arendt avait à cœur d'entrelacer le thème de la *vita activa* – de l'action politique – à celui de la quête d'un dépassement de soi civique où l'on voit une forme d'éternité comme attirée sur terre et apprivoisée : Hannah Arendt, *Condition de l'homme moderne*, traduction française par Georges Fradier, Calmann-Lévy, 1961.

génération de séries dynastiques. Cette manière d'engendrement de l'histoire politique vise aussi une forme d'immortalité. Mais elle pense l'atteindre plus sûrement par étirement indéfini du temps que par intensification de l'instant.

Une monnaie royale ou impériale isolée peut certes délivrer un message politique intéressant, mais incomplet, au contraire de chaque monnaie civique, qui se suffit à elle-même. Le principe de son dépassement est compris dans chaque document monétaire, dont les visées se devinent aux chevauchements des thèmes affichés. Chaque pièce de monnaie appartenant au genre royal est comme une pièce de domino, qui est faite de deux emprunts – à ce qui la précède et à ce qui la suit. Il faut, pour comprendre les *monnaies dynastiques,* en considérer les séries complètes, qui seules forment des unités totalement significatives, donc totalement déchiffrables. Une émission isolée peut être liée à une ambition personnelle et son enjeu n'avoir d'horizon apparent que tactique. L'ensemble dynamique que constitue une chaîne monétaire légitimatrice complète correspond toujours à une visée stratégique, à laquelle participe chaque chaînon personnel, entraîné malgré lui au-delà des intérêts de l'instant. La démocratie s'accomplit dans l'Instant, qu'elle fait historique par débordement et rayonnement ; la monarchie se réalise dans l'Histoire, dont elle remplit chaque instant depuis un lieu total qui l'anticipe et l'englobe.

Les conquêtes alexandrines inaugurent, en même temps qu'une ère historique nouvelle, un cycle monétaire mouvementé dont le succès, en un sens *mondial,* va entraîner l'effacement progressif des monnaies civiques et empiéter sur le domaine des monnaies orientales, troublant ainsi deux immobilités. Mais, en dépit du succès invasif des séries monétaires hellénistiques, qui produisent par leur allongement une manière d'autolégitimation croissante, l'enracinement symbolique des monnaies dynastiques risque, à l'arrière, de paraître peu assuré. Rien ne garantit en effet que la question de leur légitimation puisse se résoudre dans la seule récurrence, par perpétuel emprunt au futur. Le problème des monnaies dynastiques reste, derrière l'artifice, celui de l'origine. C'est là et nulle part ailleurs que se trouve le tuf symbolique dans lequel sont enfouis les germes du prestige et de la légitimité. L'autorité se confirme monétairement comme conservation et accroissement de l'*archê*, que met en scène l'inflation épigraphique et iconographique sur le flan élargi des monnaies de *nouveau style*. Le reste est réglé de façon *pragmatique*, au sens philosophique fort du terme, comme l'ont compris les défenseurs conséquents de la monarchie héréditaire.

Mais qui affirme que les monnaies hellénistiques aient pâti à leur naissance d'un déficit symbolique tel qu'il parût nécessaire d'emprunter toujours au futur ? En réalité, elles ont plutôt souffert d'une manière d'excès. Pas moins de deux fées puissantes se sont penchées sur leur berceau. Les débuts géopolitiques du monnayage hellénistique se situent en effet à l'intersection de deux mondes, entre deux modèles assez bien fixés, bref entre *deux formes mères*, pour reprendre la formule de Pierre Manent : la Cité-Etat hellénique et les Empires orientaux. Chacun de ces mondes, ferme et dense en son centre, où est inscrit le principe de sa conservation, s'avoue inhomogène et instable à sa périphérie, volontiers ouverte sur l'extérieur. C'est ainsi que La Macédoine, petite monarchie tribale serrée entre ces deux mondes, s'est trouvée au contact de deux périphéries très poreuses. Elle a subi par là une double influence naturelle qui lui a permis d'emprunter à la Grèce ses dieux et sa tradition monarchique à l'Orient. Le principe du changement était inscrit en elle comme en ses sœurs faubouriennes disposées aux limites du monde grec, le dos frotté au crin de la barbarie périphérique.

Ce métissage culturel, en fait théologico-politique, aura son reflet monétaire dans la tension symbolique qui commande les évolutions internes au monnayage hellénistique. Les grandes monarchies post-alexandrines, héritières du monnayage tribal macédonien, vont ainsi bénéficier de l'introduction d'une manière d'algorithme, responsable de la constitution des chaînes de légitimation à quoi tendent les séries monétaires à l'époque hellénistique. On pourra admirer sur une même monnaie, de part et d'autre du disque monétaire, des éléments religieux empruntées à l'ancienne tradition grecque et, pour la première fois, les portrait monétaires reconnaissables de monarques vivants.

Il est assez divertissant en soi, mais non pas surprenant, que les monnaies dynastiques de l'époque hellénistique aient emprunté le plus gros de leur matériel symbolique aux monnaies civiques. On ne peut voir sans jubilation *spinozienne* apparaître, prudemment, sur les documents monétaires, certains rappels d'exploits personnels, puis le nom, puis enfin le portrait de monarques en quête de légitimité, adossés à la représentation de divinités grecques, quand le premier emploi de ces dernières fut, précisément, d'assurer la défense des cités démocratiques contre toute forme d'ambition personnelle. Les dieux de l'Olympe, en effet, divinités poliades, se sont longtemps tenus en position d'appui, comme pour garantir les effets salutaires de l'ostracisme et du *graphé paranomon* : seuls les dieux sont grands !

En un mot, le symbole légitimateur qui fait grandir la dynastie se trouve être le même que celui qui défendait la démocratie contre le danger dynastique… Comment parler alors du portrait monétaire en ignorant ou en minimisant l'importance de l'ordre symbolique qu'il vient exploiter en même temps qu'il bouscule l'idéal politique qui lui correspondait ? Si on ne veut pas manquer ce que le portrait veut dire, il faut d'abord enquêter sur ce qu'il fait taire ou mentir en le mettant au service de sa gloire. Bref, il faut commencer par examiner le revers de la médaille.

Ce que le portrait fait taire ou mentir, le revers de la médaille, est l'expérience démocratique qui a pour cadre la cité. Le portrait monétaire existe sous les traits du visage humain immédiatement reconnaissable qui s'oppose à ce qui n'est pas lui, c'est-à-dire à quelque chose de très profond, très fragile, très difficilement conceptualisable et représentable, dont il constitue la négation absolue, et n'est autre au fond que l'essence même de la politique. Le portrait, qu'il soit impérial, royal ou satrapique, que son menton soit lourd, humain à l'excès, ou même levé avec hauteur, divinisé, retournant à l'anonymat, exprime le rejet de ce que continue de résumer pour nous le terme de Polis. Il s'impose comme la surfrappe offusquante venant abolir le système équilibré des symboles qui incarnaient un idéal social et politique qui, par-delà les siècles, nous reste très proche et très précieux.

Il faut maintenant prendre un recul suffisant pour ne pas se rendre victime d'un effet d'optique très répandu. Quelques pas en arrière suffisent à faire apparaître combien il serait faux de voir dans la généralisation du modèle impérial ou royal un retour à la normale qui remettrait à sa modeste place une exception fugitive, un accident historique. Si on se donne la peine, comme y invite, par exemple, Jean Baechler, de considérer l'aventure humaine dans sa totalité quarante fois millénaire, alors en effet la démocratie s'impose comme « le régime politique naturel de l'espèce Homo sapiens sapiens »[1]. Dans cette perspective rétablie, l'apparition du portrait monétaire constitue toujours, au sens que donne René Thom à ce terme, une *catastrophe*. Nous voudrions montrer ici que cette catastrophe est tout à la fois une catastrophe monétaire – au sens où la monnaie, l'argent, est à la fois Münze et Geld –, politique et esthétique. Nous voudrions aussi montrer que ces trois catastrophes n'en font qu'une seule, une catastrophe trinitaire, en quelque sorte *nomique*, constitutive et constitutionnelle. Nous voudrions enfin montrer que, pour cette raison même, le portrait monétaire ne pouvait trouver un appui symbolique ailleurs que dans les monnaies civiques, qui participaient déjà au genre du portrait, puisqu'elles n'ont jamais prétendu, au fond, qu'à être des *portraits de cité*.

Un mot d'abord sur ce qu'est une catastrophe dans la théorie de Thom, complétée et popularisée par Zeeman : « une catastrophe est un phénomène bien visible, une discontinuité observable »[2]. Des changements discrets, des modifications mineures, en général, ne suffisent pas à faire une catastrophe, mais participent à l'évolution normale d'un système, qui reste d'ordinaire de nature purement quantitative. Mais il arrive aussi, dans certains contextes,

---

[1] Jean Baechler, *démocraties,* Calmann-Lévy, collection : liberté de l'esprit, 1985, p. 19.
[2] René Thom, *Paraboles et catastrophes,* Champs Flammarion, 1983. On se reportera surtout à : *Apologie du logos*, collection Histoire et Philosophie des Sciences, Hachette, 1990.

que de petites variations finissent par provoquer de véritables ruptures avec une situation passée. Une catastrophe s'entend alors d'un « saut brusque » correspondant à une mutation qualitative qui s'origine dans une « morphologie locale fluctuante ». Bref, ce qu'on appelle catastrophe se produit quand « un modèle de déploiement stable » ne se montre plus capable de « résister à de petites perturbations ». Techniquement, une situation peut être dite *catastrophique* si, dans l'espace constitué par une sphère de rayon minuscule, des points très voisins tendent à différer qualitativement entre eux.

Un des intérêts de la théorie des catastrophes est d'aider à repérer et définir ces seuils au-delà desquels une situation devient instable, là où une bifurcation peut, en se produisant, engendrer un autre monde. Il s'agit, si on a bien compris, de rendre certaines situations révolutionnaires intelligibles, sachant du reste que, de l'avis même de son concepteur, ce modèle, normalement adapté à l'explication des phénomènes physiques, chimiques ou biologiques, est également applicable aux phénomènes sociétaux. L'autre intérêt de cette théorie est la réconciliation qu'elle favorise entre l'aristotélisme et la mathématique, entre le monde des significations et le monde des enchaînements aveugles.

Soit donc à considérer le *mode d'existence* des documents monétaires en tant que tels, un peu de la façon dont Gilbert Simondon envisage le *mode d'existence des objets techniques*, c'est-à-dire comme le résultat d'un processus d'*individuation*, qui est source d'une coévolution avec le milieu dont ils sont issus par différenciation et avec lequel ils continuent de faire système[1]. Cette perspective peut aider, en complément de celle ouverte par René Thom, à considérer tel document monétaire tout à la fois dans son ouverture à l'influence de son environnement politique et dans l'indépendance relative du processus transformateur qui en affecte le devenir iconique. La théorie des catastrophes, utilisée certes de manière un peu sauvage, peut aider à montrer comment l'espace exigu que constitue le flan monétaire, où s'observait un équilibre harmonieux pendant l'époque classique, qu'il s'agisse d'ailleurs de monnaies civiques ou des monnaies impériales, est devenu le lieu d'une lutte concurrentielle entre symboles rivaux à l'époque hellénistique.

Un champ morphogénétique est engendré, dit la théorie, par le conflit de deux attracteurs. La Polis et l'Empire ont joué ce rôle d'attracteurs antagonistes. Ils ont engendré par le fait, dans le petit royaume de Macédoine puis dans les Royaumes hellénistiques, la situation symboliquement instable qui a favorisé les bifurcations et les catastrophes

---

[1] Voir Gilbert Simondon, *L'individuation à la lumière des notions de forme et d'information*, Collection Krisis, Millon, 2005.

qui nous intéressent ici. Mais le champ morphogénétique dont nous parlons est à la fois économique, politique et esthétique, et nous voudrions montrer que les bouleversements subis l'ont été dans ces trois dimensions étroitement solidaires.

Vouloir déchiffrer notre sujet sous le prisme monétaire oblige, c'est le moins, à prendre pour départ ce dont « *monnaie* » est le nom. Le mode d'existence le plus immédiat de la monnaie consiste dans la matérialité – étroite et joufflue comme étaient les oreillers de notre enfance – du globule monétaire, au moment des émissions les plus primitives. Dans un premier temps, les monnaies grecques ont été, par le fait d'une limitation technique, monofaces. On les reconnaît au symbole unique qu'elles portent au droit, le revers n'ayant reçu que l'empreinte du poinçon grossier dont la fonction est de repousser le métal dans la matrice informante : le coin dormant est le seul à donner une forme signifiante à telle monnaie. Par la suite, une simple marque de forme géométrique, de plus en plus maîtrisée, continuera de figurer au revers pendant toute la période archaïque. Mais l'état de choses symbolique restera le même. Les monnaies, comme ramassées sur elles-mêmes, compactes et dures comme un poing, ne seront capables de délivrer qu'un seul message, un message identitaire obligé à la même densité qu'un message publicitaire : une tortue marine indiquera, sans plus, qu'une monnaie est d'Egine, le célèbre poulain apprendra qu'elle a été frappée à Corinthe, le Dauphin à Messine, le bouclier en Béotie, le lion terrassant un taureau à Acanthe, le griffon à Abdère... L'étroitesse du support oblige à la litote, au slogan unique, ramassé sur soi, simple comme un commencement.

Le principe restera le même pour les grandes monnaies incuses de haute époque, produites en Italie du sud. Le bœuf symbolise Sybaris, l'épi Métaponte, Poséidon Poseidonia, le tripode Crotone... Mais il y a davantage : le motif qui apparaît en relief au droit vient s'inscrire en creux au revers, comme emboîté dans son modèle original, réitérant le signal simple qui annonce l'identité du document monétaire. Il n'y a plus seulement icône mais réplication, multiplication spéculaire du même. L'identité est, essentiellement, ce qui se répète dans la durée, mais aussi adéquation à soi-même dans l'équilibre. La monnaie se montre telle qu'en elle-même, c'est-à-dire identique à soi en même temps qu'identique au peuple qu'elle met en adéquation avec lui-même, dans l'immobilité du geste qui scelle sa double fidélité. La traduction monétaire de cette intention est d'autant plus touchante que la frappe des monnaies incuses, particulièrement difficile à réaliser, exige une réelle maîtrise technique et de grands efforts. L'itération, déjà, est intentionnelle.

Mais l'art monétaire classique, papillon issu de la chrysalide archaïque, ne va pas tarder à s'émanciper des contraintes et des réflexes qui ont marqué le style primitif au roide coin identitaire. Il est en effet devenu techniquement possible, non seulement d'améliorer les types existants, mais de réaliser, au revers, des motifs inédits capables de rivaliser esthétiquement et symboliquement avec ceux de l'avers. Dans l'absolu, rien n'empêchait alors l'artiste de s'émanciper du genre tautologique auquel la technique semblait l'avoir contraint jusque-là et d'inaugurer une séquence monétaire évolutive. Une autre circonstance, toute matérielle, conspirait à rompre la logique identitaire : l'inégale usure des coins de revers et de droit.

Or voilà... Au lieu de mille changements possibles, esthétiquement très gratifiants, « on » a préféré inscrire la Cité dans la permanence de son printemps, par *verrouillage* de l'espace créatif qu'offre le document monétaire. En un sens, les monnaies civiques sont devenues des manières de monnaies obsidionales, organisées dans l'éternelle défense d'elles-mêmes contre l'irruption de tout principe ennemi... Cela s'est fait comme sans y penser, au moyen d'une reprise sur un mode mineur, au revers, des sujets majeurs de l'avers. Il est difficile de préciser dans quelle mesure ce renoncement à l'innovation iconographique correspond à un refus conscient de l'aventure diachronique immanquablement déclenchée par la disjonction des thèmes d'avers et de revers. Mais il reste incontesté que le maintien de l'adéquation du revers à son droit a accompagné le maintien de l'adéquation d'un système symbolique à un état constitutionnel fondé sur l'adéquation d'un peuple à lui-même.

Athènes, la plus ouverte des cités ouvertes, est l'emblème militant de cette fermeture, de cette clôture salutaire, que n'est pas sans rappeler la stabilité iconographique du dollar américain et la non moins grande stabilité de la constitution des Etats-Unis, puissance tout à la fois démocratique et impérialiste, tout comme la capitale attique. Au droit de la nouvelle monnaie athénienne apparaît, dès la fin du VIe siècle, le profil casqué d'Athéna, la divinité poliade qui représente, dira Hegel, la « calme réflexion » incarnant « l'esprit concret du peuple, l'esprit libre et substantiel de la ville d'Athènes »[1]. Au revers, la chouette constitue l'écho familier, le rappel peluchoux de tout ce qu'Athéna symbolise dans un style guerrier à l'avers.

L'*Oiseau de Minerve* prend son vol philosophique tardif à l'ombre de la gardienne divine de l'intégrité *nomique* de la Polis. Et il ne cesse depuis lors de transporter jusqu'à nous le message que délivrait aux athéniens la déesse tutélaire. Ce que les monnaies les plus archaïques exprimaient de façon unilatérale, par l'effet d'une limitation technique, la monnaie athénienne, mais aussi l'ensemble des monnaies attiques, va le rendre explicite par la répétition d'un thème identique venant empêcher tout décalage, tout

---

[1] G.W.F. Hegel, *Esthétique*, traduction S. Jankélévitch, Flammarion, Collection Champs, 1979, volume II, p. 274.

glissement de sens qui pourrait encourager une évolution vers quelque chose qui serait la négation de ce que *Polis* veut dire.

Ce phénomène vient d'ailleurs conforter le conservatisme auquel oblige naturellement la fonction commerciale de la monnaie, entremêlant ainsi politique et économie. Une monnaie doit inspirer confiance et donc être immédiatement identifiable. La stabilité monétaire constitue un impératif pour les Cité commerçantes, dont Athènes fait évidemment partie. Tout, dans la Cité de Socrate, conspire à cet arrêt sur image, observable dans bien d'autres cités, comme Corinthe ou Egine.

Soit donc à privilégier le mode d'existence économique de la monnaie, considérée, cette fois, en tant que *Geld* et non plus seulement en tant que *Münze*. De ce point de vue, il est possible d'envisager la monnaie à partir de la fin dont elle est le moyen, ou, comme on dit de nos jours, à partir des *requisits fonctionnels* auxquels son *invention* vient répondre : la monnaie a fonction d'égaliser des objets inégaux entre eux. Grâce à elle, l'échange, constitutif du lien social normalisé, s'est trouvé facilité. Exprimant l'abstraction d'un rapport, elle occupe l'espace invisible qui s'étend entre les choses et entre les hommes. Comme plus tard la *main invisible* d'Adam Smith, la monnaie, ne pouvant appartenir à personne, ne peut appartenir qu'aux Dieux ou à Dieu seul, c'est-à-dire – suggérerait Spinoza – à tout le monde, soit à la Cité elle-même. Indépendamment donc de la question très débattue de l'origine sacrée ou non de l'argent, il est normal de retrouver sur les anciennes monnaies la représentation de certains dieux, ou encore des animaux, fruits et légumes qu'on a coutume de leur sacrifier.

Allant et venant comme une navette volante, la monnaie fait de l'espace vide qui est entre les hommes un espace public. Quand une épigraphie viendra figurer sur les statères ou les tétradrachmes, signalant son appartenance aux hommes eux-mêmes, l'ethnique servira à désigner un peuple et, au-dessus de lui, la Cité. Et cela ne vaut pas seulement pour Athènes : « Presque toutes les pièces de monnaies grecques des périodes archaïques et classiques étaient frappées par une polis, et à chaque fois qu'elles portent une légende identifiant telle polis comme autorité émettrice, il s'agit le plus souvent de l'ethnique de la cité, au génitif pluriel, qu'il soit entier ou abrégé »[1]. La monnaie n'est aux hommes que dans la mesure où les hommes sont à la Cité et la Cité aux Dieux qui sont là pour empêcher qu'un homme, ou une faction, ne s'empare de ce qui, appartenant à tous, n'appartient à personne. La monnaie a sa place naturelle au cœur des communautés humaines par l'image vivante du principe de justice qu'elle fait circuler de main en main. On peut dire tout à la fois de la monnaie

---

[1] Morgens H.Hansens, *Polis et Cité-Etat, un concept antique et son équivalent moderne*, Les Belles Lettres, Paris 2001, p. 86.

qu'elle lubrifie la machine sociale, qu'elle contribue à l'apprentissage de la vie en commun et qu'elle fournit à un peuple, par son usage de mieux en mieux maîtrisé et compris, une norme éthique et juridique. Ce n'est pas en vain qu'Aristote insiste tant sur la grande proximité étymologique et conceptuelle dans laquelle se trouvent nomos et nomisma : les monnaies civiques peuvent aussi bien être nommées *tautologiques* ou *nomiques*.

Plus profondément encore, la monnaie remplit une fonction de vérité. On entend classiquement par *vérité* la constatation et le maintien espéré d'une certaine correspondance entre l'ordre discursif et la réalité extérieure. La monnaie institutionnalise en un sens une certaine adéquation entre réalité voulue et réalité vécue. De ce point de vue, la monnaie est certes un médium idéal entre les choses et entre les hommes, mais aussi entre les hommes et les dieux à l'occasion du marchandage sacrificiel qui depuis des temps immémoriaux les lie. Mais elle est également le support matériel possible des symboles propres à exprimer cette fonction médiumnique, l'instrument extraordinaire qui permet l'inscription des communautés politiquement organisées dans le réel : la monnaie, tout autant que l'homme, peut être considérée comme la mesure de toutes choses.

Mais aussi, l'authenticité de la monnaie a partie liée avec l'identification immédiate de chaque document monétaire. Identifier est à la fois distinguer, c'est-à-dire reconnaître différent, et égaliser, c'est-à-dire rendre identique. La fonction de vérité vient naturellement compléter celle de liberté économique et de justice politique. Mais pour remplir correctement cette fonction, il ne lui suffit pas de rendre adéquates entre elles des choses inadéquates, elle doit satisfaire à une exigence d'adéquation supérieure : la monnaie n'est pas *auto-nome*. Elle est tout à la fois *norme normée* et *norme normante*. La Cité, dont la monnaie exprime l'essence démocratique, *nomique* et même *isonomique*, doit, juste retour des choses, garantir sa valeur en lui apposant son sceau. Pour que la monnaie puisse remplir son rôle politique, il lui faut inspirer confiance. Et pour inspirer confiance, il lui faut porter la marque de l'autorité politique dont elle procède. Ce dernier cercle, éminemment vertueux, vient, en quelque sorte, clore la clôture elle-même en ajoutant au dispositif obsidional précédemment décrit une dimension politique supplémentaire.

Mais il faut alors très peu de chose pour que le cercle devienne vicieux. La monnaie, victime de son succès, tend à s'imposer elle-même, dans l'oubli de ce que son usage constituant signifie, comme source légitimatrice autonome. Détachée des solidarités auxquelles elle participait, niée comme point de confluence sacré de l'économique, du politique, du juridique, elle peut se signaler à tous comme un objet publicitaire appropriable, comme un instrument de domination convoité par un pouvoir révélé pour le coup à lui-même comme puissance brute, comme *kratos*. Le pouvoir, émancipé du système vivant des inadéquates adéquations constitutives du politique, souffre d'un déficit symbolique qu'il n'hésitera pas à combler par la ruse ou la force. La rupture des équilibres subtils dont la monnaie portait le symbole va contribuer à faire du flan monétaire un champ de bataille où on luttera pied à pied pour la conquête et la manipulation des symboles de pouvoir, comme aurait dit Bourdieu. Car la monnaie est devenue, à l'occasion de cette *catastrophe nomique,* un symbole *kratique* et un vecteur privilégié, sinon exclusif, de la propagande politique.

L'irruption anthropique sur le minuscule cercle sacré viendra achever, sur le mode catastrophique, le long processus d'altération du système complexe mais homogène des signes monétaires civiques en communion fusionnelle avec le faisceau convergeant des fonctions sociales que la monnaie remplissait. Mais longtemps la référence symbolique ultime est restée la Cité. La Polis constitue en effet une idée mais aussi une réalité suffisamment prégnante et puissante pour servir de cadre constitutionnel à des régimes politiques différents : un tyran peut fort bien s'emparer du pouvoir dans une cité sans pour autant que celle-ci cesse d'exister en tant que telle – sans qu'il y ait catastrophe, donc. La référence englobante ultime peut rester la Cité, alors même que certains principes essentiels de la démocratie ne sont plus respectés. Le processus de « nomisation » qu'Edouard Will associe de façon privilégiée au phénomène démocratique s'inscrit en fait dans le cadre plus large de la Cité, particulièrement favorable, il est vrai, au développement de la démocratie.

Ainsi, par intérêt stratégique bien compris, la catastrophe *nomique* constituée par l'apparition du portrait monétaire ne suivra qu'avec un temps de retard la naissance des grandes dynasties hellénistiques. Il y a comme un phénomène de persistance rétinienne observable sur le disque monétaire, un phénomène de décalage symbolique par rapport à la réalité historique. Ainsi en va-t-il, dès le départ, des grands changements de tous ordres provoqués par les conquêtes alexandrines, dont les monnaies tarderont à répercuter symboliquement l'événement : le fils de Philippe II s'est contenté, pour l'essentiel, de reprendre les types familiers du monnayage tribal macédonien influencé par le modèle grecque[1].

Tout le monde connaît les tétradrachmes d'Alexandre représentant au droit la tête d'Héraclès coiffée d'une dépouille de lion et, au revers, Zeus aétophore. Cette monnaie, non moins célèbre que les chouettes athéniennes –

---

[1] Cette imprégnation était telle, selon Hélène Nicolet-Pierre, que pièces « civiques » et pièces « royales » présentaient de nombreuses similitudes : « Toutes portent une tête de divinité du Panthéon grec au droit, et les revers empruntent au même répertoire iconographique : attributs de dieux, chevaux et cavaliers, symboles guerriers (casques, arcs) : Hélène Nicolet-Pierre, *Numismatique grecque*, Armand Colin, 2002, p. 188.

qui continueront du reste à circuler –, est aussi immédiatement identifiable que celles-ci. Cependant, elle ne porte pas davantage le portrait d'Alexandre que son modèle ne portait celui d'Archélaos, son prédécesseur lointain, qui fut, si l'on peut dire, l'inventeur de ce type monétaire. Le grand Alexandre s'est contenté de faire figurer son nom au revers, ce qui ne constitue pas une innovation notoire puisqu'on voyait déjà apparaître celui de son père, Philippe, sur ses tétradrachmes à la tête de Zeus, et ses statères d'or à la tête d'Apollon.

Mais l'association, sur une même monnaie, du nom d'un monarque avec la figure d'une divinité de l'Olympe, poncif du monnayage civique grec, tend à générer une *morphologie locale fluctuante*, si on veut bien revenir au vocabulaire de la théorie des catastrophes. Cette situation hybride, scindée, est le signe d'une perte d'homogénéité et de cohérence nomique. Elle est grosse d'une succession de changements discrets mais irréversibles, conduisant à la catastrophe. Ces changements seront plutôt lents à se produire, mais obéiront à un mouvement très général, venant combiner ses effets à ceux du déséquilibre qui en a favorisé l'occurrence. L'écart initial qui constitue, sur chaque monnaie, comme une photographie brouillée, réalise la condition nécessaire, mais insuffisante, d'un enchaînement de décalages, qui, projetés sur les médaillers des collectionneurs, donneront les très longs films dynastiques que l'on sait.

L'entrée en scène du portrait monétaire a souvent été précédée par l'apparition, d'abord très discrète, et au revers seul, de signes précurseurs individuels annonçant le détournement dynastique et l'instrumentalisation *kratique* de la monnaie. On peut ainsi relever certaines allusions rétrospectives, relatives par exemple aux exploits sportifs personnels accomplis dans sa jeunesse par le nouveau monarque lui-même, ou par un quelconque de ses équipages. La présence d'un bige ou d'un quadrige rappelant une victoire aux jeux olympiques n'était certes pas rare sur le revers des monnaies civiques. Mais la gloire en rejaillissait sur la Cité, non sur le vainqueur qui ne concourrait pas en son nom personnel mais en sa qualité de citoyen de telle ou telle Cité. Un exploit sportif ou militaire, symbole auparavant du dévouement désintéressé, est devenu l'occasion de la mise en scène monétaire d'un triomphe attribué tout entier à son ambitieux promoteur.

Il restait peu à oser. Ce sont les successeurs d'Alexandre qui auront, les premiers, l'audace de faire figurer sur le numéraire leurs traits personnels… Encore, dans un premier temps, préféreront-ils conserver les statères et les tétradrachmes d'Alexandre, comme ce fut le cas d'Antipatros en Macédoine. L'introduction de nouveautés iconographiques ou épigraphiques se réalisera d'abord sur un terrain préparé, consacré par la présence protectrice d'Alexandre, à l'ombre de l'appareil symbolique associé à son nom.

L'apparition, dans le monde grec, du portrait monétaire personnalisé a donc été notoirement progressive et prudente. Sa disparition, tout autant progressive, mais assurément moins maîtrisée, était en un sens contenue en germe dans les enchaînements qui en ont produit l'occurrence. Le portrait monétaire est venu envahir, à petites étapes, un espace sacré particulièrement bien défendu, puisqu'il était toujours occupé par les anciennes divinités poliades. Mais aucun mortel ne peut cohabiter et encore moins rivaliser durablement avec les Dieux. Passé certain maillon sensible de la chaîne monétaire légitimatrice, il ne restait plus aux monarques qu'à devenir les égaux des Dieux qui protègent l'étroit périmètre monétaire. Mieux encore, il ne leur restait plus qu'à se substituer à eux.

L'emprunt aux Dieux de leur divinité par le portrait monétaire illustre un épisode essentiel de la construction de l'Etat moderne compris, d'hégélienne façon, comme le divin sur terre : non seulement les principaux concepts politiques sont d'origine religieuse, ainsi que le notait Carl Schmitt, mais aussi l'iconographie propre au pouvoir, dans sa dimension la plus anthropomorphique. Tout se passe comme si, à l'occasion de leur croisement sur le flan monétaire, il y avait eu double transfusion, du divin à l'humain et de l'humain au divin. Le ciel n'est descendu sur la terre qu'afin que la terre puisse mieux se soulever vers le ciel.

Seulement voilà, la divinisation des portraits personnels passe par leur embellissement et leur rajeunissement systématiques, surtout quand il s'agit de soudards couronnés fortement marqués par l'existence. Le premier effet de leur nécessaire maquillage a donc été de rendre les traits des monarques de moins en moins reconnaissables. Bref, la divinisation du monarque a eu pour prix une dépersonnalisation progressive de la figure royale. Notons le bien, on avait mobilisé jusque-là, à des fins évidentes de propagande, tout le talent des graveurs pour individualiser autant que faire se peut les portraits monétaires, avec un réalisme qui frisait parfois l'irrespect. L'entrée du portrait dans son âge divin sera donc aussi son entrée dans l'âge de son glorieux anonymat.

Le portait monétaire atteint ici sa limite. Porté à un certain degré de perfection divine, il ne lui reste plus qu'à disparaître. Il suffit de penser aux monnaies de l'Empire byzantin tardif : la taille de l'empereur diminue comme une chandelle, à proportion que ses traits deviennent plus abstraits. Les yeux sont maintenant deux points, la bouche un trait, l'ovale du visage un miroir vide. On dirait un insecte grêle brandissant griffes et antennes pour tout symbole de son pouvoir. Rien ne le distingue plus de son prédécesseur ni de son successeur, sinon la titulature. Les maillons de la chaîne légitimatrice se réduisent à un maillon unique et la dynastie à un seul Empereur, dont l'insignifiance disparaît peu à peu, engloutie par le métal monétaire sous l'entassement des symboles qui font signe vers son pouvoir devenant de plus en plus abstrait. Ne reste plus, sur l'or des solidi, que ce qui était autrefois l'accessoire et va devenir le principal.

L'espace symbolique, primitivement organisé autour du *Nomos*, après avoir été défait par l'irruption catastrophique du portrait monétaire, devient libre de se reconstruire, après dissolution de celui-ci, autour de l'idée de pouvoir (de l'idée de souveraineté, dans le meilleur des cas) dont l'essence pourra se révéler, par percolation, libérée grâce à la disparition de son encombrante et trop humaine incarnation dans le portrait monétaire. La réorganisation sur le flanc monétaire des symboles *kratique*s, jusque-là secondaires, et maintenant devenus principaux, correspond au moment de l'accomplissement du cycle monétaire institutionnel, en un point idéalement émancipé des contingences. L'arrangement savamment équilibré de ces symboles fera dorénavant tout le paysage monétaire.

On assiste, sur le disque monétaire lancé dans les airs, pivotant sur lui-même à travers les siècles, à la production d'un événement constitutionnel considérable : l'institutionnalisation du pouvoir. D'ailleurs, la *catastrophe* que constitue l'apparition du portrait monétaire, bientôt assimilée, va se reproduire plus d'une fois dans l'histoire. A Rome d'abord, à la fin de la période républicaine, puis un peu partout en Europe, à la fin du Moyen Âge, où on verra réapparaître progressivement le visage des rois aux Temps Modernes, finissant par s'épanouir sous le poinçon de Wavrin.

Un mot pour conclure. Il est certes plus difficile de représenter la République, ou l'idéal démocratique, qu'une Monarchie, qui se reconnaît sans mal dans les traits d'un Prince. On y est cependant parvenu à mesure que la République devenait de moins en moins républicaine et la démocratie de plus en plus technocratique. On l'a vu, l'usure inégale infligée au métal par le temps a engendré évolutivement les grandes séries monétaires historiques dont on a mis précédemment l'algorithme générateur en évidence. Seulement, cette usure a fini par devenir une usure généralisée, une usure du temps lui-même, du temps symbolique et du temps réel ; une usure de l'avers et du revers de la dialectique du temps historique, d'un temps condamné à se démonétiser en même temps qu'il arasait les reliefs symboliques de la monnaie sur les deux faces que sa géométrie lui impose.

Une fois accompli le cycle des *catastrophes* possibles, dans le climat qu'exsude l'entropie symbolique obtenue par épuisement des genres iconographiques, on a pu prendre la mesure de la liberté négative offerte à l'artiste monétaire postmoderne – une liberté qui rime désormais, après tant de rudes combats symboliques, avec indifférence. Une monnaie ne peut plus être rattachée aujourd'hui à une série monétaire vivante, ni à l'ensemble des incarnations familières d'un divin animé de bienveillante générosité. Elle ne peut plus appartenir qu'à une fin de séries, à une collection amorphe d'objets morts, administrativement conçus et engendrés mécaniquement. Le rappel anecdotique a remplacé l'histoire dont le cœur a cessé de battre alors même que le principe évolutif symbolique inscrit dans les séries monétaires s'est enrayé.

Deux règles seulement demeurent, hormis les cas encore très répandus de dictature : ne jamais frapper une monnaie à l'effigie d'un titulaire du pouvoir en exercice – interdiction à laquelle échappent bien sûr les médailles – et faire preuve d'originalité convenue. La République, la Semeuse ont fini par lasser : le flan monétaire pénéplanisé s'est ouvert à l'insignifiance tout à la fois *kratique* et *nomique*. Ses deux jumelles moitiés sont dorénavant abandonnées aux initiatives laborieuses de comités *ad hoc*. Rien ne distingue plus, au fond, la frappe d'une monnaie nouvelle de l'émission d'un nouveau timbre destiné à distraire le collectionneur. L'obligation assommante de toujours inventer, sans détruire un équilibre symbolique entropique atteint par épuisement du genre, devient l'ultime principe générateur du monnayage officiel. Après *l'histoire froide*, après *l'histoire chaude*, nous voyons faire son entrée *l'histoire tiède*. On a souvent commenté le décrochage de la monnaie par rapport à l'or, il restait à signaler son décrochage par rapport au monde des symboles dont elle était porteuse et qui constitue l'autre conséquence de sa dématérialisation progressive.

Une anecdote bien connue rend assez bien compte de la dévaluation inévitable de la symbolique monétaire que cette évolution, parvenue à son terme, ne pouvait manquer de produire par répétition sans esprit d'un même qui aspire à être toujours différent. L'épisode est certes emprunté à une autre histoire, celle de la statuaire, du grand art, de l'Art précédé d'une majuscule. Mais la petite et la grande sculpture deviennent une seule et même chose quand elles se trouvent enrôlées au service de la politique : assez souvent – trop souvent – des officiels à barbiche visitaient Maillol dans son atelier pour lui demander de réaliser quelque chose de grand et de beau, propre en tout cas à inspirer au public des idées élevées et républicaines. Le sculpteur, sans même se retourner pour considérer l'importun, répondait chaque fois qu'une belle femme avec de belles fesses ferait bien l'affaire.

Table des matières

Présentation 7
Hervé Mauroy et Alain Jenny

Introduction. La difficile pensée du devenir 9
Alain Jenny

La Technique entre Evolution et Histoire 25
Franck Tinland

Première partie. L'histoire 73

Lois de l'Histoire, lois dans l'Histoire, retour sur une approche scientifique 74
Emmanuel Cherrier

La philosophie critique de l'histoire au cœur de la pensée de Raymond Aron 101
Stephen Launay

Deuxième partie. L'évolution comme développement dans l'histoire avant Darwin 119

Histoire et évolution selon Kant 120
Laurent Gallois

Histoire et évolution dans la perspective d'Auguste Comte 136
Angèle Kremer-Marietti

Troisième partie. L'évolution 151

Les modèles de développement et les histoires d'évolution à l'épreuve de l'incertitude radicale et de l'irréversibilité 152
Bruno Kestemont

L'enjeu de l'évolution biologique 168
Francis Kaplan

Quatrième partie. L'évolution comme sélection dans l'histoire après Darwin 185

Hayek lecteur de Mandeville : aux sources des théories de la formation des ordres sociétaux auto-organisés 186
Hervé Mauroy

Karl Popper et la question du Monde 3 204
Charles Coutel

Évolutionnisme et pragmatisme 210
Joëlle Zask

Cinquième partie. Illustrations 227

De la politique de mise en valeur à celle du développement économique : Essai d'illustration de l'instrumentalisation de l'évolutionnisme 228
Pierre Bouopda

Le portrait monétaire antique et le revers de la médaille : Histoire, évolution et catastrophes 245
Alain Jenny

L'histoire
aux éditions L'Harmattan

Dernières parutions

ESSAIS D'HISTOIRE GLOBALE
Sous la direction de Chloé Maurel ; Préface de Christophe Charle
L'histoire globale est une approche novatrice qui transcende les cloisonnements étatiques et les barrières temporelles et promeut un va-et-vient entre le local et le global. Développé depuis plusieurs années aux États-Unis, ce courant connaît un essor récent en France. Voici un tour d'horizon varié des travaux récents en histoire globale (concernant l'abolition de l'esclavage, l'histoire du livre et de l'édition, des revues et celle des organisations internationales).
(23.00 euros, 226 p.)
ISBN : 978-2-336-29213-7, ISBN EBOOK : 978-2-296-53077-5

VERS UN NOUVEL ARCHIVISTE NUMÉRIQUE
Ouvrage collectif coordonné par Valentine Frey et Matteo Treleani
La réinvention permanente apportée par le numérique suscite de nombreux débats. Notre rapport à la mémoire et à l'histoire, longtemps basé sur l'objet matériel et sa conservation physique, est à présent bouleversé. Les techniques ont beaucoup évolué, apportant de nouvelles problématiques, dans le domaine de l'informatique comme celui des sciences humaines. Quelles tensions entre technique et mémoire ? Comment se souvenir du passé à travers ses vestiges ? Que change le numérique ?
(Coll. Les médias en actes, 22.00 euros, 224 p.)
ISBN : 978-2-336-00174-6, ISBN EBOOK : 978-2-296-53103-1

MENSONGES (LES) DE L'HISTOIRE
Monteil Pierre
Chaque génération hérite des *a priori* et des idées reçues de la génération précédente. Ainsi, nombreux sont les mensonges de l'Histoire qui ont survécu jusqu'à nos jours. Nos ancêtres les Gaulois ? Napoléon était petit ? Au Moyen Age, les gens ne se lavaient pas ? Christophe Colomb a découvert l'Amérique ? Ce livre revient sur 80 poncifs considérés par beaucoup comme une réalité...
(Coll. Rue des écoles, 28.00 euros, 282 p.)
ISBN : 978-2-336-29074-4, ISBN EBOOK : 978-2-296-51351-8

FLAVIUS JOSÈPHE
Les ambitions d'un homme
Cohen-Matlofsky Claude
Quelles furent les ambitions cachées de Flavius Josèphe, historien Juif de l'Antiquité ? Il prône, à travers ses écrits, le retour à la monarchie de type hasmonéen, à savoir d'un roi-grand prêtre, comme réponse à tous les maux de la Judée. La question fondamentale est la suivante : comment les élites locales ont-elles géré leurs relations avec la puissance romaine et quel rôle les membres de l'élite ont-ils assigné à leurs traditions et constitution politique dans cet environnement d'acculturation ?
(Coll. Historiques, série Travaux, 15.50 euros, 152 p.)
ISBN : 978-2-336-00528-7, ISBN EBOOK : 978-2-296-51387-7

MER (LA), SES VALEURS
Groupe «Mer et valeurs» Sous la direction de Chantal Reynier – Préface de Francis Vallat
La mer, plus que jamais, est la chance des hommes et la clef de leur avenir. Elle leur apprend la responsabilité, suscite l'esprit d'initiative, mais elle oblige tout autant à rester humble devant ses

forces naturelles. Le groupe de réflexion «Mer et Valeurs», réunissant navigants et universitaires, examine l'influence de ces valeurs rapportées à toutes les activités humaines. Des références historiques et géographiques illustrent le développement intellectuel et économique des pays qui se sont tournés vers la mer.
(21.00 euros, 188 p.)
ISBN : 978-2-336-00836-3, ISBN EBOOK : 978-2-296-51412-6

MÉTAMORPHOSES RURALES
Philippe Schar : itinéraire géographique de 1984 à 2010
Sous la direction de Dominique Soulancé et Frédéric Bourdier
Philippe Schar était convaincu que la géographie ne saurait exister sans la dimension du temps et la profondeur de l'histoire, seules capables de mettre pleinement en lumière le présent et de le restituer dans toutes ses dimensions. On retrouve en filigrane dans ses recherches concises et pointues la volonté de replacer les opérations de développement à l'interface des logiques promues par les décideurs d'un côté et par les populations de l'autre. Cet ouvrage présente une sélection de ses écrits.
(33.00 euros, 320 p.)
ISBN : 978-2-296-99748-6, ISBN EBOOK : 978-2-296-51501-7

POUVOIR DU MAL
Les méchants dans l'histoire
Tulard Jean
L'Histoire n'est pas une magnifique suite d'actions héroïques et de gestes admirables. Sans le Mal pas d'Histoire. Et il faut l'avouer, les méchants sont les personnages les plus fascinants de la saga des peuples. En voici treize, présentés à travers des dramatiques interprétées jadis sur les ondes. Treize portraits où l'on retrouve méchants célèbres comme Néron ou Beria et héros insolites comme Olivier Le Daim ou le prince de Palagonia. Ils illustrent le pouvoir du Mal.
(Coédition SPM, 25.00 euros, 270 p.)
ISBN : 978-2-917232-01-9, ISBN EBOOK : 978-2-296-51010-4

VIES (LES) DE 12 FEMMES D'EMPEREUR ROMAIN
Devoirs, intrigues et voluptés
Minaud Gérard
Grâce à un méticuleux travail de recherche se redéploie ce que furent les vies de 12 femmes d'empereur et leur influence, non seulement sur leur mari mais aussi sur le destin de Rome. Les pires informations se mêlent. Un amour maternel allant jusqu'à l'inceste, un amour conjugal virant au meurtre, un amour du pouvoir justifiant tout. D'un autre côté, un sens du devoir exceptionnel, une habileté politique remarquable, un goût du savoir insatiable.
(34.00 euros, 332 p.)
ISBN : 978-2-336-00291-0, ISBN EBOOK : 978-2-296-50711-1

MONDE (LE) DES MORTS
Espaces et paysages de l'Au-delà dans l'imaginaire grec d'Homère à la fin du Ve siècle avant J.-C.
Cousin Catherine
Ce livre propose d'étudier l'évolution des conceptions que les Grecs ont pu se former des espaces et des paysages de l'au-delà, jusqu'à la fin du Ve siècle avant J.-C. Monde invisible, interdit aux vivants, mais sans cesse présent à leur esprit, les Enfers relèvent pleinement de l'imaginaire. Une comparaison entre productions littéraires et iconographiques enrichit cette étude et laisse entrevoir l'image mentale que les Grecs se forgeaient du paysage infernal.
(Coll. Kubaba, série Antiquité, 39.00 euros, 402 p.)
ISBN : 978-2-296-96307-8, ISBN EBOOK : 978-2-296-50624-4

CORPS ET ÂMES DU MAZDÉEN
Le lexique zoroastrien de l'eschatologie individuelle
Pirart Eric
Selon les conceptions mazdéennes, l'individu posséderait plusieurs types d'âmes. Est-ce vrai ? Et qu'advient-il de telles âmes au-delà de la mort ? De quel sexe sont-elles ? Et le corps ? Pour

répondre à de telles questions, Éric Pirart analyse les textes zoroastriens des diverses époques anciennes ou médiévales et y décrypte le lexique de l'eschatologie individuelle.
(Coll. Kubaba, 29.00 euros, 294 p.)
ISBN : 978-2-296-99286-3, ISBN EBOOK : 978-2-296-50580-3

3000 ANS DE RÉVOLUTION AGRICOLE
Techniques et pratiques agricoles de l'Antiquité à la fin du XIXe siècle
Vanderpooten Michel
De la Grèce et la Rome antiques à l'Andalousie arabe, des campagnes gauloises à la France des Lumières et de la Révolution industrielle du XIXe siècle, l'évolution des connaissances et des pratiques agricoles est ici retracée à travers l'étude de près de 4000 documents. Les étapes de la production agricole, à différentes époques, sont étudiées, ainsi que l'entrée de l'agriculture dans l'ère de la chimie et du machinisme.
(Coll. Historiques, série Travaux, 34.00 euros, 332 p.)
ISBN : 978-2-296-96444-0, ISBN EBOOK : 978-2-296-50329-8

ANTIQUITÉ (L') MODERNE
Wright Donald
Ce livre étudie le regard que l'homme de la Belle Époque porte sur l'Antiquité. Il analyse la modernité de la Troisième République et ce que celle-ci doit à une interprétation systématique et scientifique des apports grecs et romains. Au travers des textes littéraires et scientifiques ainsi que de nombreux documents ensevelis puis retrouvés dans les archives françaises, ce livre est une étude sociologique d'une époque moderne par excellence qui se veut «classique».
(Coll. Historiques, série Travaux, 27.00 euros, 274 p.)
ISBN : 978-2-296-99168-2, ISBN EBOOK : 978-2-296-50407-3

GRANDEUR ET SERVITUDE COLONIALES
Sarraut Albert - Texte présenté par Nicola Cooper
Albert Sarraut fut l'un des maîtres-penseurs du colonialisme de la période de l'entre-deux-guerres. Cet ouvrage de 1931 est l'un des meilleurs exemples de la justification du colonialisme français : il touche à tous les impératifs coloniaux de la France, du tournant du siècle aux débuts de la décolonisation. C'est essentiellement Sarraut qui façonna le langage avec lequel les Français parlaient de leur empire colonial.
(Coll. Autrement mêmes, 24.00 euros, 200 p.)
ISBN : 978-2-296-99409-6, ISBN EBOOK : 978-2-296-50121-8

HOMO SAPIENS (L') ET LE NEANDERTAL SE SONT-ILS PARLÉ EN RAMAKUSHI IL Y A 100000 ANS ?
Paléontologie génétique et archéologie linguistique
Diagne Pathé
Cet ouvrage présente les découvertes qui permettent pour la première fois d'éclairer de manière factuelle la révolution culturelle et linguistique, qui a planétarisé avec l'avènement de la parole de Sapiens, voire de Néandertal, le monothéisme et les cultes bachiques de bonne fortune et de fécondité, à partir de 300000 et 200000 ans av. J.-C. Les faits qui rendent compte de manière précise de cette révolution sont portés par le ramakushi et son vocabulaire comme langage datable matériellement entre 8000 et 10000 ans av. J.-C.
(Editions Sankoré, 14.50 euros, 138 p.)
ISBN : 978-2-296-99334-1, ISBN EBOOK : 978-2-296-50189-8

HISTOIRE DES PEUPLES RÉSILIENTS (Tome 1)
Traumatisme et cohésion VIe-XVIe siècle
Benoit Georges
Ce livre revient sur l'histoire de communautés éparses qui, surmontant le traumatisme de leur naissance improbable, firent preuve de résilience collective. Histoire particulière, marginale, de rescapés et de fuyards qui se prirent en charge pour se sauver, trouvant en eux-mêmes, dans leur cohésion intime, cette énergie qui les hissa au-dessus de l'ordinaire. Histoire de petites sociétés

horizontales qui, vivant en périphérie du continent européen, irradièrent au loin jusqu'à se poster en économies-monde, quand la société médiévale, toute pétrie de verticalité hiérarchique, clouait la population au sol.
(Coll. Historiques, série Essais, 23.00 euros, 222 p.)
ISBN : 978-2-296-99201-6, ISBN EBOOK : 978-2-296-50168-3

HISTOIRE DES PEUPLES RÉSILIENTS (Tome 2)
Confiance et défiance XVIe-XXIe siècle
Benoit Georges
Au XVIe siècle, la Contre-Réforme déclara le meilleur de la bourgeoisie *persona non grata* et, poussant des communautés entières à l'exil, elle les contraignit à se réfugier dans une Eglise plus sociétaire, à tramer du lien social - source de cohésion et de puissance, à faire preuve de cette résilience collective qui fit la fortune de l'Amérique puritaine. Dans ce second tome, cette histoire dit aussi ce que - privées d'une aventure commune - l'Inde des castes et l'Italie du Mezzogiorno ne furent pas ; ce que - par esprit de défiance - l'Amérique des temps modernes pourrait ne plus être.
(Coll. Historiques, série Essais, 23.00 euros, 224 p.)
ISBN : 978-2-296-99200-9, ISBN EBOOK : 978-2-296-50167-6

VAGABOND (LE) EN OCCIDENT. SUR LA ROUTE, DANS LA RUE (Volume 1) – Du Moyen Age au XIXe siècle
Sous la direction de Francis Desvois et Morag J. Munro-Landi
Les textes ici réunis se proposent de fixer une image du vagabond dans les cultures occidentales. Du Moyen Age à nos jours, les sociétés occidentales ont hésité entre fascination et répulsion pour le nomadisme, enviable quand il est choisi, détestable et harassant quand il est imposé. Ces contributions reviennent sur l'histoire de ce phénomène, son accueil et sa pénalisation, ainsi que sur ses représentations dans la littérature et les arts plastiques.
(38.00 euros, 378 p.)
ISBN : 978-2-296-99153-8, ISBN EBOOK : 978-2-296-50110-2

VAGABOND (LE) EN OCCIDENT. SUR LA ROUTE, DANS LA RUE (Volume 2)
Sous la direction de Francis Desvois et Morag J. Munro-Landi
Ce volume s'interroge sur l'esthétisation progressive et simultanée, partout en Occident, du vagabond. Bohème et poète, on le voit dériver lentement d'une recherche d'identité plus ou moins consciente et assumée vers la désagrégation personnelle et le désenchantement incarnés par les bandes de voyous et les punks. Le vagabondage retrouve alors sa fonction première de quête de la survie, mais avec un horizon beaucoup plus sombre désormais.
(35.00 euros, 346 p.)
ISBN : 978-2-296-99154-5, ISBN EBOOK : 978-2-296-50111-9

BALEINES (LES) FRANCHES
Soulaire Jacques
Véritable encyclopédie richement illustrée, ce livre nous plonge dans les mers froides, à la découverte de l'univers passionnant des baleines franches. Un premier volet détaille l'anatomie et la physiologie de ces géants du monde animal, un second déroule l'histoire de leur pêche par pays de manière chronologique, ce qu'aucune histoire de la chasse à la baleine n'avait fait auparavant.
(SPM, 39.00 euros, 560 p.)
ISBN : 978-2-901952-93-0, ISBN EBOOK : 978-2-296-50078-5

L'Harmattan Italia
Via Degli Artisti 15; 10124 Torino

L'Harmattan Hongrie
Könyvesbolt ; Kossuth L. u. 14-16
1053 Budapest

L'Harmattan Kinshasa
185, avenue Nyangwe
Commune de Lingwala
Kinshasa, R.D. Congo
(00243) 998697603 ou (00243) 999229662

L'Harmattan Congo
67, av. E. P. Lumumba
Bât. – Congo Pharmacie (Bib. Nat.)
BP2874 Brazzaville
harmattan.congo@yahoo.fr

L'Harmattan Guinée
Almamya Rue KA 028, en face du restaurant Le Cèdre
OKB agency BP 3470 Conakry
(00224) 60 20 85 08
harmattanguinee@yahoo.fr

L'Harmattan Cameroun
BP 11486
Face à la SNI, immeuble Don Bosco
Yaoundé
(00237) 99 76 61 66
harmattancam@yahoo.fr

L'Harmattan Côte d'Ivoire
Résidence Karl / cité des arts
Abidjan-Cocody 03 BP 1588 Abidjan 03
(00225) 05 77 87 31
etien_nda@yahoo.fr

L'Harmattan Mauritanie
Espace El Kettab du livre francophone
N° 472 avenue du Palais des Congrès
BP 316 Nouakchott
(00222) 63 25 980

L'Harmattan Sénégal
« Villa Rose », rue de Diourbel X G, Point E
BP 45034 Dakar FANN
(00221) 33 825 98 58 / 77 242 25 08
senharmattan@gmail.com

L'Harmattan Togo
1771, Bd du 13 janvier
BP 414 Lomé
Tél : 00 228 2201792
gerry@taama.net

Achevé d'imprimer par Corlet Numérique - 14110 Condé-sur-Noireau
N° d'Imprimeur : 106995 - Dépôt légal : mars 2014 - *Imprimé en France*